农业非点源污染模型(AGNPS)用户指南与操作手册

郑粉莉　高学田　李　靖　主编

黄河水利出版社

内 容 提 要

本书分七章介绍了 AGNPS 模型的基本原理和使用操作指南。第一章，AnnAGNPS V 2 用户指南；第二章，AGNPS 安装步骤；第三章，AnnAGNPS - ArcView 界面使用程序；第四章，AGNPS 输入数据准备模型用户指南；第五章，AnnAGNPS V 3.5 输入文件规范；第六章，AnnAGNPS V 2 输出文件规范；第七章，AnnAGNPS 污染负荷模型程序更新；附件，AnnAGNPS 污染物负荷模型自述文件。可供从事土壤侵蚀与水土保持、地理学、国土整治、生态环境、环境保护研究的科技工作者和高等院校相关专业的师生以及从事水土保持和环境管理的管理人员使用。

图书在版编目(CIP)数据

农业非点源污染模型(AGNPS)用户指南与操作手册/郑粉莉，高学田，李靖主编. —郑州：黄河水利出版社，2008.2
ISBN 978 - 7 - 80734 - 336 - 3

Ⅰ.农… Ⅱ.①郑…②高…③李… Ⅲ.农业环境 - 非点源污染 - 污染控制 Ⅳ.X322

中国版本图书馆 CIP 数据核字(2008)第 012284 号

出 版 社：黄河水利出版社
地址：河南省郑州市金水路 11 号 邮政编码：450003
发行单位：黄河水利出版社
发行部电话：0371 - 66026940 传真：0371 - 66022620
E-mail：hhslcbs@126.com
承印单位：河南省瑞光印务股份有限公司
开本：787 mm×1 092 mm 1/16
印张：16
字数：370 千字 印数：1—1 500
版次：2008 年 2 月第 1 版 印次：2008 年 2 月第 1 次印刷

定价：42.00 元

前　言

近20年来,农业非点源污染问题是全球关注的焦点,同时也是资源环境领域,特别是食物安全、生态安全和资源环境可持续发展研究中的重要议题。据报道,20世纪90年代全球30% ~50%的陆地面积受到农业非点源污染的影响。在美国,农业非点源污染引起的水质污染已造成每年22亿~70亿美元的经济损失。我国近20多年来化肥、农药施用量急剧增加,导致农业非点源污染问题十分严重。尤其是近10多年来,水体富养化现象呈明显的上升趋势,一些农业高产地区的河流和湖泊,如太湖、巢湖、滇池等的总氮、总磷浓度分别是20世纪80年代初的十几倍。因此,控制农业非点源污染对实现我国可持续发展战略和农产品安全具有重要意义。

美国农业非点源污染模型的研究水平处于国际领先。自20世纪30年代席卷美国大陆的黑风暴以来,美国农业部将土壤侵蚀预报及其侵蚀环境效应定量评价作为土壤侵蚀与环境领域的前沿课题和关键问题进行研究,并组织全国力量开展研究。20世纪70年代以来,美国农业部先后研究开发了土壤侵蚀预报模型(USLE、RUSLE、WEPP)和农业非点源污染模型AGNPS。这些模型在美国本土得到广泛推广应用,为美国政府及农场主管理水土资源提供了决策支持。因此,借鉴国外农业非点源污染研究的成果,对加快建立适用于我国特殊侵蚀环境的农业非点源污染预测预报模型有重要的理论意义和实践意义。

在我国农业部引进国际先进农业科学技术项目"土壤侵蚀及其环境效应评价模型"(948项目,编号:2003-Z57)的资助下,课题承担单位从美国农业部农业研究局(USDA-ARS)国家泥沙实验室(National Sedimentation Laboratory)引进AGNPS(AGricultural NonPoint Source)模型。为了使我国更多的科技工作者和管理者以及大专院校师生熟悉和掌握AGNPS模型,经与模型源研发地——美国农业部国家泥沙实验室主任Matt Romkens博士协商,在我国出版AGNPS模型用户指南与操作手册。

本书全面系统介绍了AGNPS模型的基本原理和使用操作指南。全书共分七章和附件。第一章:AnnAGNPS V 2用户指南;第二章:AGNPS安装步骤;第三章:AnnAGNPS-ArcView界面使用程序;第四章:AGNPS输入数据准备模型用户指南;第五章:AnnAGNPS V 3.5输入文件规范;第六章:AnnAGNPS V 2输出文件规范;第七章:AnnAGNPS污染物负荷模型程序更新;附件:AnnAGNPS 污染物负荷模型自述文件。

本书源材料来自美国农业部农业研究局国家泥沙实验室网站(http://www.msa.ars.usda.gov/ms/oxford/nsl/agnps),由郑粉莉和李靖组稿,郑粉莉、高学田、安韶山、汪晓勇和李靖翻译,郑粉莉和高学田校对,最后由郑粉莉汇总定稿。美国农业部农业研究局国家土壤侵蚀研究实验室(USDA - ARS - National Soil Erosion Research Laboratory)主任 Chi - hua Huang 博士、美国农业部农业研究局国家泥沙实验室(USDA - ARS - National Sedimentation Laboratory)主任 Matt Romkens 博士、Ronald L. Bingner 博士、Yongping Yuan 博士为本书的出版给予了重要帮助,对此表示感谢!西北农林科技大学博士研究生张新和和硕士研究生汪晓勇参加了编辑工作。

由于编者英文水平有限,书中难免有误译和不妥之处,敬请同仁赐教。

郑粉莉

2007 年 5 月于杨凌

目　录

第一章　AnnAGNPS V 2 用户指南

原作者：美国农业部农业研究局国家泥沙实验室
编　者：郑粉莉　高学田

一、AGNPS

农业非点源污染模型系统(AGNPS)是由美国农业部农业研究局和自然资源保护局共同开发的计算机模型系统，预报农业流域的非点源污染物负荷。模型包括一个连续模拟地表径流和侵蚀模型。模型可以用于风险和投资/效益分析。计算机程序由三部分组成：①输入生成与编辑以及相关的数据库；②按年计算的污染物负荷模型(AnnAGNPS)；③输出格式编排与分析。

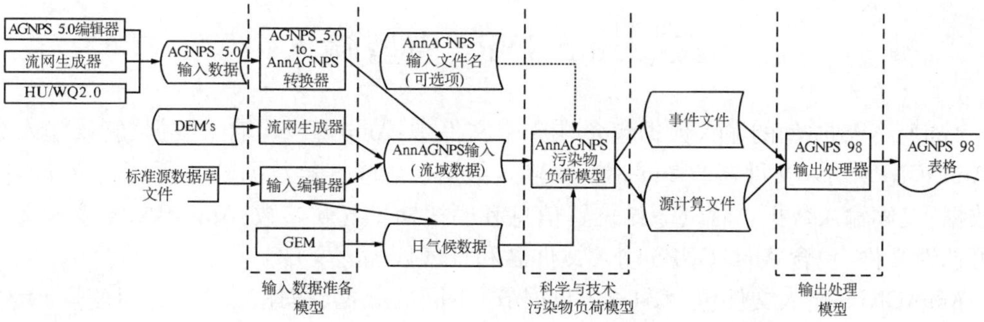

农业非点源污染模型(AGNPS)系统图

输入程序包括：①GIS 支持的计算机程序 TOPAZ(有 AGNPS 界面)，由所有径流汇集面积和数字高程模型相联系，建立追踪网格；②输入编辑器，初始化、完成和(或)修改输入数据；③AGNPS 到 AnnAGNPS 转换器，用于老版本的 AGNPS (4.03 & 5.00)单事件的输入数据。

AnnAGNPS 包括最新的技术(如 RUSLE，冬季常规事件和杀虫剂等)，流域内连续模拟必需的按日模拟的特征，预报污染物负荷(水、泥沙和化学物质)，有助于选择最佳的管理方式(the settings for TMDLs)，以及风险分析。

模型不仅能够预报来自流域内任何一个地方的水量、按颗粒和来源的产沙量、溶解与吸附养分(氮、磷和有机碳)、溶解与吸附杀虫剂等，也能够预报这些污染物去向，能模拟来自饲养场和其他点源的养分浓度。从模型中可以获得各饲养场的潜在分级。

二、AnnAGNPS 模型概述

AnnAGNPS 模型是一个批处理过程、连续模拟、地表径流污染物负荷计算机模型,用标准 ANSI Fortran95 编写。模型产生径流、泥沙和化学物质(养分和杀虫剂)的逐日数据。径流、泥沙和化学物质来自地面(网格),在特定位置(沟道)流入流域河网系统,它们通过流域的沟道最后流到流域出口。下面是模型中的几个专门模块。

饲养场:沟道增加来自动物饲养的可溶性养分;

切沟:沟道增加泥沙和吸附化学物质;

点源:沟道增加水和溶解化学物质;

蓄水坝:减少蓄水沟道的泥沙装载。

各项输入时间参数,包括:整个模拟期日气候参数;操作进程,用于农地种植详情,收获,犁耕,化学品施用(肥料和杀虫剂),灌溉实施等发生变化时;饲养场操作,包括各饲养场厩肥生产率,厩肥的去除等发生的变化。

每日所施用的水及其产生的径流汇聚到流域系统都在当日考虑。因此,除土壤断面中的水和积雪外,没有水量从一日延续到下一日。

三、AnnAGNPS 模型输入

AnnAGNPS 模型的输入数据包含在 3 个文件中:AnnAGNPS 输入数据、气候输入数据和 AnnAGNPS 输入文件名。AnnAGNPS 输入数据包含除气候数据外的所有流域和时间变量数据;气候输入数据包含气象站位置信息和模拟期日气候参数;AnnAGNPS 输入文件名为可选性文件,包含 AnnAGNPS 输入文件名和日气候输入文件名。

AnnAGNPS 输入文件包含 34 类(数据节)不同的数据,描述流域和时间变量参数,并不是每一个模拟任务都需要所有类别的数据。例如,下列可选程序每个只使用两个专用数据节:饲养场、肥料、杀虫剂,而更多的可选程序只使用一个专用数据节。按数据节排列的所有输入参数的完整列表包含在 AnnAGNPS 输入文件规范中。

气候输入文件的所有数据包含在每个数据节标题下,前 4 个记录为气象站常量参数,其后为气候记录,每日一个日气候参数记录。所要求的气候记录应长于模拟期,对于较短模拟期,应输入完整月的气候数据,其原因是要使用数个气候参数的月平均值,月平均值是根据提供的日气候数据计算而来。气候数据可以是历史记录数据,也可以是气候生成器产生的模拟数据。不管数据来源为何,必须为气候输入文件格式。气候输入文件参数的完整列表包含在 AnnAGNPS 输入文件规范中的日气候输入数据节中。

AnnAGNPS 输入文件是可选文件,包含 AnnAGNPS 输入文件名和日气候输入文件名,若该文件不存在或为空文件,将使用适当的默认文件名。AnnAGNPS. inp 为默认的 AnnAGNPS输入文件名,DayClim. inp 为默认的日气候输入文件名。

四、AnnAGNPS 模型输出

AnnAGNPS 模型输出有 6 种标准输出文件：出错文件、调试文件、旧的事件文件、旧的源计算文件、新的年平均值文件和新的事件文件。一般情况下，对于 AnnAGNPS 模型的运行，4 种文件都存在，尽管运行能够完成而没有源计算或表格输出。旧事件文件、旧源计算文件、新年平均值文件和新事件文件输出参数的完整列表包含在 AnnAGNPS 输出文件规范中。每个输出文件的命名为 AnnAGNPS 输出文件名的主体部分（最后一个“.”以前的部分）加上预先定义的后缀组成（出错文件后缀为“.err”，调试文件后缀为“.dbg”，旧事件文件后缀为“.evn”，旧源计算文件后缀为“.src”，两个新文件后缀为“.doc”）。

出错文件包含的信息定义所遇到的各种错误，这些错误可能在数据准备（读入和组装数据）、模拟处理以及完成源计算数据的过程中发生。在数据准备阶段即使发生错误，数据准备过程仍持续进行直至完成，并进行尽可能多的错误检查。在数据准备阶段若发生错误，程序将在任何模拟处理开始前终止执行，多数错误发生在数据准备阶段，出错信息文本将直接引导到不适当的输入。在模拟阶段若发生错误，发生错误前的所有数据将写到事件文件中，但没有任何数据写到源计算文件。若模型运行过程中无错误发生，出错文件的长度将为零。出错信息列表见本章附录 A。

调试文件包含所有警告信息和 AnnAGNPS 输入文件验证数据节询问的任何中间输出，若没有中间询问，该文件长度为零。警告信息列表见本章附录 B。

旧事件文件为版本 1 输出文件，仍然包含模拟期间用户为每个径流事件所选沟道的信息，流域出口自动包含在其中。信息输出因所选沟道而异，取决于下列分类：径流，泥沙颗粒分级与来源，泥沙颗粒，泥沙来源，氮，磷，有机碳，杀虫剂。对于一个特选沟道，若其中任一个编码在沟道输出规范（AnnAGNPS 输入文件）中为空白，将从全程输出规范节数据中使用适当的编码。

旧源计算文件为版本 1 输出文件，仍包含模拟期内所选组分（特定网格、沟道、饲养场、切沟和点源）对流域出口贡献的信息，对于特定参数，其值表示为贡献量与出口累积量之比（出口累积量是文件的一部分）。信息输出因所选组分而异，取决于下列分类：径流，泥沙颗粒，泥沙颗粒分级与来源，泥沙来源，养分，杀虫剂。对于一个特选组分，若其中任一个编码在污染负荷输出规范（AnnAGNPS 输入文件）中为空白，将从全程输出规范节数据中使用适当的编码。

两个格式化输出文件包括年平均值文件和事件文件，为版本 2 输出的新文件，包含各种表格，显示径流、侵蚀、产沙量、输移泥沙等的年平均负荷量（AnnAGNPS_SA_AA.doc）和超过 1/4 in (6.35 mm) 的径流事件的水、侵蚀、产沙量、输移泥沙等的事件负荷量（AnnAGNPS_SA_EV.doc）。该事件文件包含的事件数限制在前 120 个事件，防止超过文件容量。

两个文件设计为 MSWORD 使用，当编辑时可以用 $8\frac{1}{2}$in × 11in 标准纸张打印，若用户指定的沟道位置为 4 个或更多，则 MSWORD 页面要求横向设置，使所有栏在同一页。

化学负荷不包含在两个文件中。流域出口自动成为一个沟道位置,用户可以另选其他任何位置作为输出位置,但 MSWORD 不能将超过 5 个的所选位置放在同一页。用户可以选择任意网格组合,但至少选一个网格,在格式化表中,网格数为行数,只影响各表的页数。

新表默认设定询问:①所有表格;②所有网格;③沟道位置只是出口。如果"源计算输出规范"子菜单询问一个或多个网格,只有所询问的网格包括在输出中;如果"沟道输出规范"子菜单请求一个或多个沟道位置,所询问的沟道位置和出口一起包括在输出中。

五、AnnAGNPS 模型处理

在概念上,计算机模型由 3 部分组成:数据准备,模拟处理,污染物负荷输出。①数据准备,包括读入数据,错误检查,设置内部指针,根据读入的数据建立内部矩阵大小,初始化模拟要求的数据(建立气候常量,组合土壤,确定网格和沟道汇流时间,建立沟道汇流顺序和沟道排水面积,RUSLE 预处理)。②模拟处理包括为初始化期和模拟期处理每天的气候信息,以及气候信息对网格的影响。对于模拟期为饲养场、切沟、点源和沟道做进一步处理,土壤水分、积雪、作物生长、残留物以及化学物等方面的信息将从一日带到下一日,如同饲养场的堆肥和养分那样,个体事件的沟道和所选源计算组分数据在模拟处理过程中进行累计。③污染物负荷输出分析模拟期内变量在下游沟道位置的累计值,确定用户所选组分(网格、饲养场、切沟、点源或沟道)对出口的贡献,所分析的变量为用户选定,通过输入源计算编码或全程源计算编码进行选择。

通过使用 AGNPS 5.0 到 AnnAGNPS 输入转换器,模型可以两种模式运行:RUSLE 基于连续模拟模式,是 AnnAGNPS 的核心;USLE 基于 AGNPS 模式,运行转换的 AGNPS 5.0 输入数据,不要求任何额外数据。AGNPS 模式不执行老版本 AGNPS 5.0 那样的处理,但使 AnnAGNPS 技术适应转换的 AGNPS 输入数据(见 AGNPS 转换器文档)。在下面的计算步骤概述中,有些步骤将说明适用 AnnAGNPS 模式或 AGNPS 模式,即该步骤仅适用一种模式。

六、数据准备

(一)读输入文件名

程序从 AnnAGNPS. fil(若存在)中读 AnnAGNPS 输入文件名和气候输入文件名,若 AnnAGNPS. fil 不存在或该文件中不包括两个输入文件名,程序将使用默认的 AnnAGNPS 输入文件名 AnnAGNPS. inp 和默认的气候输入文件名 ClimDay. inp。

(二)读 AnnAGNPS 输入文件

AnnAGNPS 输入文件一次读一个记录,首先读第一个记录,第一个记录指示模拟使用的模式(AnnAGNPS 或 AGNPS),然后按 AnnAGNPS 输入规范描述的数据节格式读其余数据。一般地,数据节可按用户选择的任意顺序读入。数字数据将进行有效数据类型(整数或浮点）检查，数字数据和部分字母数据要进行接受范围检查，所有要求字段都要检查以确定数据完整，结束数据（The End Data）应是输入的最后一个数据节。

（三）EI 百分比搜索

若以 AnnAGNPS 模式运行，要求 RUSLE EI 百分比数据，数据以 15 天为周期，一年 24 个周期。EI 百分比数据应作为模拟期数据中的一部分输入。如果该数据位输入或 EI 数小于 149，模型内的数据库将提供数据；如果数据不是用户输入且 EI 数大于 149，将产生出错信息。

（四）建立土壤组合

输入的土壤数据缩减到两层土壤剖面供模型使用，深度为 200mm 为上层，剖面的其余部分为第二层。一般地，输入的土层数据将按照两个组合土层的相对厚度赋予相应权重。

（五）汇流顺序

接收沟道标识用来创建流域径流网，根据径流网确定沟道处理的顺序，沟道处理顺序必须确保所有上游沟道的处理先于当前沟道的处理。

（六）沟道面积

网格面积在沟道的适当位置（上游或下游）加到沟道面积上，从而进入流域河网系统，使用汇流顺序，各个沟道面积按下游方向逐步累加，从而确定了排入各条沟道的全部上游面积。

（七）读入气候数据（AnnAGNPS）

读入气候文件包括读入气象站信息和日气候参数信息，日气候数据的时间段必须跨越模拟期，对于短期模拟，数据最好为完整月，因为要计算月常量数据并用于模拟处理。

在 AnnAGNPS 中，气候数据输入文件中的某些数据，如降水可能随海拔而变化。为了确定这种变化。用户需输入气象站高程、高差和高程降雨因子，输入的第一个高差必须小于第二个高差。

程序基于下述概念进行操作，为用户提供最大限度的灵活性。

（1）如果两个高差和高程雨因子两项皆为空白，气象站降水将用于所有网格，若用户希望调节降水随高度的变化，高差和高程雨因子两项都必须输入（只要一个为空白，将引起出错信息）。

（2）输入的两个高差，可能两个都低于气象站高程，或一个低于气象站高程、一个高于气象站高程，或两个都高于气象站高程。通常两个高差中没有一个与气象站高程相同，这样三个点定义了两条线段，位于中间的高程就是高程 - 因子（降水的乘数）关系的坡度可能变化点。在这种情况下，与气象站高程相关的因子假定为 1.0。例如，若一个网格的高程与气象站高程相同，该网格的降水就等于气候数据输入文件读入的降水；对于其他网格,若网格高程低于中间高程,就用较低位置线段的方程内插或外推计算该网格的降水;若网格高程高于中间高程,就用较高位置线段的方程内插或外推计算该网格的降水。

(3)对于一个高差与气象站高程相同的例外情况,则用两个高差及相关因子定义一条线段,确定降水与高程的关系。在这种情况下,忽略对气象站高程因子 1.0 的假定,用户可以输入任何与两个高差关联的因子。例如,如果用户希望使用多于或少于气候数据文件输入的降水运行 AnnAGNPS,就将一个高差设置为与气象站高程相同,因子相应设置为增加或减少的乘数。

(4)使用外推法输入数据以及可能的输入错误,外推的网格降水可能为负值。例如,在输入网格高程、气象站高程、高差或高程因子时输入错误,这种情况可能发生,错误地估计降水随高程的变化率也可能导致这种情况发生。为了检查该错误,在数据准备过程中要确定最低网格高程;如果外推的降水可能为负值,将产生错误,AnnAGNPS 将继续进行数据准备,但不开始模拟。

(5)用户应在高差和高程雨因子输入到 AnnAGNPS 输入文件前点绘高程 - 降水关系(并且确定气象站高程和网格高程范围),这样将使用户确信计算的流域降水为所期待的数值。日降水和月正常降水将根据相同的高差和高程雨因子随高程而调整。

(八)时间段检查(AnnAGNPS)

对于询问的模拟,系统将检查日气候数据的时间跨度,若气候记录不能包括整个模拟期(或至少一年)将导致出错。

(九)建立常量

多数气候参数将使用日气候参数计算月平均值,太阳辐射则缩短到日平均(公历日),不是月平均,降水、最低和最高气温则计算年平均值,也根据计算的月平均降水(历月)选择代表性月气候数据的年份,该年的气候参数日值将用做气候年,随后用于初始化期(若模拟期数据输入中设定了初始化年数)。

(十)网格 T_c

如果未输入网格汇流时间(T_c),系统将根据网格剖面计算该值,网格剖面根据层流、浅层集线流和集线流字段的数值构成的链来建立。网格汇流时间是网格内从层流、浅层集线流到集线流径流旅行时间的总和,径流长度的前 50m 视为地表漫流(层流),随后的 50m 看做浅层集线流(最大流速 0.61m/s),100m 以上为集线流,3 种径流类型根据 TR - 55 计算。对于任何网格,3 种径流并不必须存在。

(十一)沟道几何

如果输入数据中缺失任一沟道或所有沟道的断面参数,参数将根据沟道排水面积和指数方程进行计算。4 个沟道参数是沟道长度、沟道上宽、沟道径流深度和沟谷宽度,方程的系数和指数基于沟槽几何标识;若未提供几何标识,则使用默认值。

(十二)沟道 T_c

各条沟道根据前面建立的沟道汇流顺序进行处理,确定直接流入沟道上游末端的最大单网格 T_c。对于流入当前沟道的各条沟道,考虑两个值:最大单网格 T_c,该 T_c 在其下游末端汇入该上游沟道;该上游沟道 T_c 加上径流通过该上游沟道的时间。并不是所有沟道在其上游末端都有网格贡献和上游沟道,但每条沟道必须有其一。

(十三)初始化参数

在开始模拟期或初始化期前为绝大多数网格变量建立开始条件,初始化变量使用的信息来自初始作物和非作物信息,这些信息是模拟期数据(AnnAGNPS 输入文件)的一部分,或来自不包括操作日期的操作数据。

(十四)RUSLE 预处理(AnnAGNPS)

建立非水域网格整个操作管理周期的 RUSLE 参数(K, LS, C, EI 和 P),计算每一种土壤 K 因子,使用年值或 24 个 15 天期的系列值,取决于指定的可变 K 因子编码和是否 EI 数支持可变 K 因子;对于非作物,C 因子计算为年值,对于操作管理进程,计算各年的 24 个 15 天期的系列值;计算每个网格 LS 因子;对于非作物,P 因子计算为年值,对于作物,计算年值系列(操作管理进程每年一个值),P 因子包括各种情况下的因子值调整:等高线、条带作物、阶地以及地下排水;EI 用于整个流域,按公历年表示为 24 个 15 天期的系列值。

七、模拟处理

如果询问初始化期,模拟处理的网格处理部分将运行到初始化时间结束模拟期开始,初始化过程中使用的气候日期为气候年的每一天,初始化期其目的是开始实际模拟前稳定初始网格参数。

(一)网格处理

网格按日进行处理,处理步骤如下。

调整:根据气象站和网格间的高程差调整日降水和气温,其他气候数据直接使用气象站数据。

潜在蒸发蒸腾(AnnAGNPS):根据彭曼公式计算潜在蒸发蒸腾量。

选择操作(AnnAGNPS):检查该网格当前日在操作进程中所发生的任何操作,取消确定的合并到其余网格步骤的任何操作。

灌溉应用(AnnAGNPS):如果确认当日操作或从前面的操作中确认是灌溉区间的一部分,则实施灌溉水。实施的灌溉可以是手工(固定灌溉量)或自动(土壤水分达到用户提供的灌溉触发器);只确定实施的水,流掉的水量取决于其他日因子,灌溉径流在土壤水分调整后确定。

冬季常规(AnnAGNPS):平均气温低于冰点(0°C)的任何降水都视为雪,在网格累积,现存积雪按天计龄,取决于气候条件和土壤水分;确定或调整至冻土层的土壤深度(达2m);在应用冬季常规的任一日,忽略以前确定的灌溉量。

土壤水分(AnnAGNPS):日土壤水分计算将考虑应用的水量(降雨、灌溉或融雪)、径流、蒸发蒸腾、两层组合土壤剖面维持水平衡时的渗流等。径流计算使用曲线数方法,但若存在浅层冻土层则可能修改,曲线数变化于前期水分条件 I (AMC I)和 AMC III 值之间,AMC III 值根据 SWRRB 和 EPIC 模型中的程序调整而来。实际蒸发蒸腾量是潜在蒸发蒸腾量和土壤含水量的函数。渗流以与土壤含水量相应的水力传导率发生,根据 Brooks - Corey 公式计算。径流量分别按降雨、融雪或灌溉贮存。

修正曲线数(AnnAGNPS):根据与日操作一起提供的新曲线数修正网格径流曲线数。若没有新曲线数,对于作物处于旺盛生长期,曲线数处于转过渡期,调整曲线数。

田间池塘(AnnAGNPS):田间池塘特征允许用户在一个网格内模拟水稻塘或小龙虾塘。如果田间池塘的闸门操作是"开启",塘中水量及悬移质泥沙被直接排放到与之相连的接收沟道,与之相关联的网格面积被倒调整到整个网格面积;如果田间池塘的闸门操作是"关闭",与之相关联的网格面积缩小到池塘的面积。

RUSLE 泥沙(AnnAGNPS):径流产生的泥沙由用户提供的降雨分布(码)和当前网格特征使用 RUSLE 模拟生成,融雪泥沙也使用 RUSLE 按均匀分布计算,泥沙按颗粒进行分级(黏土、沙粒、粉沙、小团粒和大团粒)。

USLE 径流和泥沙(AGNPS):网格径流根据网格径流曲线数和降水使用 SCS 降雨 - 径流方程进行计算,泥沙根据与网格相关的 K、LS、P 和 C 用 USLE 方程计算,所计算的泥沙分布于 5 个颗粒级别(粉沙、黏土、沙粒、小团粒和大团粒)。

灌溉径流与泥沙(AnnAGNPS):确定应用灌溉流走的部分,灌溉泥沙使用灌溉量和输入的泥沙浓度进行计算,泥沙量进行颗粒分级(黏土、沙粒、粉沙、小团粒和大团粒)。

调整杀虫剂:为该日检查操作进程确定网格的额外杀虫剂,对于每种杀虫剂,计算用 GLEAMS (Knisel, 1993)模型调整的每日杀虫剂量平衡,考虑的主要成分有杀虫剂叶面冲刷、在土壤剖面中的上下运动以及基于杀虫剂半衰期降解;计算该日泥沙吸附杀虫剂和径流溶解杀虫剂。

调整养分:为该日检查操作进程确定网格的额外养分,计算氮、磷和有机碳的每日量平衡,考虑的主要成分有作物对氮和磷的摄取、肥料施用、残留物分解、土壤氮和磷的转化;为网格确定该日泥沙吸附氮、径流溶解氮、泥沙吸附磷、径流溶解磷和泥沙吸附有机碳。氮和磷分成有机部分和矿化部分,并分别计算各自的量平衡。氮和有机碳循环只跟踪以下方面的主要氮的矿化转换:潮湿土壤有机质、植物残留物、作物残留物腐败、肥料和植物摄取。土壤剖面中的氮和磷转化用 EPIC 调整(Sharpley and Williams, 1990)。植物氮和磷摄取使用一个简单的作物生长阶段指数进行模拟。

将网格数据加到沟道:离开网格的数量(水、分级泥沙、养分和杀虫剂)在适当的位置(上游末端或下游末端)被加到适当的沟道,网格泥沙看做层流和细沟泥沙(初始化期不执行该步)。

（二）饲养场处理

每个饲养场逐日进行处理。

饲养场事件计算：如果径流发生在与饲养场相关联的网格，进入饲养场的径流被汇集，径流中的可溶性养分（氮、磷和有机质）即可确定；然后，径流和养分汇聚向坡下运移，虽然饲养场下坡的缓冲区能够减少径流中的养分，其结果是包含饲养场的网格中产生的养分在适当的位置（上游或下游）加到相应的沟道中，但不再将来自饲养场的水加到沟道中，饲养场径流已经包括在网格径流中。

饲养场日计算：饲养场牲畜产生的养分加到厩肥中，厩肥以默认的日腐烂速率腐烂，不同养分有不同的腐烂速率，当日养分生产变化量加到当日腐烂速率中，以确定次日的新速率。系统将检查饲养场操作进程以确定当日是否有操作，若发现当日有操作，各种养分的当日腐烂速率和当日腐烂速率的变化将得到更新，更新后的腐烂速率在次日生效。如果当日操作中有刮除操作（厩肥去除率），厩肥养分将被调整。

（三）切沟处理

每条切沟逐日进行处理。通过切沟排泄的网格径流，基于切沟排水面积与网格排水面积的比率进行计算，泥沙总量根据切沟径流和指数方程使用用户提供的系数和指数进行计算。根据确定的切沟土壤或网格土壤（若未确定切沟土壤），对泥沙进行颗粒分级（黏粒、沙粒、粉粒、小团粒和大团粒）。然后，与网格相关联的切沟泥沙在适当的位置（上游或下游）加到相应的沟道中，该网格泥沙识别为“切沟泥沙”。不再将切沟的水加到沟道中，切沟径流已经包括在网格径流中。

（四）点源处理

每个点源逐日进行处理。用户输入的径流率常数和养分用来确定径流量和养分总量，径流和养分在适当的位置（上游或下游）加到与包含点源的网格相关的沟道。

（五）沟道处理

如果任一网格（不包括点源）发生了径流，系统将执行沟道汇流，汇流按沟道汇流顺序进行，该汇流顺序确保一条给定沟道的所有上游沟道的汇流先于它本身的汇流（上游末端没有来水的沟道不进行汇流，因为没有径流）。一条沟道的汇流经过下面的步骤（编码完成时，蓄水坝拦蓄水将加到沟道汇流中）：

（1）径流汇流。根据沟道上游末端的径流量和按权重计算的降雨量（包括降雨、融雪或灌溉）计算出与之等量的径流曲线数和相关联的 I_a/P 比，使用 I_a/P 比和用户自定义的降雨类型（降雨分布编码）用扩展的 TR－55 方法确定该沟道的洪峰流量。然后，所有水变量从上游末端转到下游末端。

（2）泥沙汇流。泥沙汇流使用 Bagnold 方程进行。如果沟道条件适宜，水流划分为堤岸内水流和漫滩水流，以分别计算其泥沙负荷量。泥沙按颗粒分级（黏土、粉沙，沙粒、小团粒和大团粒）汇流，包括 3 种来源（片蚀和细沟、切沟、沟床和沟岸）。泥沙汇流后，各颗

粒分级重新区分出3种来源。汇流泥沙按颗粒重新划分的原理如下:

数量减少:3种来源按比例减少;数量增加:所有增加部分均来自沟床和沟岸。

(3)养分汇流。每种养分(氮、磷和有机碳)划分为可溶性和吸附性两种形态,吸附磷进一步划分为有机磷和无机磷。各形态养分在径流过程中不断衰减,取决于在沟道运行时间、水温和适当的衰减常数,可溶性养分还可能随水渗透到沟底而进一步减少,吸附态养分根据从沟道上游末端到下游末端黏粒泥沙的变化而调整。在汇流开始(上游末端)和养分汇流后(下游末端),可溶性和吸附态无机磷平衡完成建立,上游末端的平衡是必需的,因为数个径流来源可能在此处汇聚,源聚合在一起,每个来源可能处于平衡状态,而团聚体可能处于非平衡状态。

(4)杀虫剂汇流。每种杀虫剂划分为溶解杀虫剂和泥沙吸附杀虫剂,两种形态的杀虫剂在径流过程中不断衰减,取决于在沟道运行时间、水温和合适的杀虫剂半衰期,溶解杀虫剂还可能随水渗透到沟底而进一步减少,吸附杀虫剂根据从沟道上游末端到下游末端黏粒泥沙的变化而调整。此外,在汇流开始(上游末端)和杀虫剂汇流后(下游末端),每种杀虫剂的平衡完成建立,上游末端的平衡是必需的,因为数个径流来源可能在此处汇聚,每个来源可能处于平衡状态,而团聚体可能处于非平衡状态。

(5)更新接收沟道。汇流的水、泥沙和化学物质的数量加在下一个下游沟道的上游末端(若位于流域的下游末端则是加到流域出口)。在当前沟道下游末端汇入的网格、饲养场、切沟和点源等的值也进行累加,这些数值并未参与当前沟道的汇流计算,但将参与任何下游沟道的汇流计算。

(6)记录事件。在用户选择的沟道,如果在下游末端有径流(汇流径流、网格或点源加入的径流),则事件信息就写在事件文件中,所包括的水、泥沙、养分和杀虫剂等信息取决于用户的选择,用户选择在“沟道输出规范”或“全程输出规范”中,若有径流存在,流域出口总是写到事件文件中。

(7)模拟累积。各条沟道的日沟道事件的所有信息在模拟期内进行累加,数据包括沟道汇流项目(上游末端和下游末端),以及在沟道下游末端从网格、饲养场、切沟和点源等增加的项目,增加的这些项目未在该沟道进行汇流计算。模拟累积信息稍后将用来产生源计算信息。

八、污染物负荷输出

(一)沟道比率

各条沟道的各个末端模拟期累积数据用来计算沟道比率。计算哪些参数(水、泥沙、养分和杀虫剂)的沟道比率取决于源计算组分的组合选择输出。上游末端比率计算为上游末端参数值与下游末端参数值之比,若上游末端参数值大于下游末端参数值(由于入渗或沉积造成的损失),上游末端比率取1(来自上游末端的所有下游末端值全部贡献给了出口)。下游末端比率计算为当前沟道下游末端值与接收沟道的上游末端值之比。流域出口看做一条沟道的上游末端,正好是最后一条沟道的下游,它可能包括网格和其他组分的贡献,这些贡献在最后一条沟道汇流后参与累积计算。

(二)记录出口累积

出口累积信息写到源计算文件中,这些信息将用做询问所选源计算组分贡献比率的基础,这些组分稍后将写入源计算文件。

(三)计算源计算比率

来源计算组分(不是沟道)的源计算比率根据模拟期数据进行计算。对于来源计算组分加在沟道上游末端,比率计算为组分累积值与上游值之比;对于来源计算组分加在沟道下游末端,比率计算为组分累积值与接收沟道的上游值之比。然后,对于所有沟道,在源组分进入沟道系统的下游,该比率乘以上游值与下游值之比。

(四)记录源计算比率

根据选择的源计算组分的输出,将源计算比率写入源计算文件。

(五)格式化输出

新的年平均值文件和事件文件以格式化表格输出。对于每一种污染物,年平均值文件包含 3 个表格:①与各网格贡献给沟道位置相关联的年总量;②各网格的年总量与沟道位置总量之比值;③各网格单位面积每年对沟道位置总量的贡献。新的格式化表格事件文件与年值文件相似,只是它记录每个径流量大于 1/4in (6.35mm)的地表径流事件。

九、相关文件

(1)AGNPS 5.0 到 AnnAGNPS 转换器。

(2)AnnAGNPS 输入文件规范。

附录 A AnnAGNPS 出错信息

1. 第一个 AnnAGNPS 输入文件记录不是 AnnAGNPS 或 AGNPS 要求的记录——不能处理文件。

2. 增加的地表残留物、地面分解和地下分解条目必须为空白,因为 *Data Section Name* 的 *XXX* 记录指定为没有效果码 4。

3. 记录 *Data Section Name* 的 *XXX* 至少一个 *Input Field Name* 字段必须大于零。

4. 操作 Id(*Operation Id*)至少要求一个 *Input Field Name*,因为它应用于农田字段(*Field Id*)。

5. 作物参考(*Crop Id*)要求至少一个记录为作物生物量、冠层覆盖和降雨高度。

6. 不能计算沟道(*Reach Id*)在沟槽充满水时的流速,因为沟道 *Width or Depth* (*XXX.X*)不大于零。

7. 根据气候数据文件中气象站海拔高度和高差与因子,最低网格(XXXX)的降水小于零。

8. 记录 *XXX* of *Data Section Name* 的数字字段为空白。

9. 数据节(*Data Section Name*) 的结尾要求为空记录。

10. 操作参考数据的记录 *XXX* 具有效果码 *X* 的变量 *Variable Names* 要求为空白。

11. 操作参考数据的记录 *XXX* 无效果码 *X* 的变量 *Variable Names* 要求为空白。

12. 记录 *XXX* of *Data Section Name* 有空白文本字段(*Input Field Name*)。

13. 记录 *XXX* of *Data Section Name* 有空白 *Y/N or* 0/1 f 字段(*Input Field Name*)。

14. 找不到 *AnnAGNPS or Climate* 输入数据文件(*Input File Name*)。

15. C 因子计算作物操作矩阵超界,检查田块(*Field Id*)的作物操作顺序。

16. 发现接收沟道为环型。

17. 记录 *XXX* of *Data Section Name* 的黏土、粉沙和沙三者比例之和大于 1.0。

18. 气候输入文件包含 *XXX* 天,要求天数是 *XXX*。

19. 田块 Id (*Field Id*)、田块管理 Id (*Field Management Id*)和操作 Id (*Operation Id*)找不到开始生长的作物。

20. 记录 *XXX* of *Data Section Name* 的作物生长时间必须递增。

21. RUSLE 分段矩阵数据溢出,田块(*Field Id*)的分段数据将丢失。

22. 数据节名(*Data Section Name*)不是 AnnAGNPS 标题——跳到下一个数据节。

23. *Array or Structure Name* 分配位置错误(*Error Number*)。

24. 记录 *XXX* of *Data Section Name* 中整数字段 *Input Field Name* 中发现小数点。

25. AnnAGNPS 输入文件中发现重复数据节 *Data Section Name*。

26. 记录 *XXX* of *Data Section Name* 中效果码 *X* 出现多于一次。

27. 记录 *XXX* of *Data Section Name* 中输入 *Input Field Names* 不用做自动灌溉。

28. 记录 *XXX* of *Data Section Name* 中 *Input Field Names* 的输入不能两者都大于零。

29. 记录 *XXX* of *Data Section Name* 中 *Input Field Names* 的输入不能两者都为零。

30. 记录 *XXX* of *Data Section Name* 中 *Input Field Name*1 的输入(*Input Field* 1)超过了 *Input Field Name* 2 (*Input Field* 2)。

31. 记录 *XXX* of *Data Section Name* 中,当 *Input Field Name* 2 为空白时,*Input Field Name*1 的输入也必须为空白。

32. 记录 *XXX* of *Data Section Name* 中 *Input Field Name*1 的输入(*Input Field* 1)不大于 *Input Field Name* 2 (*Input Field* 2)。

33. 记录 *XXX* of *Data Section Name* 中,当侵蚀模型码为 1(*USLE*)时,*Input Field Name* 输入必须为空白。

34. 记录 *XXX* of *Data Section Name* 中,当侵蚀模型码为 0(*RUSLE*)时,要求 *Input Field Name* 输入。

35. 记录 *XXX* of *Data Section Name* 中气候开始日期或结束日期错误。

36. 记录 *XXX* of *Data Section Name* 中栏无关数据。

37. 为找到饲养场网格 Id (*Feedlot - Cell Id*)。

38. 记录 *XXX* of *Data Section Name* 中的田间土地利用标识仅在 ANGPS 模式运行时有效。

39. 记录 *XXX* of *Data Section Name* 中细沙比例超过了沙的比例。

40. 记录 *XXX* of *Data Section Name* 中 *Input Field Name* 的四个值之和必须等于 1.0。

41. 网格(*Cell Id*)操作(*Operation Id*)的种植操作 *XXX* 未找到收获操作。

42. 农田网格(*Cell Id*)未发现初始化模拟开始所需的收获操作或种植操作。

43. 记录 *XXX* of *Data Section Name* 中,对于 *Data Type* 标识,标识(*Data Type Identifier*)要用做水域网格(*Cell Id*)。

44. 与 *Type Identifier* 2 (*Identifier* 2)一起使用的 *Type Identifier* 1 未发现标识(*Identifier* 1)。

45. *Type Identifier* 的标识(*Identifier*)访问水域网格。

46. *Type Identifier* 的标识(*Identifier*)未集中在一起。

47. 记录 *XXX* of *Data Section Name* 中,*Input Field Name* 字段在(*Input Field*)中插入了空格。

48. 记录 *XXX* of *Data Section Name* 中,*Input Field Name* 字段在(*Input Field*)中插入了符号(+ 或 -)。

49. 记录 *XXX* of *Data Section Name* 中,*Input Field Name* 在 *Y/N or* 0/1 输入中发现无效字符。

50. 田间管理 Id (*Field Management Id*)的输入 *XXX* 不允许是土地利用 Id (*Landuse Id*),它用于农田字段(*Field Id*)。

51. 提供的气候数据(*MM/DD/YYYY - MM/DD/YYYY*)短于 12 个完整月。

52. 记录 *XXX* of *Data Section Name* 中,*Input Field Name* 在 *Y/N* ,0/1, *or A*, *B*, *C*, *D* 输入中发现多个字符(*Input Field*)。

53. 记录 *XXX* of *Data Section Name* 中,*Input Field Name* 在字段(*Input Field*)发现多个小数点。

54. 流域沟道中指定了多个出口。

55. 田块(*Field Id*)的新作物 ID 没有效果码 7 或 9,检查操作参考数据。

56. 田块(*Field Id*)的新作物 ID 没有操作参考,检查操作参考数据。

57. 在 *MM/DD/YYYY*,沟道(*Reach Id*)67 径流划分成沟槽径流和漫滩径流时牛顿解法未能收敛。

58. 网格(*Cell Id*)未发现初始化模拟开始需要的作物。

59. 没有随 *AnnAGNPS* 输入读入 *Data Section Name* 数据。

60. 记录 *XXX* of *Data Section Name* 中,*Input Field Name* 字段在(*Input Field*)中无小数点。

61. *Input Field Name* 2 (*Input Field* 2)未输入 *Input Field Name* 数据。

62. 流域沟道中未指定出口。

63. 记录 *XXX* of *Data Section Name* 中,*Input Field Name* 字段在(*Input Field*)中有非数字字符。

64. 输入的 *Data Type Name(s)* 数小于 *Data Section Name* 标题中显示的数。

65. 输入的 *Data Type Name(s)* 数超过了 *Data Section Name* 标题中显示的数。

66. 非作物字段(*Field Id*)只允许一个非作物操作标识,对于操作(*Operation Id*),输入 *XXX* 中显示了额外的土地利用。

67. 操作(*Operation Id*)中有 *Data Type Id* (*Data Type Id*),但输入文件中没有 *Data Type* 数据。这里 *Data Type* 可以是等高线、作物、曲线数、肥料施用、灌溉、土地利用、操作参考、杀虫剂施用或条带作物。

68. *MM/DD/YYYY*,操作(*Operation Id*)中的灌溉应用超过 1。

69. 操作数据(*Operation Id*)的输入 *XXX* 要求操作日期(*MM DD YYYY*),因为操作日期应用于作物字段(*Field Id*)。

70. 记录 *XXX* of *Data Section Name* 中操作日和月(*Input Fields*)是空白。

71. 操作(*Operation Id*)的输入 *XXX* 不允许新作物标识(*Crop Id*),因为它应用于非农田字段(*Field Id*)。

72. 在操作顺序(*Operation Id*)中,操作 *XXX* 发生在了前一操作之前。

73. 操作参考数据的 *XXX* 记录具有效果码 *X* 的 *Variable Names* 要求正值。

74. 沟道(*Reach Id*)的沟道几何 Id (*Reach Geometry Id*)产生了不可接受的沟道长度(*XXX. X*)。

75. *Data Section Name* 标题之后的记录要求沟道半衰期值。

76. 曲线数 Id (*Curve Number Id*)的径流曲线数未从曲线 A 增加到曲线 D。

77. RUSLE 要求为 *cell or field* (*Cell Id or Field Id*)输入 *Input Field Name*。

78. 网格(*Cell Id*)操作(*Operation Id*)的种植操作 *XXX* 在收获操作之前发现第二个种植操作。

79. 模拟开始日期(*MM/DD/YYYY*) 在气候开始日期(*MM/DD/YYYY*)之前。

80. 模拟结束日期(*MM/DD/YYYY*) 在气候结束日期(*MM/DD/YYYY*)之后。

81. 源计算输入 *XXX* 参考了未发现的 *Type Identifier Id* (*Identifier*)。

82. 源计算输入 *XXX* 参考的 *Type Identifier Id*（*Identifier*）没有 *Type Identifier* 数据输入。

83. 对于记录 *XXX* of *Data Section Name* 中 *Type Identifier Id*（*Identifier*），源计算 *Input Variable Name* 的输出不可用。

84. 记录 *XXX* of *Data Section Name* 中，*Input Field Name* 字段的（*Input Field*）有不可接受的字符。

85. 记录 *XXX* of *Data Section Name* 后遇到意外的文件结尾。

86. *Subroutine Name* 中遇到不明情况（*XXX*）。

87. 记录 *XXX* of *Data Section Name* 中发现未知田间土地利用标识（*Landuse Id*）。

88. 记录 *XXX* of *Data Section Name* 中不稳定团粒比例应为空白，土层并非来源于火山物质。

89. 沟道（*Reach Id*）的上游汇流面积或汇流时间是零。

90. 记录 *XXX* of *Data Section Name* 中，*Input Field Name* 字段的值（*Input Field*）超出接受范围（*XXX* - *XXX*）。

91. 记录 *XXX* of *Data Section Name* 中，*Input Field Name* 字段的值（*XXX. X*）系从超出接受范围（*XXX* - *XXX*）的 *Input Field* 转换而来。

92. 记录 *XXX* of *Data Section Name* 中，网格汇流时间为空白时，*Input Field Name* 不能也是空白。

93. 记录 *XXX* of *Data Section Name* 中，若输入了网格汇流时间，*Input Field Name* 必须为空白。

94. 记录 *XXX* of *Data Section Name* 中，若输入了厩肥去除率，厩肥堆积的 *Start or Change* 变量（N，P，有机 C）必须为空白。

附录 B AnnAGNPS 警告信息

1. 使用火山灰土壤方程估算 USLE 的 K 因子时,土壤 *Soil identifier* 的盐基饱和度小于容许范围 6.0 ~ 100.0,使用 6.0 估算土壤 K 因子值。

2. 使用火山灰土壤方程估算 USLE 的 K 因子时,土壤 *Soil identifier* 的盐基饱和度大于容许范围 6.0 ~ 100.0,使用 100.0 估算土壤 K 因子值。

3. 第 *Record Numberth* 个日气候记录后未发现文件结尾,依然有很多记录,或最后一个日记录后未发现空白记录。

4. 土壤 *Soil identifier* 的组合土层 *X*,田间持水量超过空隙度(*Composite Soil Layer Porosity*),被调整到等于空隙度。

5. 土壤 *Soil identifier* 缺少土壤数据,不能使用火山灰土壤方程估算 K 因子,因土壤 K 因子缺失,估算的 K 因子不能调整到 K 因子,程序试图用土壤诺谟图方程估算 K 因子。

6. 土壤 *Soil identifier* 缺少土壤数据,不能使用火山灰土壤方程估算 K 因子。

7. 网格 *Cell identifier* 的坡长超过了最大长度 *XX. X* 米,只有小于和等于最大长度的坡长值才能用于 LS 因子计算。

8. 网格(*Cell identifier*)和 *xx/xx/xxxx* 的操作(*Operation identifier*)在当前灌溉间隔期间发现新的灌溉应用。

9. 使用火山灰土壤方程估算 USLE 的 K 因子时,土壤 *Soil identifier* 的修正沙百分比(沙百分比减去极细沙百分比)小于允许范围 1.7% ~ 23.0%,使用 1.7% 估算土壤 K 因子值。

10. 使用火山灰土壤方程估算 USLE 的 K 因子时,土壤 *Soil identifier* 的修正沙百分比(沙百分比减去极细沙百分比)大于允许范围 1.7% ~ 23.0%,使用 23.0% 估算土壤 K 因子值。

11. 使用火山灰土壤方程估算 USLE 的 K 因子时,土壤 *Soil identifier* 的粉沙百分比超过允许范围 7.0% ~ 49.0%,使用 49.0% 估算土壤 K 因子值。

12. 使用火山灰土壤方程估算 USLE 的 K 因子时,土壤 *Soil identifier* 的粉沙百分比小于允许范围 7.0% ~ 49.0%,使用 7.0% 估算土壤 K 因子值。

13. 使用火山灰土壤方程估算 USLE 的 K 因子时,土壤 *Soil identifier* 的不稳定小团粒百分比小于允许范围 5.0% ~ 72.0%,使用 5.0% 估算土壤 K 因子值。

14. 使用火山灰土壤方程估算 USLE 的 K 因子时,土壤 *Soil identifier* 的不稳定小团粒百分比超过了允许范围 5.0% ~ 72.0%,使用 72.0% 估算土壤 K 因子值。

15. 使用火山灰土壤方程估算 USLE 的 K 因子时,土壤 *Soil identifier* 的极细沙百分比超过了允许范围 1.0% ~ 49.0%,使用 49.0% 估算土壤 K 因子值。

16. 使用火山灰土壤方程估算 USLE 的 K 因子时,土壤 *Soil identifier* 的极细沙百分比小于允许范围 1.0% ~ 49.0%,使用 1.0% 估算土壤 K 因子值。

17. *Curve Number Identifier* 的径流曲线数在所有水文土壤组中都相同。

18. 因土壤 K 因子缺失和土壤 *Soil identifier* 缺少土壤数据,不能使用土壤诺谟图方程估算 K 因子,估算的 K 因子调整到 0.34。

19. 使用土壤诺谟图方程估算 USLE 的 K 因子时,土壤 *Soil identifier* 的土壤有机质超过了允许范围 0.0% ~4.0%,使用 4.0% 估算土壤 K 因子值。

20. 使用土壤诺谟图方程估算 USLE 的 K 因子时,土壤 *Soil identifier* 的土壤结构码超过了有效范围 1 ~4,使用 4 估算土壤 K 因子值。

21. 使用土壤诺谟图方程估算 USLE 的 K 因子时,土壤 *Soil identifier* 的土壤结构码小于有效范围 1 ~4,使用 1 估算土壤 K 因子值。

22. 字段 *Field identifier* 指定了条带作物保持措施,却没有指定等高线保持措施,条带作物的 P 子因子将设置成 1。

23. 记录 *Record Number of Data Section Name* 中,*Field Name* 其值(*XX. X*)系从通常范围(*XX. X* – *XX. X*)外的 *XX. X* 转换而来。

24. 记录 *Record Number of Data Section Name* 中,*Field Name* 其值(*XX. X*)位于通常范围(*XX. X* – *XX. X*)之外。

25. 土壤 *Soil identifier* 的组合土层 *X*,凋萎系数超过空隙度(*Composite Soil Layer Porosity*),被调整为等于空气度。

第二章 AGNPS 安装步骤(版本 3)

原作者:美国农业部农业研究局国家泥沙实验室
Ronald L. Bingner 博士
编　者:郑粉莉　高学田

本文件提供安装和执行程序所需的信息,所安装的程序构成 AGNPS 流域模型工具。本软件可在 Windows 98、Windows 2000、Windows NT 和 Windows XP 上运行。建议在 AGNPS 下载页面使用下载所有模块选项下载全部组件。

AGNPS 是用来评价流域管理效果的工具,AGNPS 系统是 AGNPS 98&2001 模块系统的升级,包括很多改进。其安装分为七个步骤,以确保计算机系统和 AGNPS 文件能正常运行:①下载完整的 AGNPS 文件;②解压下载的文件;③安装输入编辑器;④解压实例文件;⑤解压模板,该模板包括 AGNPS Arcview 界面推荐使用的目录结构;⑥阅读 AGNPS Arcview 界面的使用文件;⑦阅读输出规范和模型应用文件。

第一步:下载完整的 AGNPS 文件

进入下载网址 http://www. ars. usda. gov/Research/docs. htm? docid = 5199 选择"Download AGNPS"。

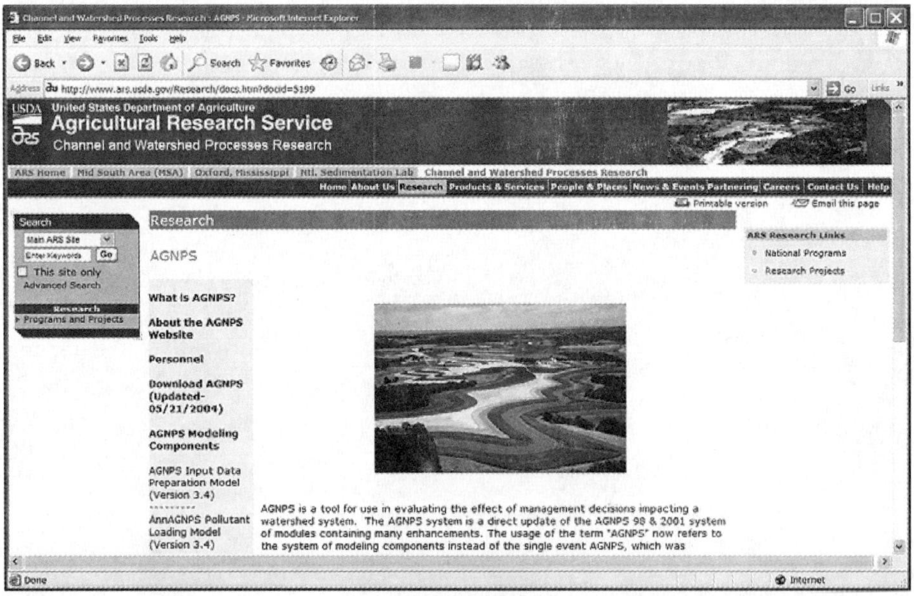

打开浏览器

在下载页面 Download Now,选择"Download All Modules",将文件 AGNPS_Complete. exe 保存在用户创建的文件夹中,如 C:\Download\AGNPS。

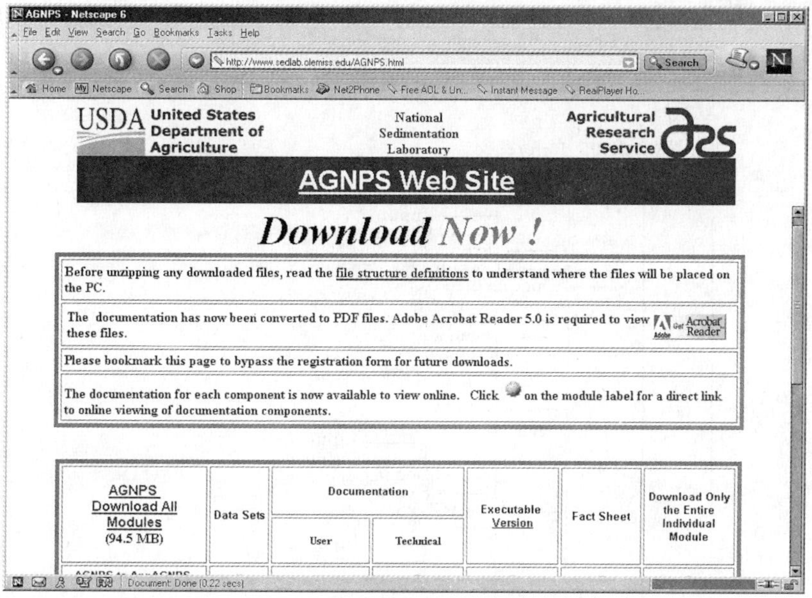

Download Now 页面

第二步:解压下载的文件

双击文件 AGNPS_Complete. exe,弹出窗口。

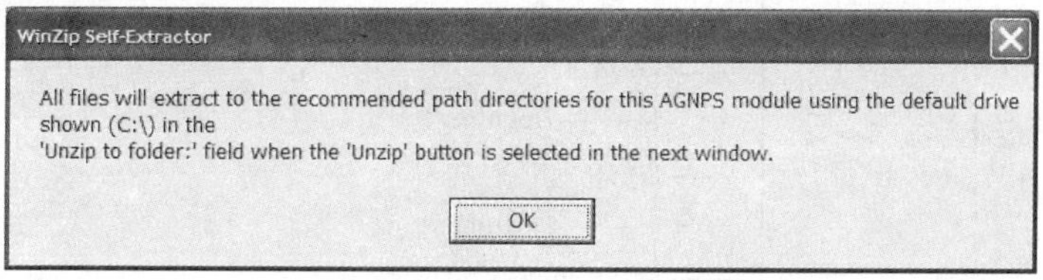

AGNPS_Complete. exe 打开窗口

将自解压 zip 文件所包含的全部文件解压到适当的文件夹中。上图是提示窗口,阅读后选择“OK”。在“解压到”(Unzip to folder)选项中,选择根目录 C:\ ,D:\ 或 E:\等,点击“Unzip button”,所有 AGNPS 文件将正确地复制到你的计算机。

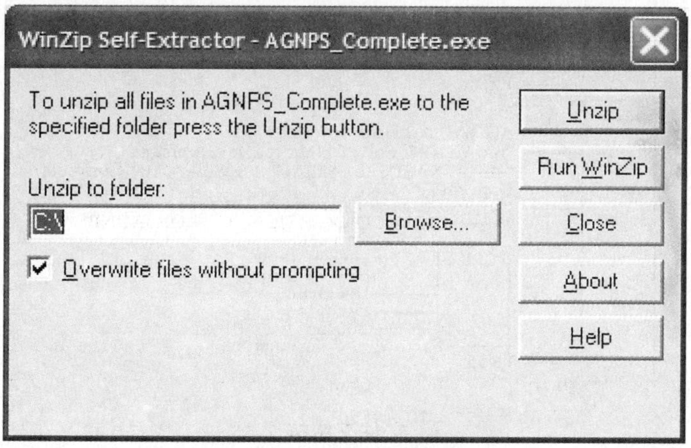

AGNPS_Complete. exe 解压窗口

文件解压到硬盘 C:\后,文件应保存在以下文件夹结构中,如 C:\AGNPS\DataPrep:

```
C:
AGNPS
├── Acrobat
├── AGNPS_References
├── DataPrep
│   ├── Convert
│   │   ├── DataSets
│   │   │   ├── Input
│   │   │   └── Output
│   │   ├── Document
│   │   └── Execute
│   ├── Document
│   ├── Editor
│   │   ├── DataSets
│   │   ├── Document
│   │   └── Execute
│   │       └── Setup
│   ├── Flownet
│   │   ├── AgFlow
│   │   │   ├── Datasets
│   │   │   │   ├── Input
│   │   │   │   └── Output
│   │   │   ├── Document
│   │   │   └── Execute
│   │   ├── TopAGNPS
│   │   │   ├── DataSets
│   │   │   │   ├── Input
│   │   │   │   └── Output
│   │   │   ├── Document
│   │   │   └── Execute
│   │   └── VBF lonet
│   │       ├── DataSets
│   │       ├── Document
│   │       └── Execute
│   │           └── Setup
│   └── Weather
│       ├── Climate
│       │   ├── Datasets
│       │   ├── Document
│       │   └── Execute
│       ├── GEM
│       │   ├── Datasets
│       │   ├── Document
│       │   └── Execute
│       ├── GEM6
│       │   ├── Datasets
│       │   ├── Document
│       │   └── Execute
│       └── Solar_to_Sky_Cover
│           ├── Datasets
│           ├── Document
│           └── Execute
├── Example_AGNPS_Watershed_Studies
├── Fact_Sheets
├── OutPross
│   ├── DataSets
│   ├── Document
│   └── Execute
├── PLModel
│   ├── DataSets
│   ├── Document
│   │   ├── Tech
│   │   └── User
│   └── Execute
├── Ref_Data
├── Utility
│   ├── AGNPS_Arcview_Interface
│   ├── AnnAGNPS_Soil_Database_Development
│   │   └── NASIS_to_AnnAGNPS_Soil_Data_Converter
│   ├── General
│   ├── Helpful_files_for_Arcview_Annagnps
│   │   ├── DEM_CONVERSION_TO_TOP AGNPS
│   │   │   ├── Datasets
│   │   │   │   ├── Input
│   │   │   │   └── Output
│   │   │   ├── Document
│   │   │   ├── Execute
│   │   │   └── Source
│   │   └── Scripts_and_Extensions
│   └── TR55
└── Winzip
```

文件夹结构

第三步:安装输入编辑器

输入编辑器的安装过程将复制库文件到使用 Windows 操作系统的计算机,可能需要行政特权。以下是安装输入编辑器的说明。

输入编辑器系用 Visual Basic 编程,安装步骤如右:

利用 Windows 资源管理器确认文件 Input_Editor_Install. exe 在安装子目录:C:\AGNPS\DataPrep\Editor\Execute\Setup

双击 Input_Editor_Install. exe 开始输入编辑器的 Visual Basic 安装,弹出窗口:

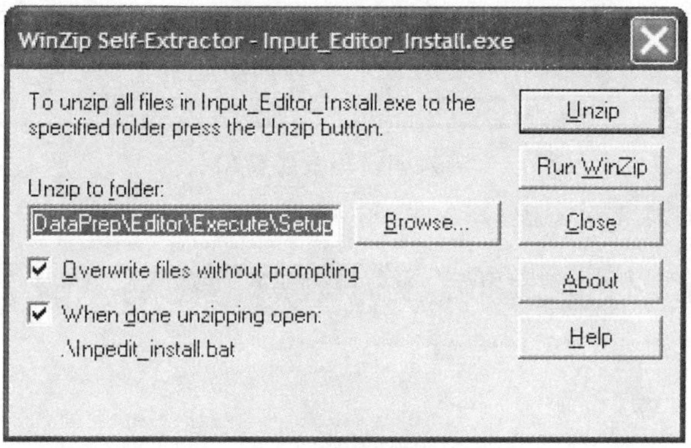

输入编辑器安装

点击“Unzip”,安装文件将解压到 C:\AGNPS\DataPrep\Editor\Execute\Setup 并准备执行批处理文件 Inpedit_install. bat,弹出窗口告诉用户文件已解压,点击“OK”。

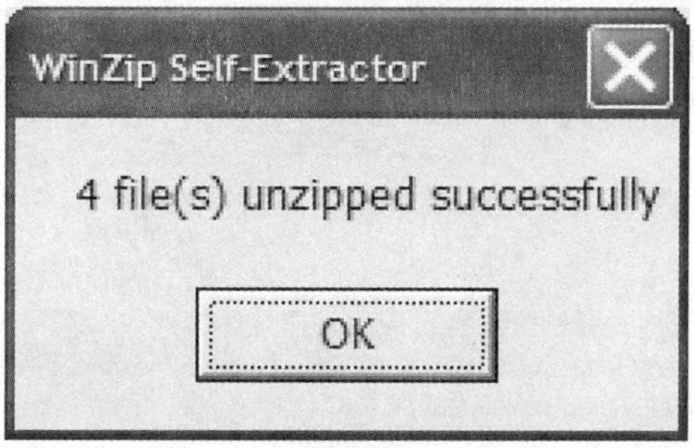

解压成功

处理文件打开 DOS 窗口,并告诉用户下一步将发生什么:

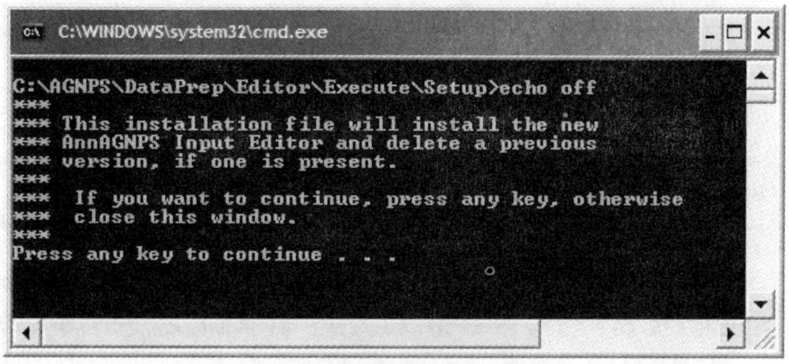

按任意键继续安装

用户可按任意键继续,出现窗口:

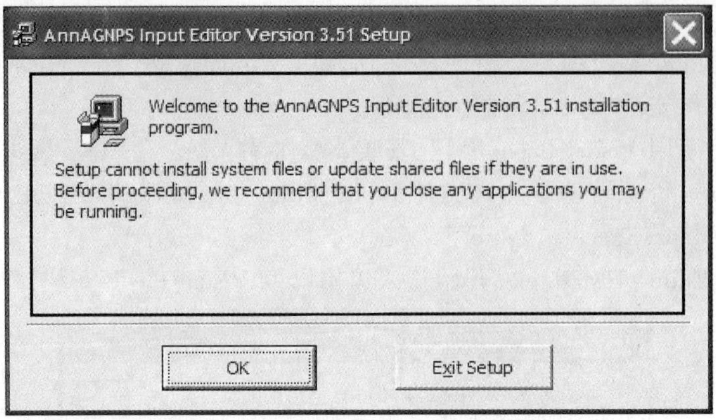

输入编辑器安装窗口

点击“OK”继续,出现安装窗口:

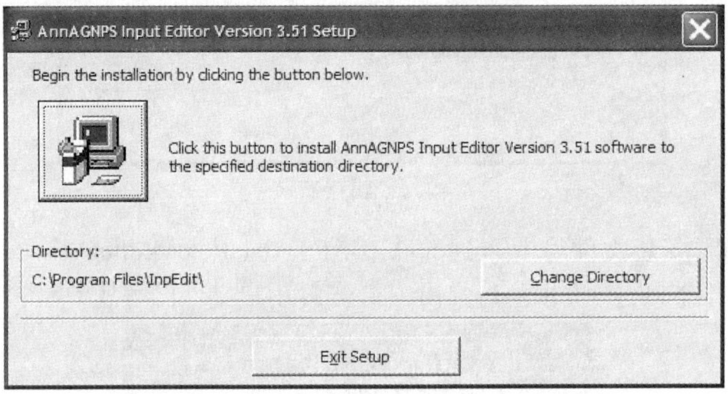

安装窗口

用户应将目录 C:\Program Files\InpEdit\修改成 C:\AGNPS\DataPrep\Editor\Execute\。

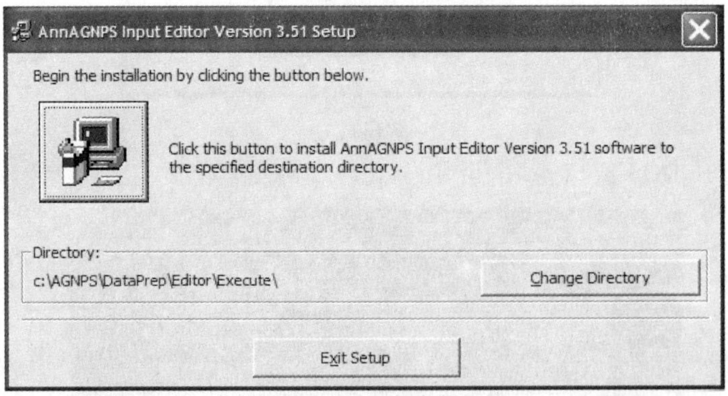

退出安装

点击图标按钮安装输入编辑器,弹出窗口允许用户自定义 Windows 程序组,默认的程序组 AnnAGNPS Input Editor Version 3.51 已存在。

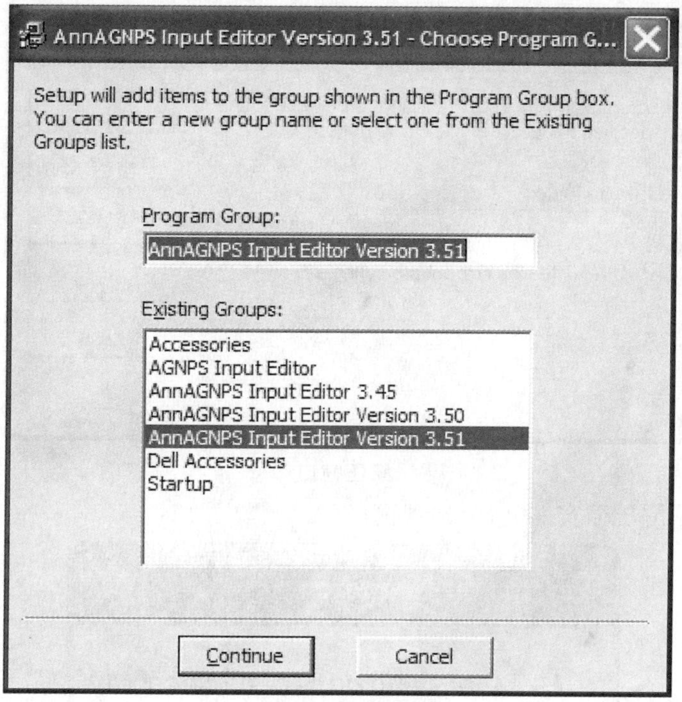

安装编辑器窗口

选择“Continue”,弹出下面的窗口,告诉用户 AnnAGNPS 输入编辑器安装过程成功完成。

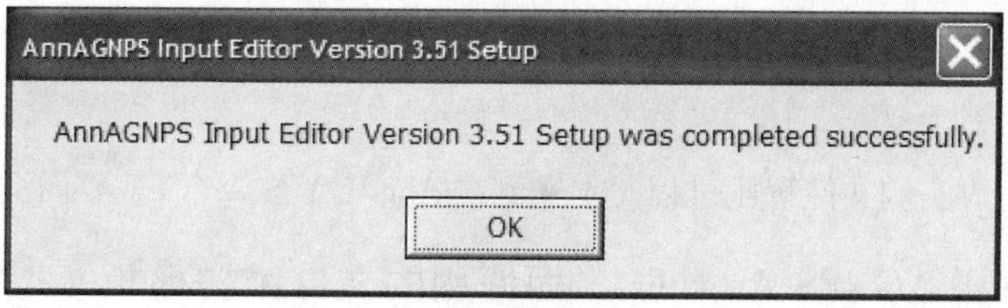

安装成功

点击“OK”完成 AnnAGNPS 输入编辑器安装过程。

第四步:解压流域实例文件

在子目录 C:\AGNPS\Example_AGNPS_Watershed_Studies\中双击自解压文件 OR_Mission_Creek. exe,出现下面的窗口:

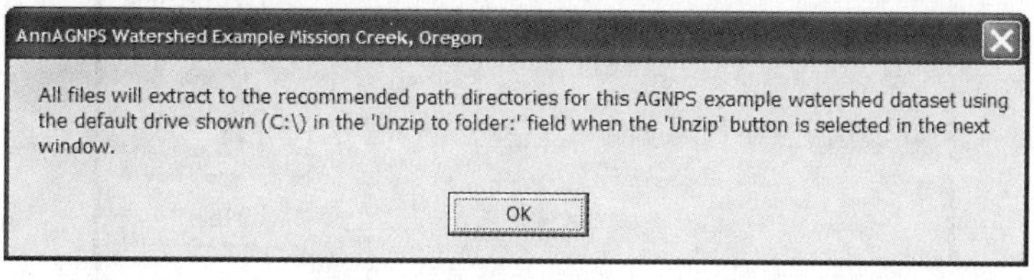

解压窗口

点击“OK”打开 WinZip 窗口:

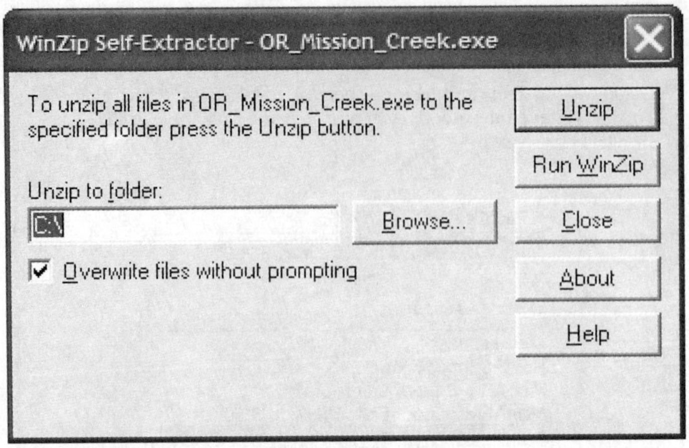

解压窗口

点击“Unzip”解压缩实例文件,出现窗口:

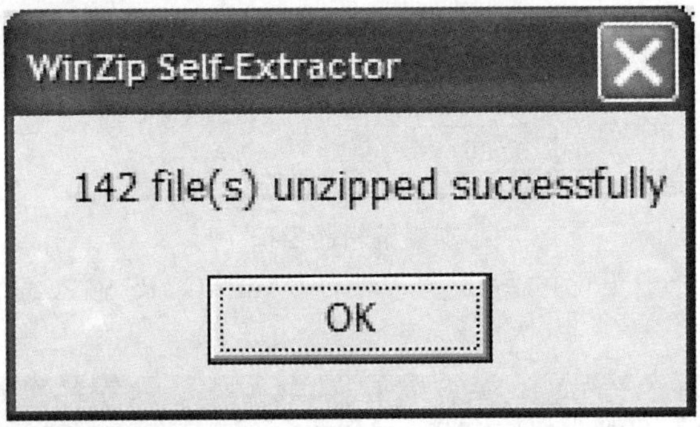

解压成功

点击“OK”完成实例文件解压过程。本实例在 AnnAGNPS Arcview 界面文件中将访问。

第五步:解压 AGNPS Arcview 界面使用的文件结构模板

在子目录 C:\AGNPS\Utility\AGNPS_Arcview_Interface\中双击 zip 文件 AGNPS_Arcview_Interface. exe,出现窗口:

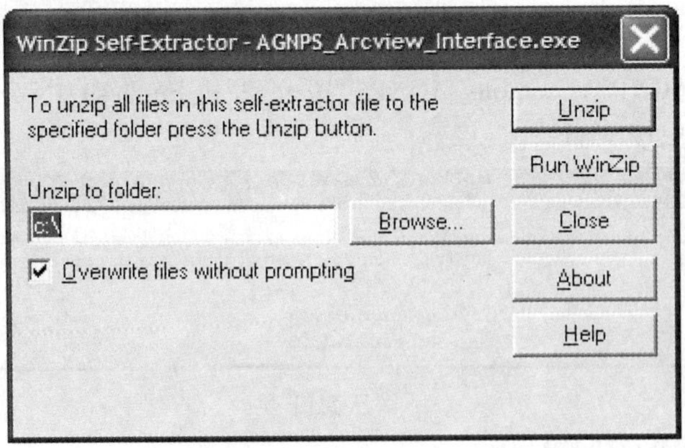

界面结构文件解压窗口

点击"Unzip"将 AnnAGNPS Arcview 界面结构文解压件,出现窗口:

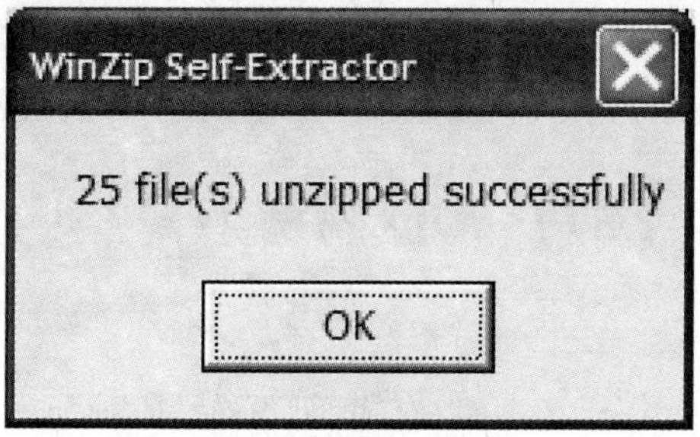

文件解压成功

点击"OK"完成 AnnAGNPS Arcview 界面结构文件的解压过程,解压后的文件位于子目录 C:\AGNPS_Watershed_Studies\AGNPS_Arcview_Interface,当 AnnAGNPS Arcview 界面环境中,该文件和文件夹结构为软件所推荐,用户可以重新命名此文件夹,对于实例 Mission Creek, Oregon,文件夹命名为 C:\AGNPS_Watershed_Studies\OR_Mission_Creek。实际上 AnnAGNPS Arcview 界面程序文件位于 C:\AGNPS_Watershed_Studies\AGNPS_Arcview_Interface\4_Arcview_Datasets \AGNPS. apr,该文件夹结构提供了一个框架,以便用户开发数据库,组织 AnnAGNPS 能够使用的输出信息;同时也使 AnnAGNPS Arcview 本身能够正常运行。

第六步:详细阅读 AGNPS Arcview 界面使用文件

提供 AnnAGNPS Arcview 界面使用信息的文件是 Agnps_Arcview_Interface_Procedures. pdf,位于 C:\AGNPS\Utility\AGNPS_Arcview_Interface\,该文件以 Mission Creek, Oregon 为例,详细叙述了使用 AnnAGNPS Arcview 界面时所需要的信息。

第七步:详细阅读输出规范和模型应用文件

AGNPS 各组成部分的文件位于文件夹结构中相应的文件夹中,这些文件夹以各组成部分的文件命名,许多文件包含在文件夹 C:\AGNPS\DataPrep\Document, C:\AGNPS\PLModel\Document 和 C:\AGNPS\Utility\AGNPS_Arcview_Interface 中。此外,附加文件如气候生成器,AGNPS 到 AnnAGNPS 的转换,以及其他项目的文件位于这些项目的文件夹结构中。

第三章 AnnAGNPS - ArcView 界面使用程序(版本 3.51)

原作者：美国农业部农业研究局国家泥沙实验室
编　者：高学田　郑粉莉　李　靖

一、AnnAGNPS ArcView 界面文件

本文件介绍完成 AGNPS 各组成部分包括 TOPAGNPS 和 AGFLOW 所必需的步骤;介绍生成田间管理和土壤标识所必需的程序,这些标识在 AnnAGNPS 输入编辑器的单元格数据节使用。当使用在 ArcView 内定义的数字高程模型(DEM)时,AnnAGNPS-ArcView 界面能够使 TOPAGNPS 和 AGFLOW 的使用简单化。从本界面可以分别生成单元数据文件 ann_cell. csv 和沟道数据文件 ann_reach. csv,并导入 AnnAGNPS 输入编辑器的单元数据节和沟道数据节,单元数据节和沟道数据节用来完成整个 AnnAGNPS. inp 文件。目前,土地利用、土壤和操作部分的工作仍在进行,它们将在本界面内形成一套完整的 AnnAGNPS 输入数据文件。此外,还增加了一项特征,允许将气象站名称分配给每个 AnnAGNPS 单元格。

该界面能自动获得信息,这些信息包括指派给单元格尺度的 DEM、通用墨托卡投影东界和北界、行数和列数、最小和最大高程等,用户选择流域出口点的行和列,生成 TOPAGNPS 文件。用户也可以选择手工修正 DNMCNT. inp 文件,处理界面未识别的信息。用户可以查阅 TOPAGNPS 用户手册(TOPAGNPS_userman. pdf),详细了解 DNMCNT. inp 文件。

下面是 AnnAGNPS-ArcView 界面应用实例,以 Mission Creek 流域为例,演示怎样执行 AnnAGNPS-ArcView 界面及其程序、界面的功能性。该界面要求计算机上安装 ArcView 3.2a或 3.3 和 Spatial Analyst 2.0 软件,具有快速 CPU(1GHz 以上)和大内存(1GB 以上)。该界面已经能够处理 ArcView 和 Windows 操作系统之间可能产生的许多问题,但当操作系统运行程序比 ArcView 界面预期的要快时,程序可能会产生 ArcView 出错信息,如果这种情况出现,重新运行出错的部分通常可以解决此类问题。

二、AnnAGNPS - ArcView 界面使用程序(版本 3.51)

(一)安装 AGNPS. apr 和目录结构

首先从 AGNPS 网页 http://ars. usda. gov/Business/docs. htm? docid = 5199 下载 AGNPS_Complete. zip,获得最新版本的 AGNPS,将 AGNPS_Complete. exe 解压到驱动器

C：\或 D：\，文件将保存在文件夹 C：\AGNPS 或 D：\AGNPS，为了讨论的方便，这里所有文件都以驱动器 D：\显示。

作为安装的一部分，用自解压 zip 文件 AGNPS_Arcview_Interface.exe 建立文件夹结构，使用所建立的文件夹结构开始界面的运行过程。文件 AGNPS_Arcview_Interface.exe 位于文件夹 D：\AGNPS\Utility\AGNPS_Arcview_Interface，解压后的文件夹位于 D:\AGNPS_Watershed_Studies\AGNPS_Arcview_Interface，其结构如右：

```
├── 0_Batch_files
├── 1_TopAGNPS_DataSets
├── 2_AgFlow_DataSets
├── 3_VBFlonet_DataSets
├── 4_ArcView_Datasets
├── 5_Weather_DataSets
├── 6_Editor_DataSets
├── 7_AnnAGNPS_DataSets
├── 8_Output_DataSets
└── 9_Presentation_Material
```

文件 AGNPS.apr 位于文件夹 4_ArcView_Datasets，建议用户重新命名文件夹 D：\AGNPS_Watershed_Studies\AGNPS_Arcview_Interface，取与项目相关的文件夹名称，如 D：\AGNPS_Watershed_Studies\OR_Mission_Creek，不管文件夹名称为何，界面皆运行良好。

作为示范，这里以 Mission Creek Oregon 流域为例，详细演示该界面的执行程序。Mission Creek 流域的信息和数据是一个自解压 zip 文件 OR_Mission_Creek.exe，位于文件夹 D：\AGNPS\Example_AGNPS_Watershed_Studies，解压后的文件也可以放在驱动器 C：\或 D：\。

解压后文件的目录结构在驱动器 D：\为：

```
├── 0_Batch_files
├── 1_TopAGNPS_DataSets
│   └── TOPAGNPS_Files_For_Complete_Mission_Creek
├── 2_AgFlow_DataSets
├── 3_VBFlonet_DataSets
├── 4_ArcView_Datasets
│   ├── Climate_Station_Theme
│   ├── DEM_Grids
│   │   ├── cabhill
│   │   ├── cayuse
│   │   ├── info
│   │   ├── merged_grid
│   │   ├── mission
│   │   └── tablerock
│   ├── DRG_Files
│   ├── info
│   └── Landuse_and_Soils_Themes
├── 5_Weather_DataSets
├── 6_Editor_DataSets
│   └── AnnAGNPS_Files_For_Complete_Mission_Creek
├── 7_AnnAGNPS_DataSets
├── 8_Output_DataSets
└── 9_Powerpoint_Files
```

解压后文件的目录结构

Mission Creek 流域 ArcView 文件的说明文件为 mission_creek. apr，位于文件夹 D：\ AGNPS_Watershed_Studies\OR_Mission_Creek\4_ArcView_Datasets。

(二)启动界面程序(agnps. apr)

1. 打开 ArcView 应用文件

应用文件 agnps. apr(位于 4_Arcview_Datasets directory 子目录)可以通过双击文件名打开，或者先打开 ArcView，然后直接在 ArcView 中打开。当文件 agnps. apr 打开时，对话窗口出现，请求输入工作目录：

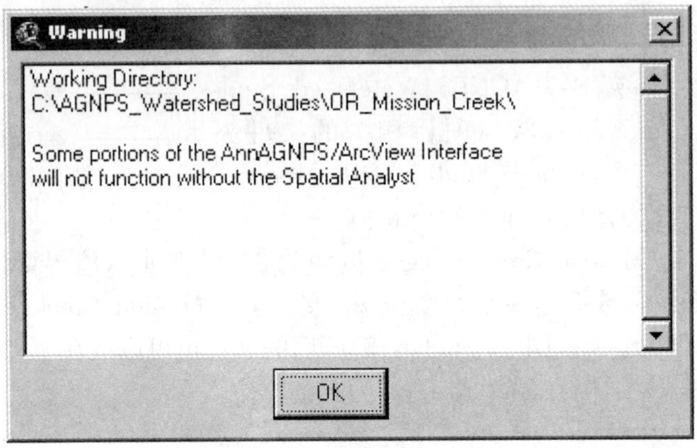

警告窗口

接受界面程序 AGNPS. apr 所在的默认路径，点击“OK”，出现另一个对话窗口：

核实软件路径，接受默认路径或重新输入 AGNPS 程序所在路径。

进入子目录

2. 打开 ArcView 扩展

默认情况下，界面将自动打开 Spatial Analyst 和 Geoprocessing 扩展，因此软件应当已安装在计算机上。

3. 给视图 1 添加主题

从 ArcView 菜单选择 Add Theme，调入：

DEM 网格：作为一个四边形使用的两个或两个以上单独的四边形 DEM，或一个合并了的单个 DEM。

在下拉菜单中选择网格数据源：

土壤 . shp 文件

土地利用 . shp 文件

气象站(若存在) . shp 文件

在下拉菜单选择特征数据源。

对于实例流域 OR_Mission_Creek,这些文件位置如下:

DEMs:D: \AGNPS_Watershed_Studies\OR_Mission_Creek\4_ArcView_Datasets\DEM_Grids;

土地利用和土壤:D: \AGNPS_Watershed_Studies \OR_Mission_Creek \4_ArcView_Datasets \Landuse_and _Soils_Themes;

气象站:D: \AGNPS_Watershed_Studies \OR_Mission_Creek \4_ArcView_Datasets \Climate_Stati on_Theme。

(三)DEM 网格预处理

用户能够从下拉菜单的 DEM 预处理实用工具(*DEM Pre - Processing Utilities*)执行该功能,这些实用工具在确定流域边界范围和流域出口时非常有用。用户可以剪裁 DEM,缩减需要界面处理的 DEM 的范围,缩小文件,缩短计算时间。如果已知这些信息或有其他手段识别流域出口或确定 DEM,用户可以跳过 DEM 预处理。DEM 预处理实用工具是界面的组成部分,由其他人员为 ArcView 开发的,因此并不产生 AnnAGNPS 使用的流域边界、流网或支流,但对于剪裁 DEM 或选择流域出口,该实用工具已足以让用户了解 TOPAGNPS 是怎样产生这些特征界限的。

1. 合并网格

(若已是单一的 DEM 网格,不必执行此项功能,转到 ArcView 界面中的第四步处理 DEM"4. Process DEM")

第一步:在视图 view 菜单中点击激活 View1(视图 View 中包含所有的 DEM 网格)。

激活 View1

第二步:在 DEM Pre - processing Utilities 菜单中选择 Merged Grids。

该功能将视图 View 中所有活动网格合并为单一 DEM 网格,处理完成后,名为 merged grid 的新网格主题添加到 View1,点击主题 merged grid 左边的方框(方框中出现复选标记)可以显示合并后的网格。

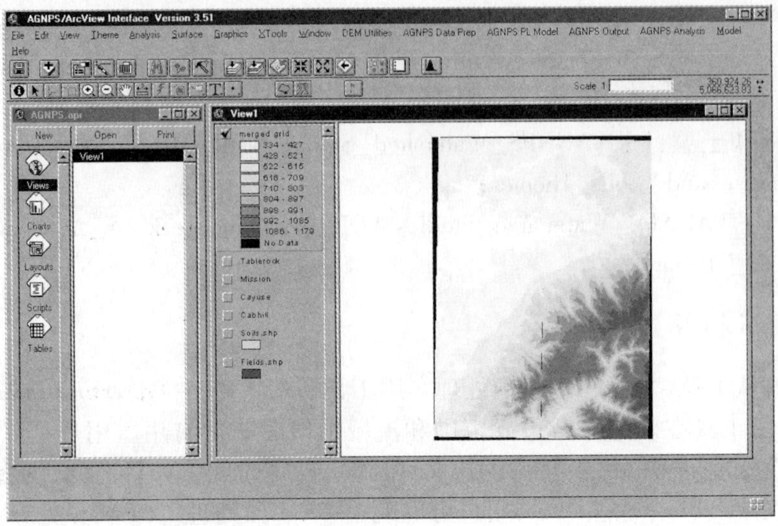

合并后网格显示

2. 近邻统计

从 View1 激活合并网格主题 Merged grid theme,然后从预处理实用工具下拉菜单中选择 *Neighborhood Statistics* 选项,处理完成后,一个新的网格主题 Nbrmean 添加到 View1。

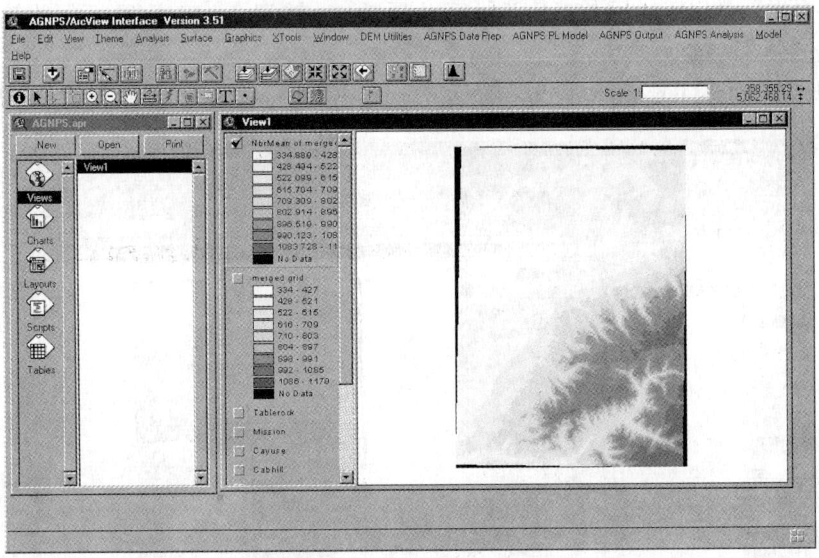

从 View1 激活合并网格主题

合并功能能够适当地协调所有的 DEM 网格;但当数个不同的 DEM 网格合并为单一的 DEM 网格时,个别四边形 DEM 网格之间可能存在间隙,这必然造成模拟误差,因为 ArcView 将这些位置视为无资料,近邻统计的目的是消除所谓的无数据区。

3. 处理 DEM

处理 DEM 功能自动操作流域轮廓描绘程序以确定流网、支流域、流域出口等。

(1)使 *Nbrmean of merged grid* 为视图 View 中唯一的活动主题;

(2)选择 *Process DEM* 菜单项

接受默认值或输入新数字。

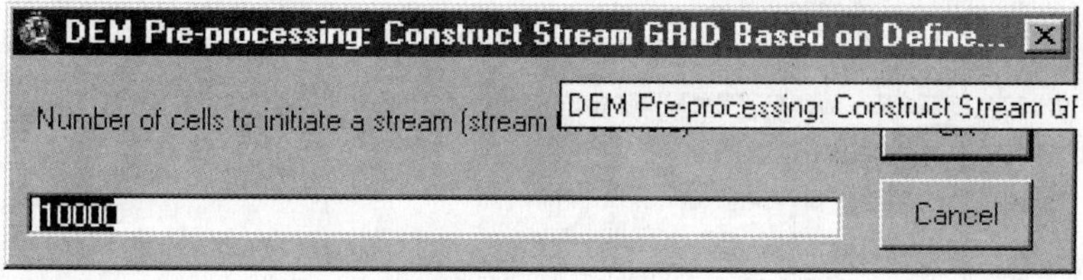

处理过程完成后，主题 *fillDem*，*FlowDir*，*FlowAcc*，*StreamGrd*，*LinkGrd*，*WatshdGrd* 和 *Outlets* 等将添加到视图 View 中。

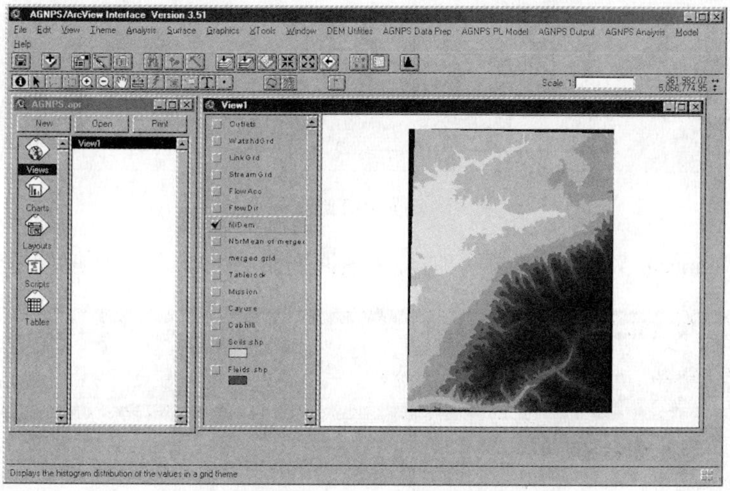

主题和出口等添加到视图

为了确定合理的流网、支流域和流域出口，处理 DEM 功能执行从填凹到出口的一系列操作，按执行顺序列表如下：

填凹
流向
流程累积
槽床定义
槽床分段
支流定义
出口

4. 描绘流域

用户可以分析整个 DEM 网格，但为了缩短每一步操作所需的时间，最好在 DEM 网格中选择一区域进行分析。

处理 DEM 功能完成后，利用描绘流域程序 *Delineate Watershed* 从用户定义的流域出口点描绘流域边界。必须直接在光栅沟网(*stream*)上确定流域出口点；否则，不能正确描绘流域。

(1)打开 Stream 网格，以便能够看到光栅沟道线；

(2)放大期待的流域出口点；

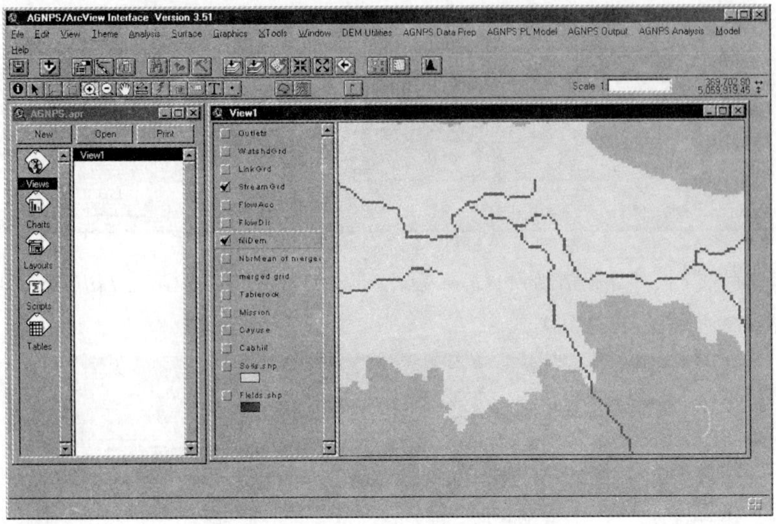

描绘流域

(3)选择 Delineate Watershed 菜单项,然后返回到显示区域,点击所期望的流域出口点。

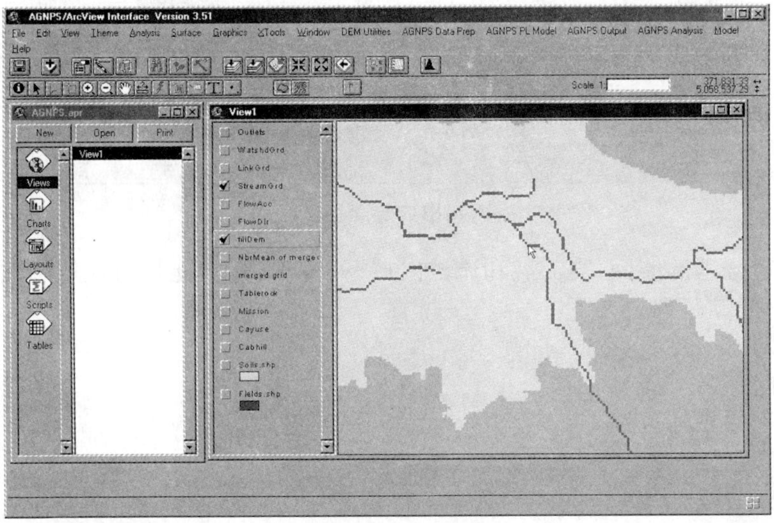

流域出口显示

产生流域边界的主题是 FlowDir,在上一步已建立。一个对话窗口出现,要求输入新流域边界主题的名称,本例中输入 *subwatershed*。

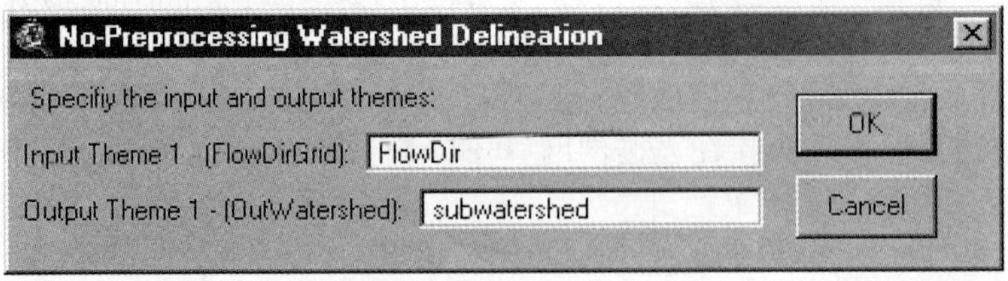

该过程完成后,主题 *subwatershed* 将添加到视图 view,为了使 *subwatershed* 可见,打开

它(如果尚未打开)。

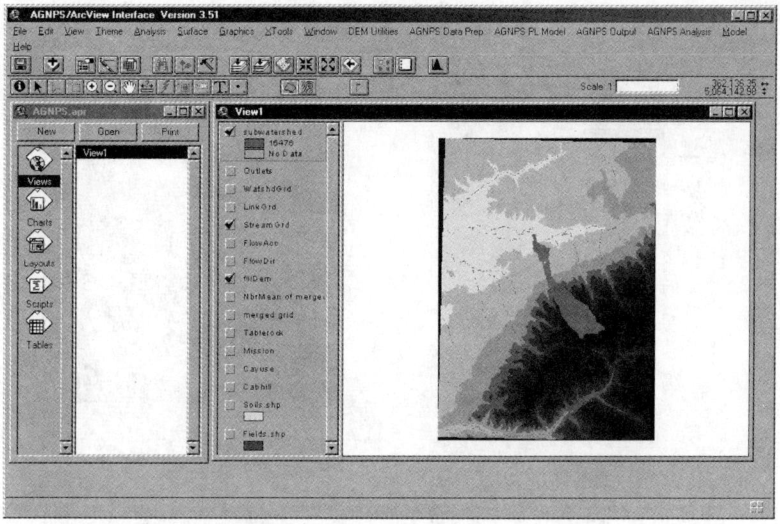

注:已在流域出口点建立了一个点(图形),点击它。

(四)AnnAGNPS 数据准备

你将从数据准备下拉菜单执行第一步到第十步的功能,产生文件 annagnps.inp。首先,需要使用 Assign Themes 菜单项分配主题。从 Data Prep 下拉菜单中选择 Assign Themes;

选择 DEM/Elevation 主题。

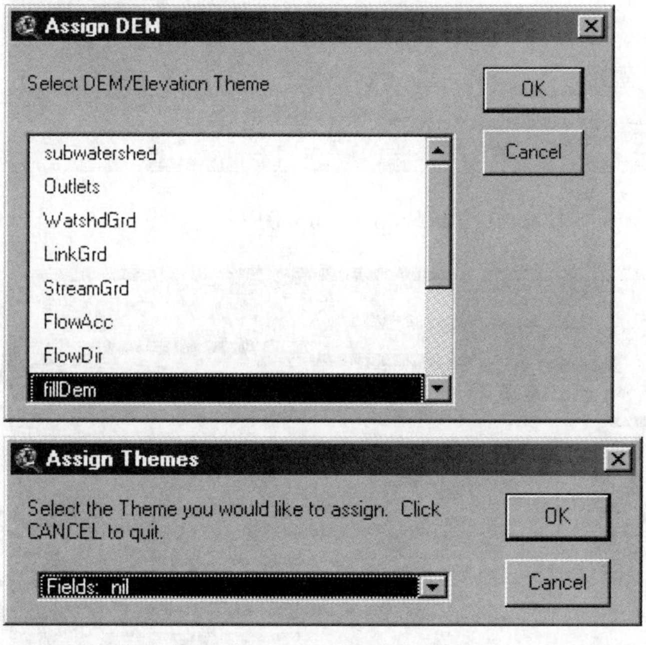

注:若离开 Arcview,先保存所做的工作,当返回时,必须再次分配主题(*assign themes*)。

第一步:剪裁 DEM

剪裁出一个新的网格,使其只包含原 DEM 网格的一部分,即仅是所期待的流域范围。

(1)将图像放大到流域边界,使用 draw tool 画一个包括流域边界的长方形,激活图形。

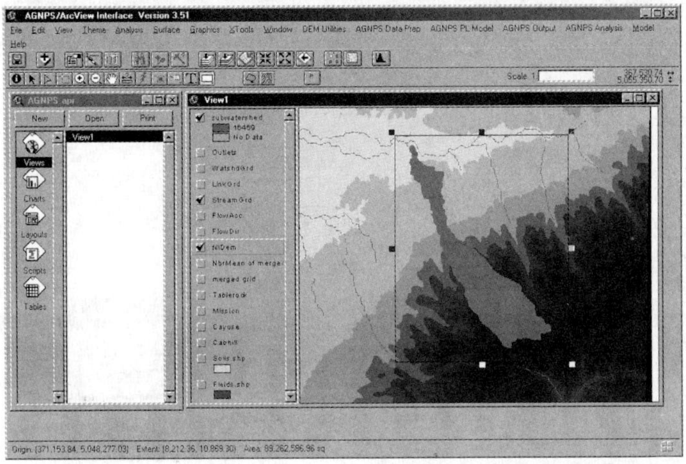

(2)从 Data Prep 下拉菜单选择 Step 1 Clip DEM。

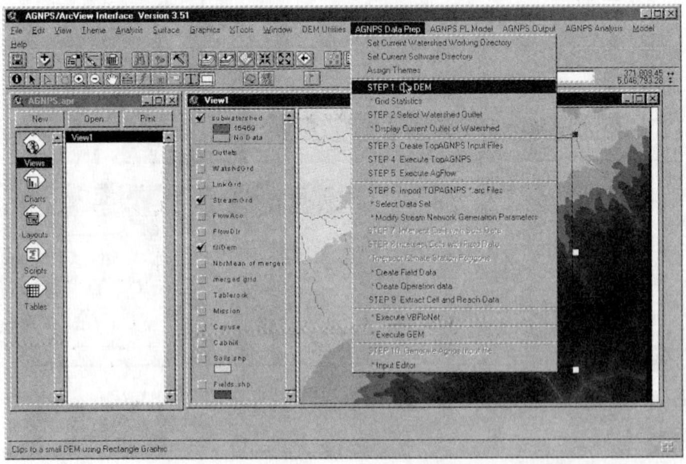

(3)命名新主题后,新主题将添加到视图 View,分析范围已限定在剪裁的区域。

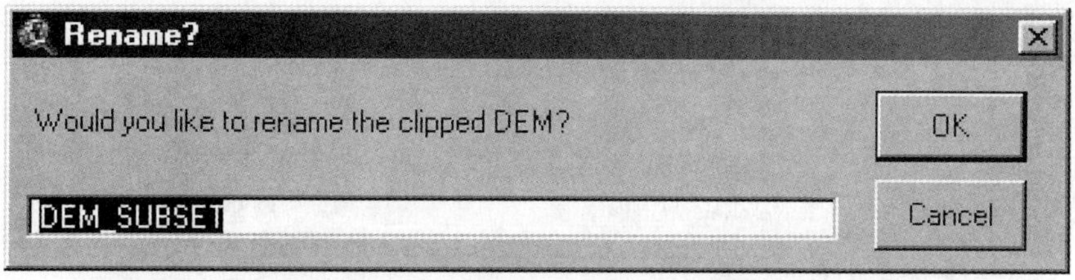

第二步:找出口

在流域描绘中要做的第一件事,是在流域顺流而下的末端确定出口光栅的位置,该过程将计算出口所在的行数和列数,作为执行程序 DEDNM.exe 的控制文件(DNMCNT.inp)。

显示 StreamGrd 主题,将图像放大到能看到作为流域出口的单个光栅,光栅图像已在上一步处理 DEM 过程中创建。

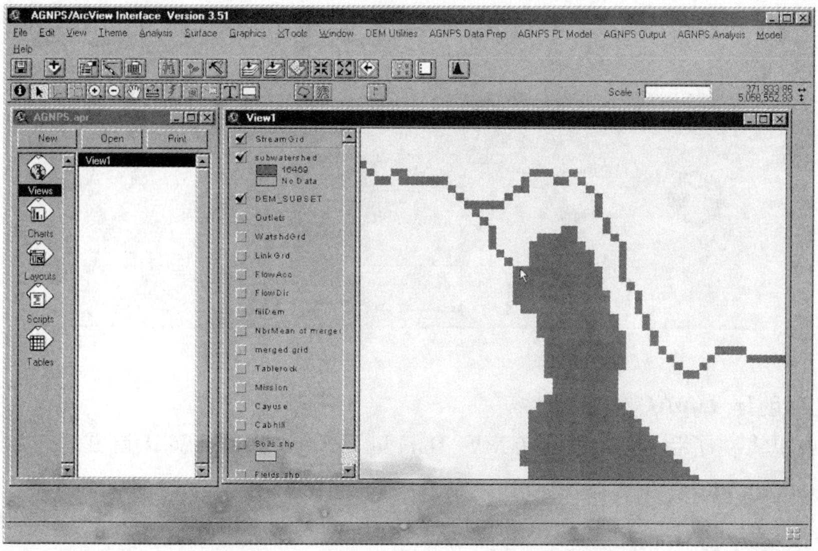

选择 Step 2 Find Outlet 菜单项,然后返回到显示区,点击出口点。

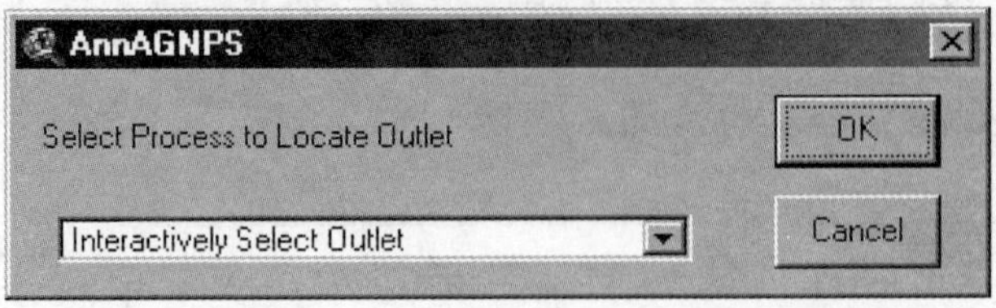

点击“OK”。

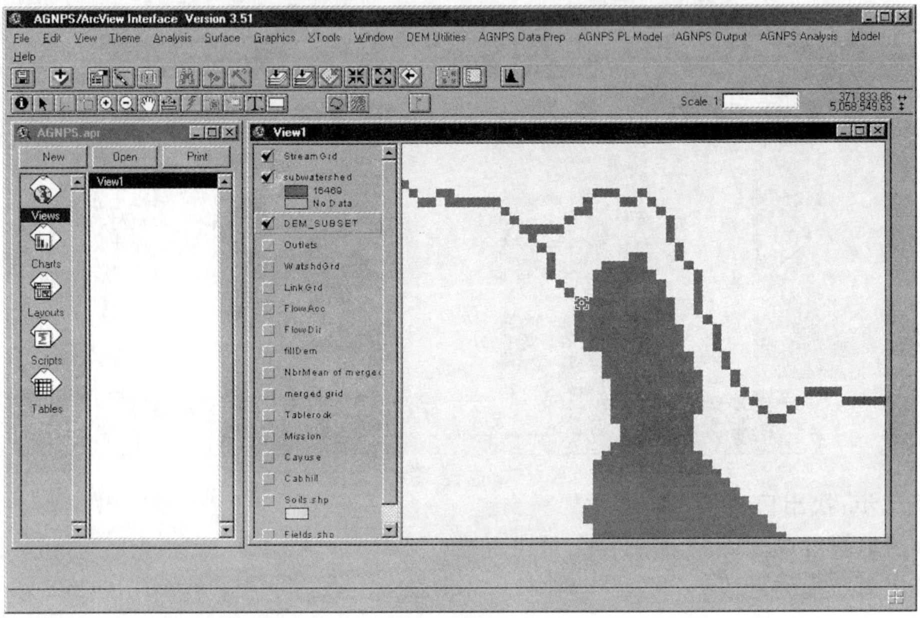

出口点的行和列显示在 ArcView 窗口中,当执行文件 dednm. exe 时,文件 dnmcnt. inp 需要这些信息。

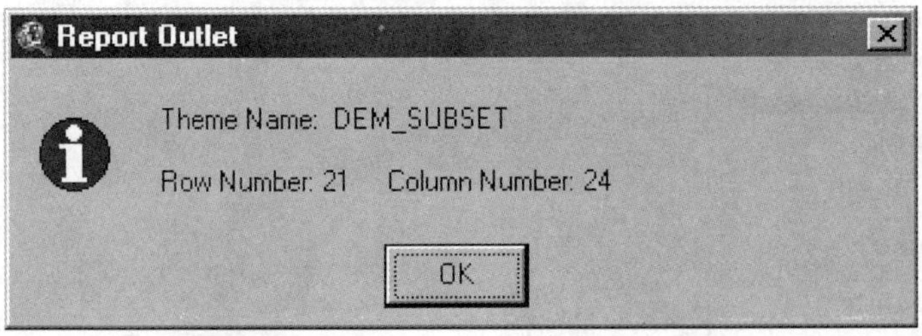

第三步:创建 TopAGNPS 文件

该菜单项将在子目录“1_TopAGNPS_DataSet”产生一组 SASCII 格式 TopAGNP 文件:

Dednm. inp

Dnmcnt. inp

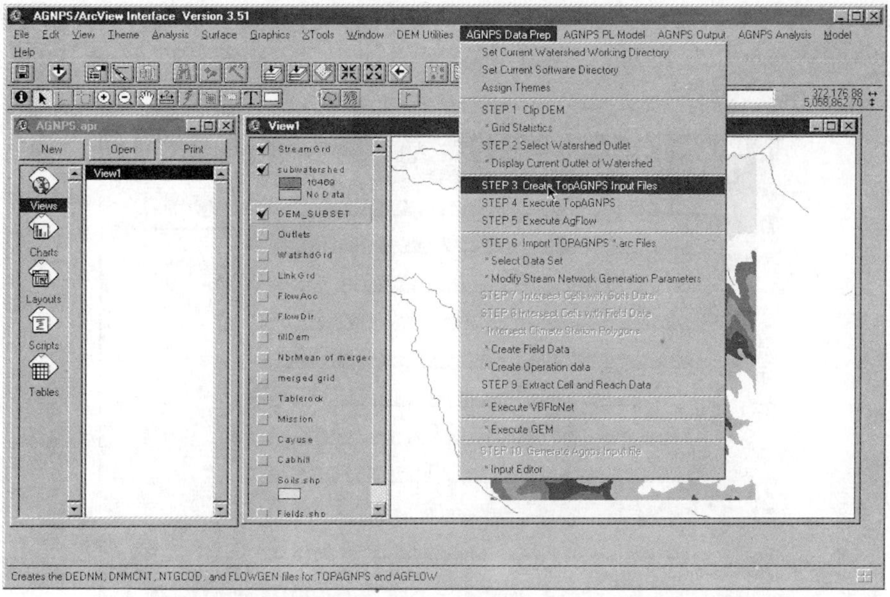

一个对话框将询问 TopAGNPS 运行的类型：

对于初次运行，总是选择“Full”，点击“OK”，另一个对话框出现，询问用户是否希望使用空间可变流网产生参数。

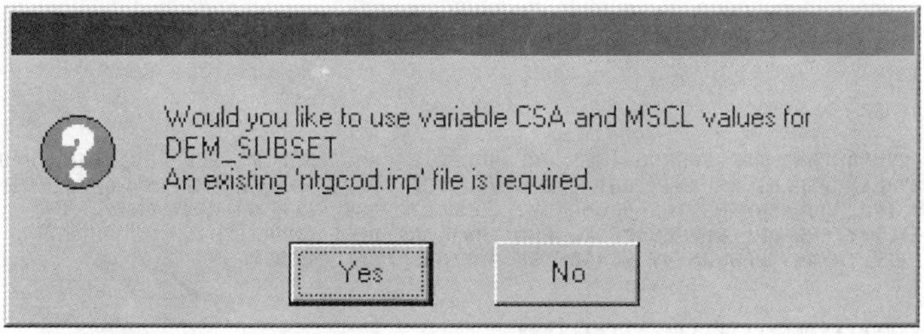

在各个区域尚未定义前暂时回答“No”。出现一个对话框，询问用户是否为流网产生参数输入值：

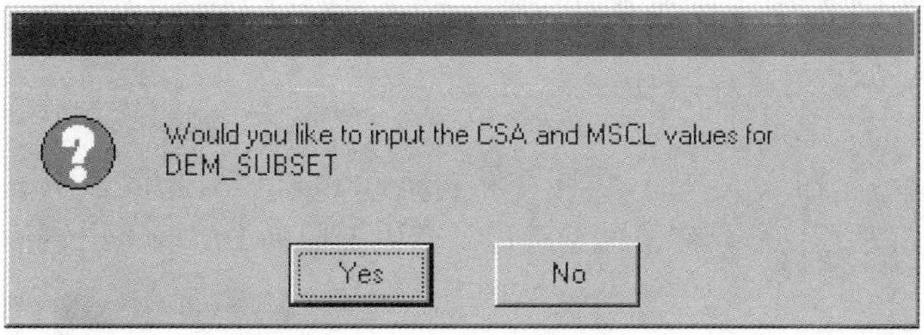

如果用户想输入自己的数值回答“Yes”,若使用系统默认值回答“No”。默认值是:CSA 为 8.0hm^2,MSCL 为 130m。如果回答“Yes”,出现另一个对话框,请求用户给流网产生参数分配数值:

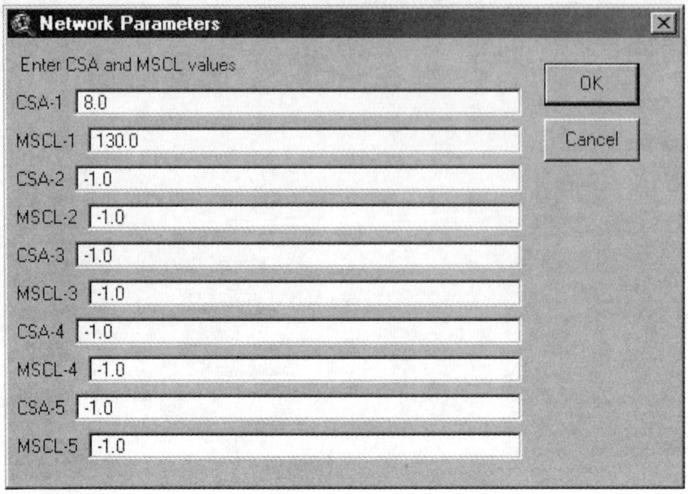

如果用户为区域输入了数值而不是“1”,并且文件 ntgcod. inp 尚未创建,当运行 TOPAGNPS 的 DEDNM 模块时会出现下面的出错信息:

```
Output

 ***** BEGINNING PROGRAM DEDNM.
 ***** BEGINNING INITIALIZATION AND INPUT OF CONTROL DATA FROM FILE DNMCNT.INP.

 TOPAZ SOFTWARE : TOPAZ PARAMETERIZATION SOFTWARE SYSTEM
                  VERSION 3.12, AUGUST 1999
 PROGRAM DEDNM : DIGITAL ELEVATION DRAINAGE NETWORK MODEL PROGRAM
                 VERSION 3.10, APRIL 1999

 J. GARBRECHT, USDA-ARS, EL RENO, OKLAHOMA, USA.
 L. MARTZ, UNIVERSITY OF SASKATCHEWAN, SASKATOON, CANADA.


 DISCLAIMER

 THIS PROGRAM AND ITS SUBROUTINES ARE ACCEPTED AND USED BY THE RECIPIENT UPON
 THE EXPRESS UNDERSTANDING THAT THE DEVELOPERS MAKE NO WARRANTIES, EXPRESSED
 OR IMPLIED, CONCERNING THE ACCURACY, COMPLETENESS, RELIABILITY OR
 SUITABILITY FOR ANY ONE PURPOSE, AND THAT THE DEVELOPERS SHALL BE UNDER NO
 LIABILITY TO ANY PERSON BY REASON OF ANY USE MADE THEREOF.


 !!!!!!!!!!!!!!!!!!!!!!!!!!!!!!!!!!!!!!!!
 !!!!!!!!!!!!!!  ERROR  !!!!!!!!!!!!!!
 !!!!!!!!!!!!!!!!!!!!!!!!!!!!!!!!!!!!!!!!
 SUBROUTINE CHKFIL; MODULE GENIO1 (M_IOA.F90).
 FILE NTGCOD.INP    DOES NOT EXIST IN THE CURRENT DIRECTORY.
 THIS FILE MUST EXIST IN THE CURRENT DIRECTORY.
**** STOP: ABNORMAL PROGRAM TERMINATION.  CHECK REPORT FILE.
```

如果回答“Yes”,输入了数值,并且文件 ntgcod. inp 已创建,但系用不同的行和列为其他项目创建,例如为另一个剪裁了的 DEM,将产生下面的 DEDNM 出错信息:

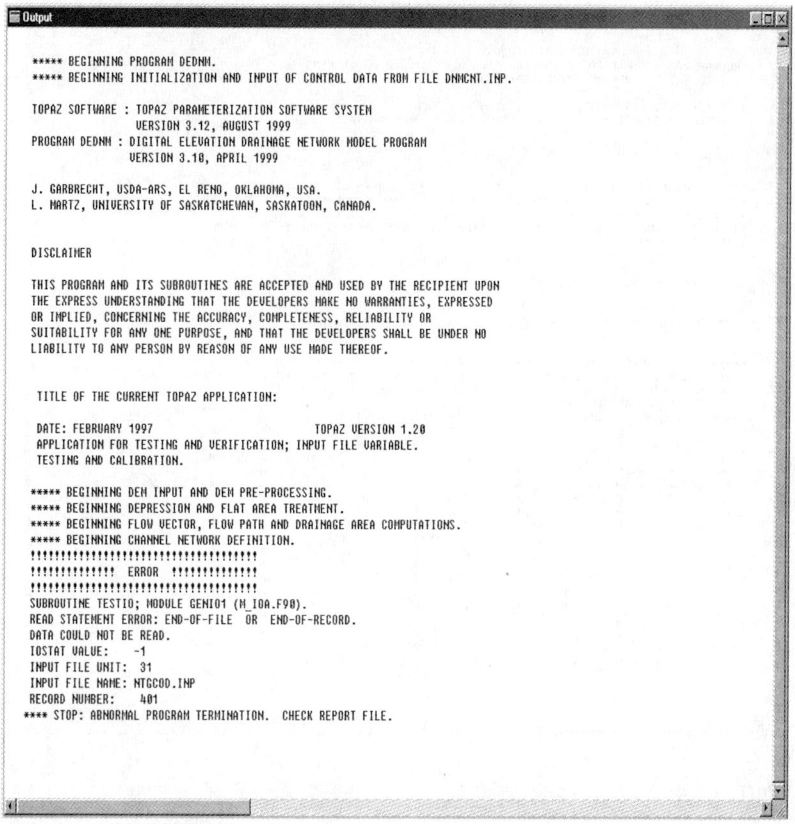

TopAGNPS 输入文件现在创建。

第四步:执行 TopAGNPS

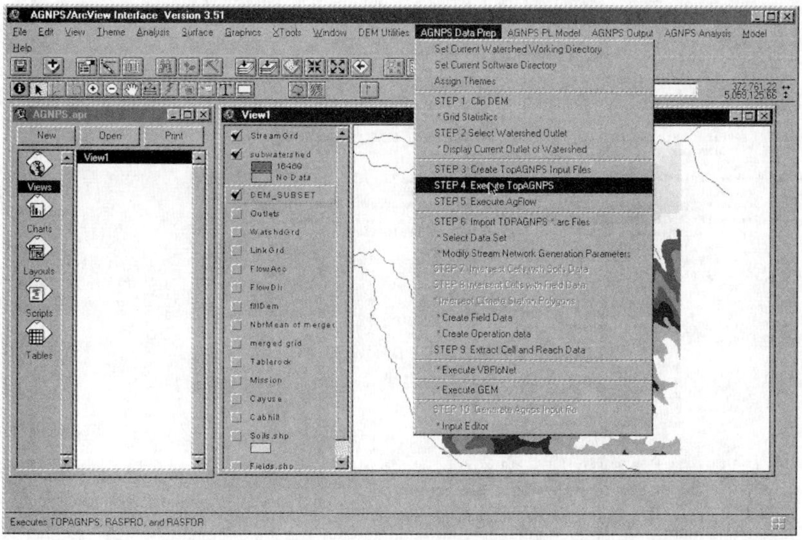

选择了菜单项后,出现输出窗口,要求用户核对或重新选择出口的行和列。以下为本手册的例子:

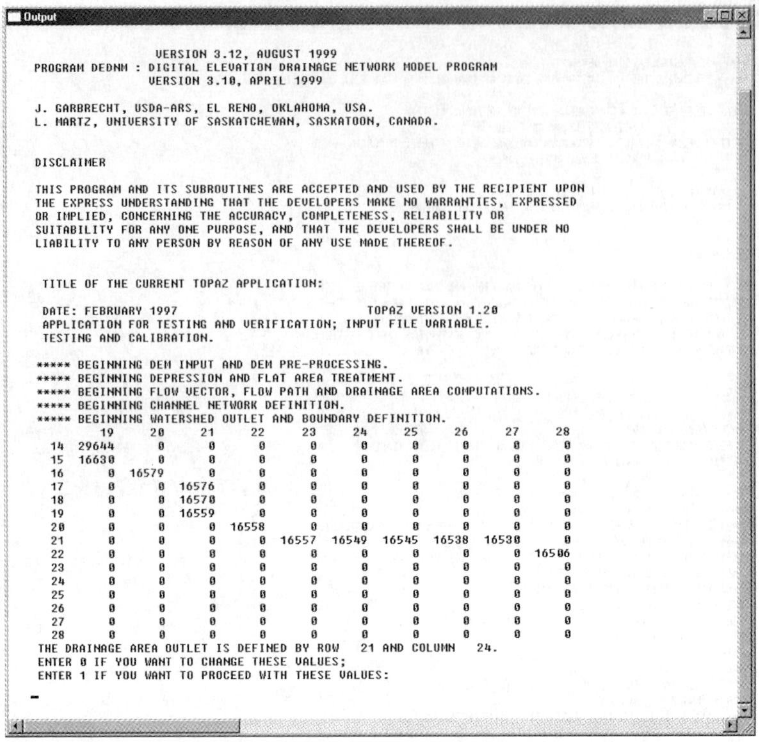

```
Output
              VERSION 3.12, AUGUST 1999
PROGRAM DEDNM : DIGITAL ELEVATION DRAINAGE NETWORK MODEL PROGRAM
              VERSION 3.10, APRIL 1999

J. GARBRECHT, USDA-ARS, EL RENO, OKLAHOMA, USA.
L. MARTZ, UNIVERSITY OF SASKATCHEWAN, SASKATOON, CANADA.

DISCLAIMER

THIS PROGRAM AND ITS SUBROUTINES ARE ACCEPTED AND USED BY THE RECIPIENT UPON
THE EXPRESS UNDERSTANDING THAT THE DEVELOPERS MAKE NO WARRANTIES, EXPRESSED
OR IMPLIED, CONCERNING THE ACCURACY, COMPLETENESS, RELIABILITY OR
SUITABILITY FOR ANY ONE PURPOSE, AND THAT THE DEVELOPERS SHALL BE UNDER NO
LIABILITY TO ANY PERSON BY REASON OF ANY USE MADE THEREOF.


 TITLE OF THE CURRENT TOPAZ APPLICATION:

 DATE: FEBRUARY 1997                        TOPAZ VERSION 1.20
 APPLICATION FOR TESTING AND VERIFICATION; INPUT FILE VARIABLE.
 TESTING AND CALIBRATION.

***** BEGINNING DEM INPUT AND DEM PRE-PROCESSING.
***** BEGINNING DEPRESSION AND FLAT AREA TREATMENT.
***** BEGINNING FLOW VECTOR, FLOW PATH AND DRAINAGE AREA COMPUTATIONS.
***** BEGINNING CHANNEL NETWORK DEFINITION.
***** BEGINNING WATERSHED OUTLET AND BOUNDARY DEFINITION.
        19     20     21     22     23     24     25     26     27     28
  14 29644      0      0      0      0      0      0      0      0      0
  15 16630      0      0      0      0      0      0      0      0      0
  16     0  16579      0      0      0      0      0      0      0      0
  17     0      0  16576      0      0      0      0      0      0      0
  18     0      0  16570      0      0      0      0      0      0      0
  19     0      0  16559      0      0      0      0      0      0      0
  20     0      0      0  16558      0      0      0      0      0      0
  21     0      0      0      0  16557  16549  16545  16538  16530      0
  22     0      0      0      0      0      0      0      0      0  16506
  23     0      0      0      0      0      0      0      0      0      0
  24     0      0      0      0      0      0      0      0      0      0
  25     0      0      0      0      0      0      0      0      0      0
  26     0      0      0      0      0      0      0      0      0      0
  27     0      0      0      0      0      0      0      0      0      0
  28     0      0      0      0      0      0      0      0      0      0
 THE DRAINAGE AREA OUTLET IS DEFINED BY ROW    21 AND COLUMN    24.
 ENTER 0 IF YOU WANT TO CHANGE THESE VALUES;
 ENTER 1 IF YOU WANT TO PROCEED WITH THESE VALUES:
_
```

输入“1”使用已定义的出口数值继续。

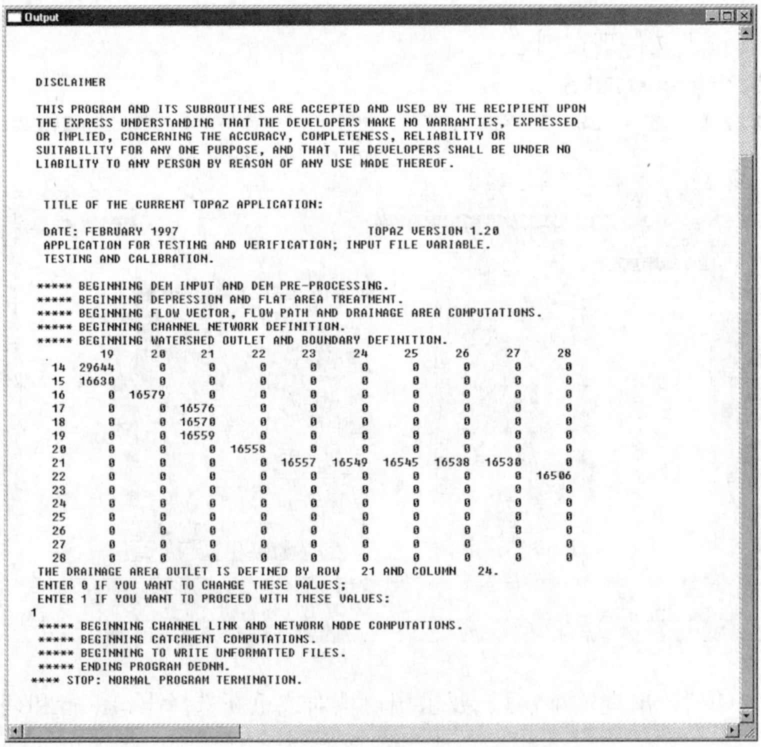

```
Output

DISCLAIMER

THIS PROGRAM AND ITS SUBROUTINES ARE ACCEPTED AND USED BY THE RECIPIENT UPON
THE EXPRESS UNDERSTANDING THAT THE DEVELOPERS MAKE NO WARRANTIES, EXPRESSED
OR IMPLIED, CONCERNING THE ACCURACY, COMPLETENESS, RELIABILITY OR
SUITABILITY FOR ANY ONE PURPOSE, AND THAT THE DEVELOPERS SHALL BE UNDER NO
LIABILITY TO ANY PERSON BY REASON OF ANY USE MADE THEREOF.


 TITLE OF THE CURRENT TOPAZ APPLICATION:

 DATE: FEBRUARY 1997                        TOPAZ VERSION 1.20
 APPLICATION FOR TESTING AND VERIFICATION; INPUT FILE VARIABLE.
 TESTING AND CALIBRATION.

***** BEGINNING DEM INPUT AND DEM PRE-PROCESSING.
***** BEGINNING DEPRESSION AND FLAT AREA TREATMENT.
***** BEGINNING FLOW VECTOR, FLOW PATH AND DRAINAGE AREA COMPUTATIONS.
***** BEGINNING CHANNEL NETWORK DEFINITION.
***** BEGINNING WATERSHED OUTLET AND BOUNDARY DEFINITION.
        19     20     21     22     23     24     25     26     27     28
  14 29644      0      0      0      0      0      0      0      0      0
  15 16630      0      0      0      0      0      0      0      0      0
  16     0  16579      0      0      0      0      0      0      0      0
  17     0      0  16576      0      0      0      0      0      0      0
  18     0      0  16570      0      0      0      0      0      0      0
  19     0      0  16559      0      0      0      0      0      0      0
  20     0      0      0  16558      0      0      0      0      0      0
  21     0      0      0      0  16557  16549  16545  16538  16530      0
  22     0      0      0      0      0      0      0      0      0  16506
  23     0      0      0      0      0      0      0      0      0      0
  24     0      0      0      0      0      0      0      0      0      0
  25     0      0      0      0      0      0      0      0      0      0
  26     0      0      0      0      0      0      0      0      0      0
  27     0      0      0      0      0      0      0      0      0      0
  28     0      0      0      0      0      0      0      0      0      0
 THE DRAINAGE AREA OUTLET IS DEFINED BY ROW    21 AND COLUMN    24.
 ENTER 0 IF YOU WANT TO CHANGE THESE VALUES;
 ENTER 1 IF YOU WANT TO PROCEED WITH THESE VALUES:
1
 ***** BEGINNING CHANNEL LINK AND NETWORK NODE COMPUTATIONS.
 ***** BEGINNING CATCHMENT COMPUTATIONS.
 ***** BEGINNING TO WRITE UNFORMATTED FILES.
 ***** ENDING PROGRAM DEDNM.
**** STOP: NORMAL PROGRAM TERMINATION.
```

程序执行完后,点击窗口右上角的“X”。

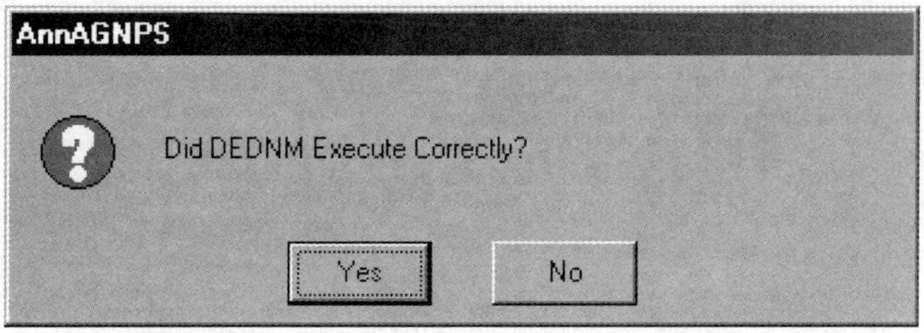

回答“Yes”如果程序正常退出。程序 Raspro 和 Rasfor(两次)开始执行。

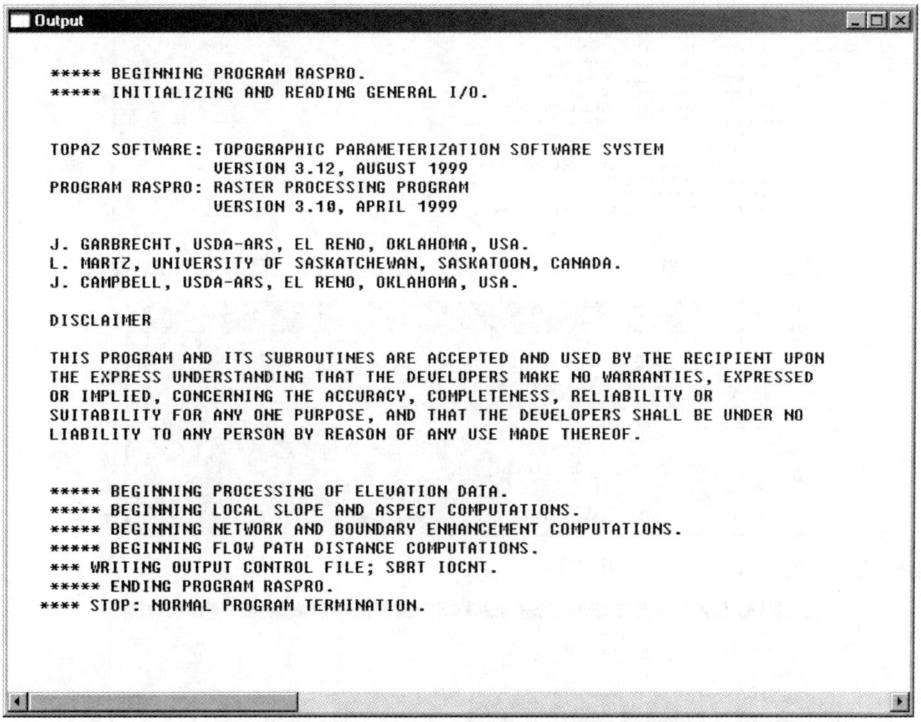

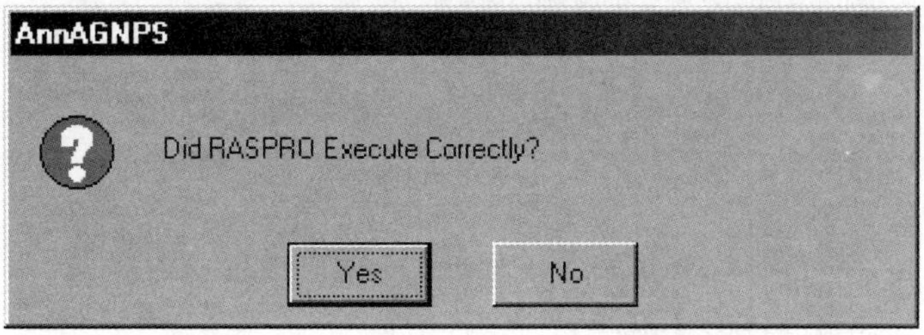

回答“Yes”如果程序正常退出。

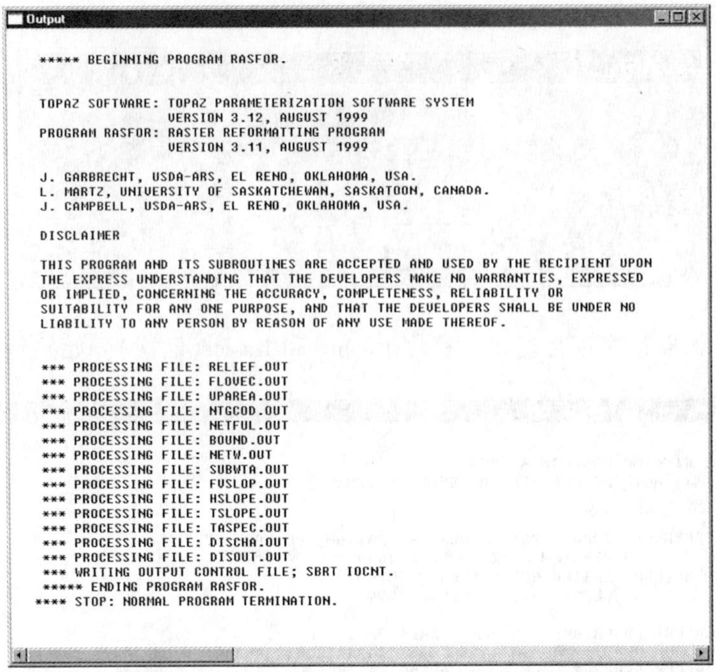

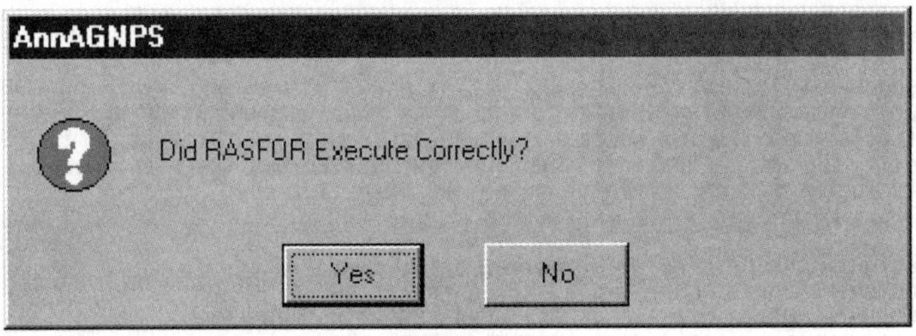

回答“Yes”如果程序正常退出。

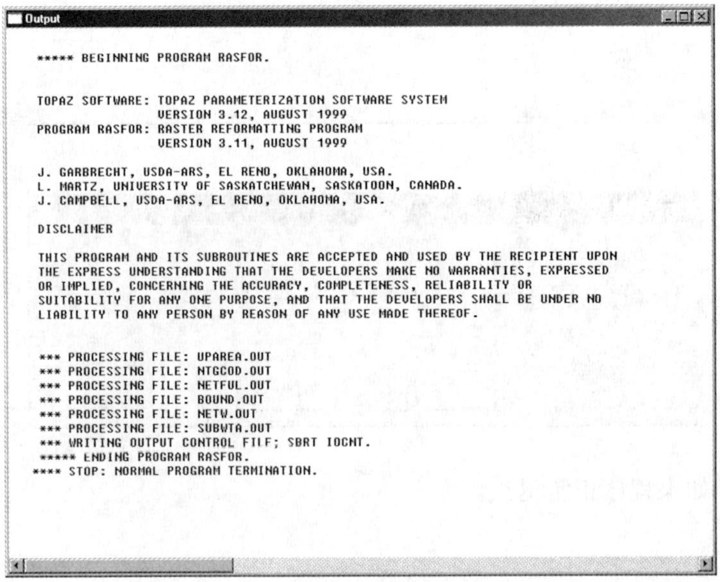

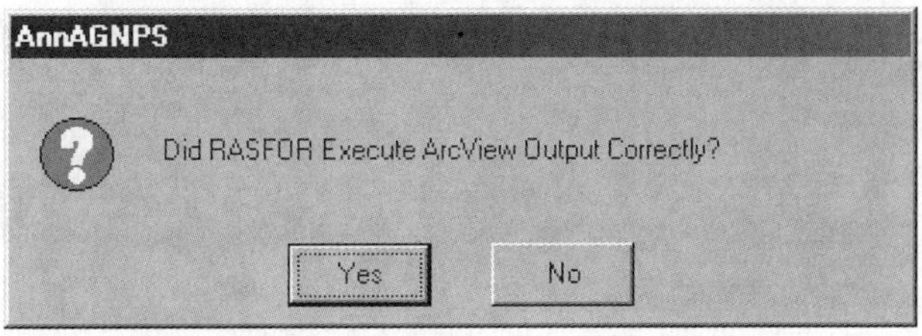

回答"Yes"如果程序正常退出。

第五步:执行 AgFlow

(1)从 Data Prep 下拉菜单选择 Step 5 Execute AgFlow:

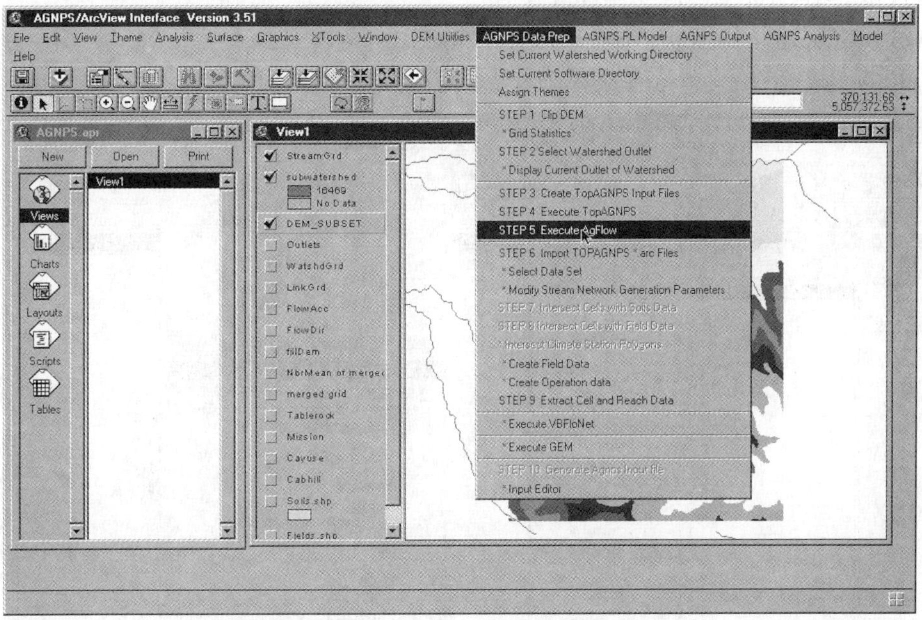

(2)DOS 窗口出现,显示 AgFlow.exe 的执行过程(执行 FLOWNET 产生程序):

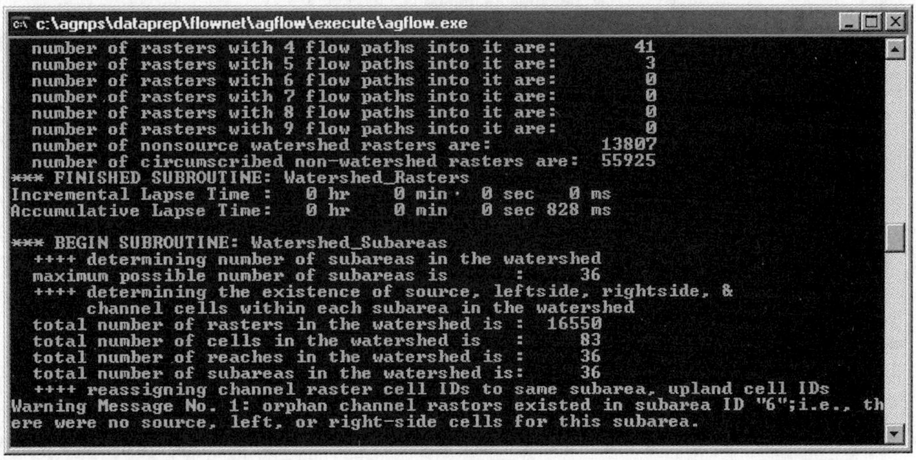

(3)AgFlow.exe 程序执行完后,DOS 窗口自动消失,出现 ArcView 窗口:

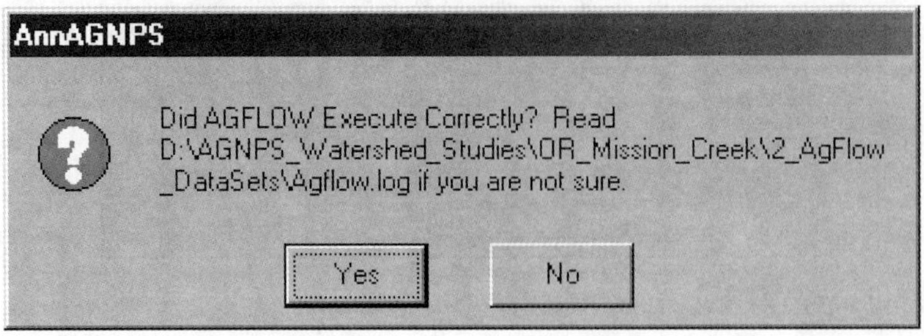

(4)点击“Yes”如果程序运行成功。

第六步:导入 TopAGNPS ArcView 文件

本过程将所选择的 TopAGNPS . arc 文件导入 ArcView。

从 Data Prep 下拉菜单选择菜单项:

为新数据组输入名称,名称由字母和数字组成,不超过 8 个字符:

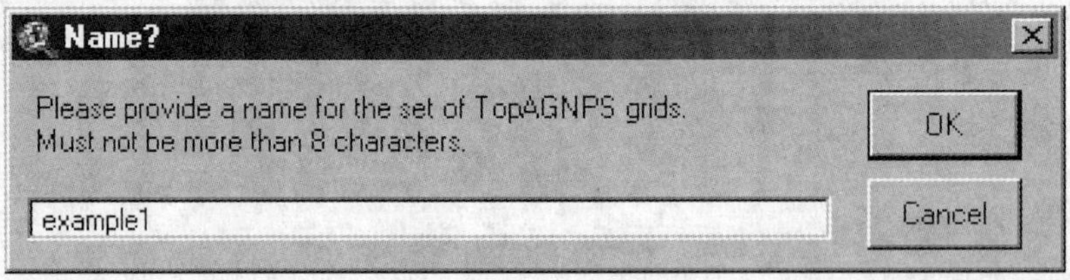

本过程将产生网格主题(*netful*, *subwta*, *bound*, *ntgcod*, *and netw*),然后将“*subwta*”和“*bound*”转换成. shp 文件。本过程完成后,*subwta* (grid), *bound* (grid), *netful* (grid), *netw* (grid), *ntgcod* (grid), *subwta. shp* 和 *bound. shp* 将添加到视图 View 中。

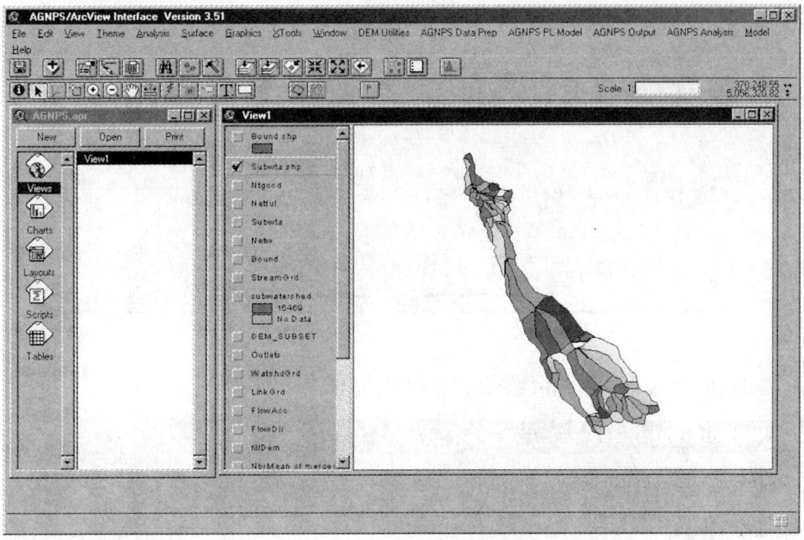

注:现在保存 ArcView 项目,如果你离开 ArcView,当你返回到所执行的项目时,需分配主题(Assign Themes),也要选择数据组(Select Data Set)。

修改流网产生参数

本过程允许用户为空间变量流网产生参数修改 TopAGNPS“ntgcod. inp”中的数值。

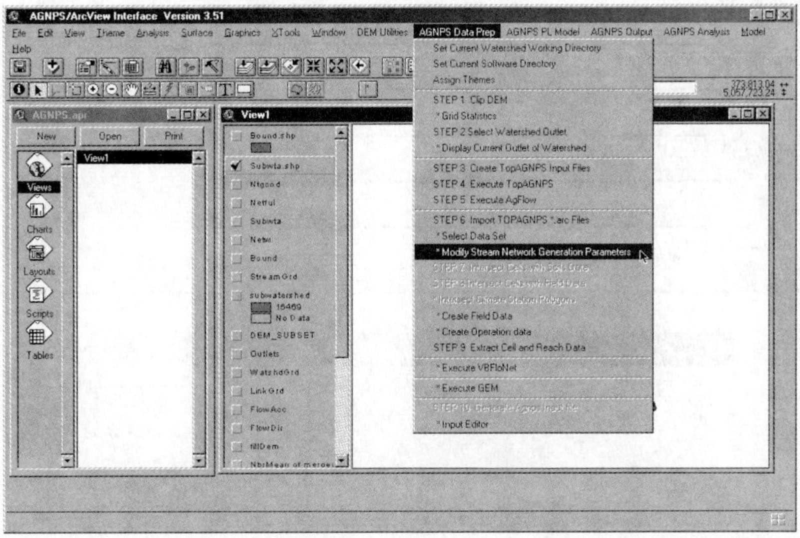

一旦选择了该项,在视图 View 中支流主题将置于 ntgcod 层之上。一个对话框询问用户此时是否修改 CSA 和 MSCL 的值,如果选择“No”,过后用户不得不使用文本编辑器修改。

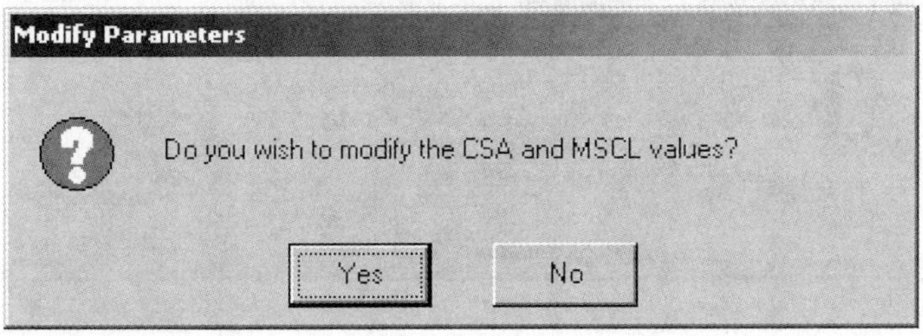

另一对话框询问用户是否想选取一个以上的 CSA 和 MSCL 值:

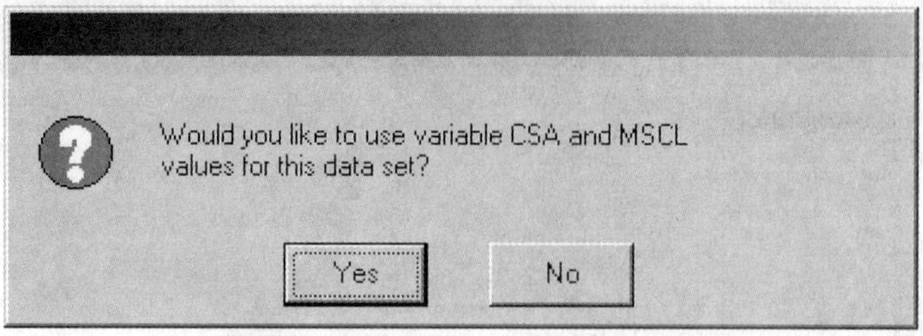

Arcview 界面将读入已存在的数值,用户仍能够修改它们。

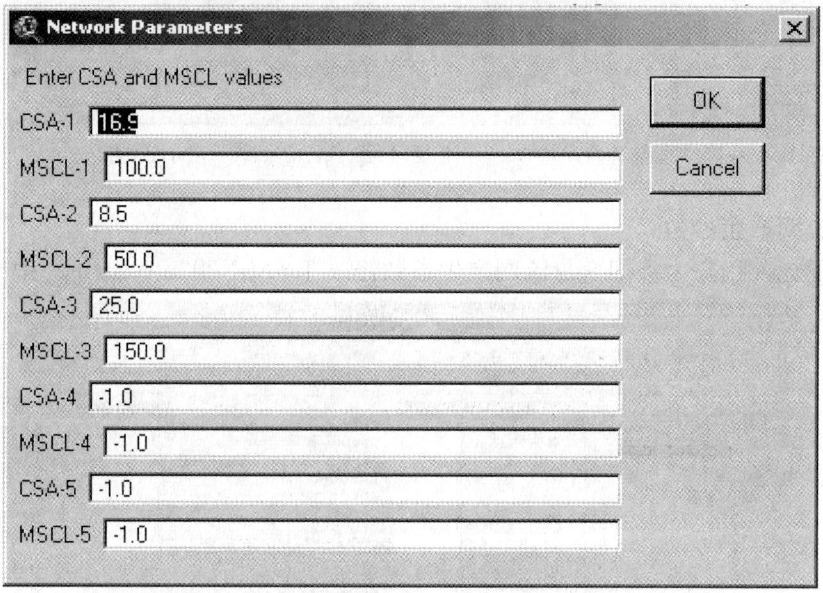

用户可以交互式选择支流域,修改参数码。

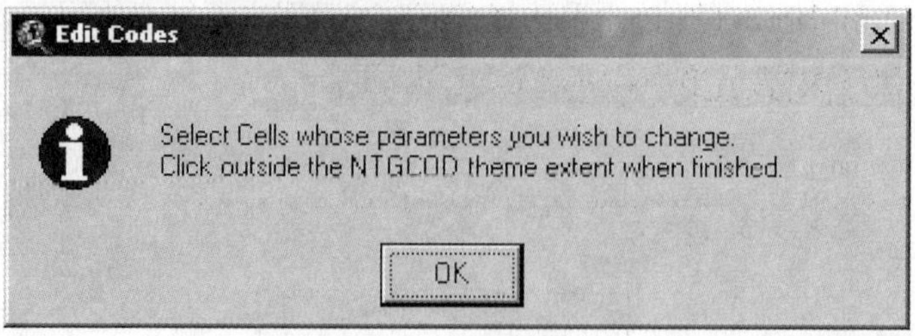

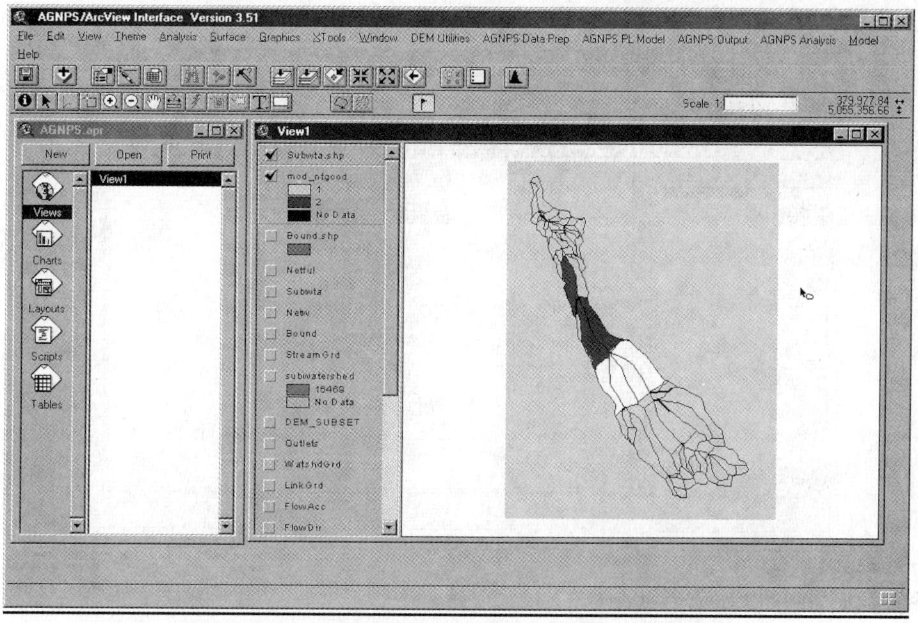

选择支流域后，对话框出现，允许用户指定新的编码。

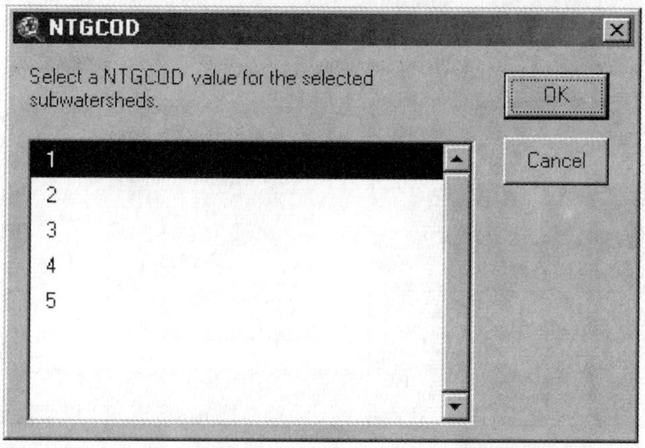

选择本主题范围的外界后，一个对话框询问是否保存对 ntgcod 的更改，回答“Yes”将在 1_TopAGNPS_DataSets 目录中产生一个更新了的 ntgcod. inp 文件；同时在项目目录中保存一个副本，文件名为 mod_ntgcod. asc，它能够以 ASCII 光栅网格文件的形式导入。文件 dnmcnt. inp 也被更新，并在项目目录中保存一个名为 mod_dnmcnt. inp 的副本。

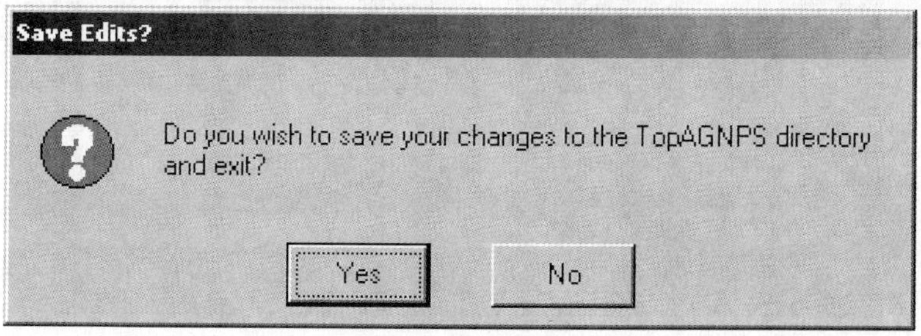

完成以后,用户能够重新执行第四步。

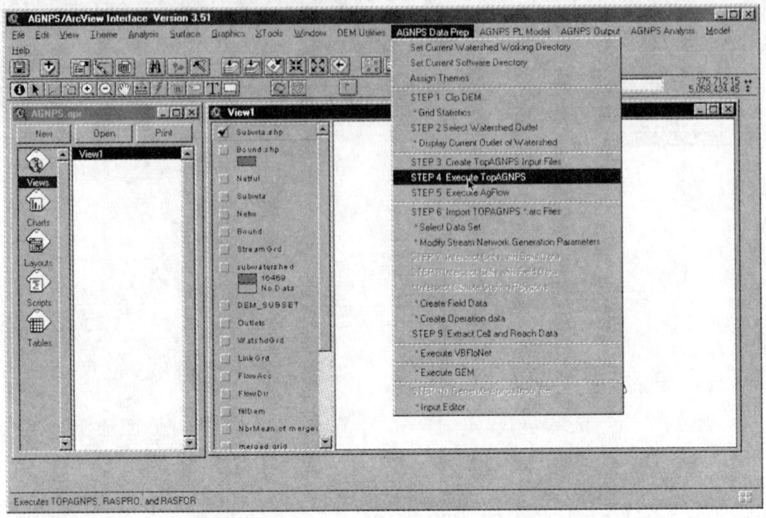

重新执行第五步和第六步。

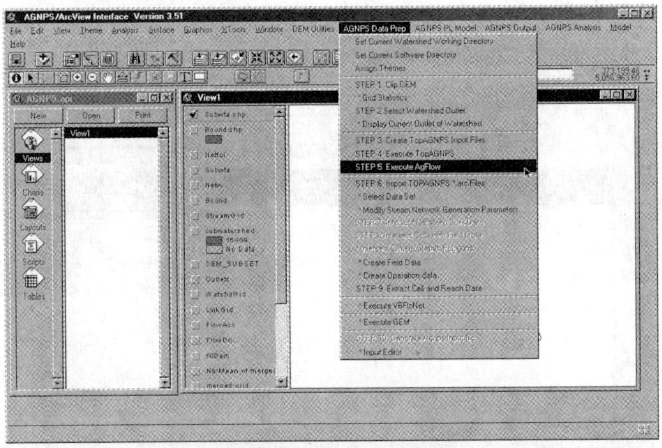

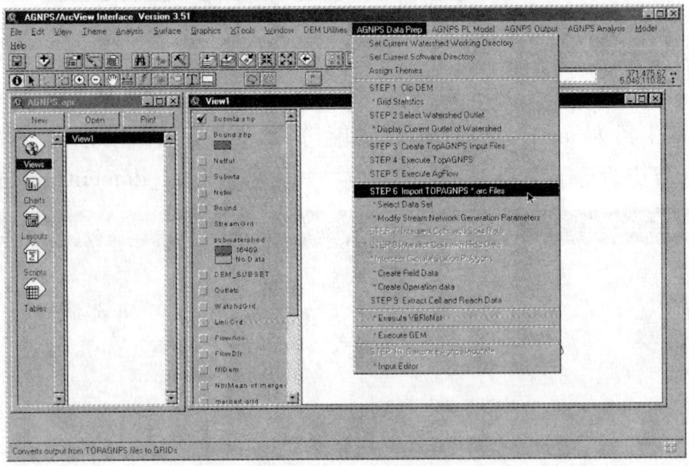

选择一个新的项目名称,不超过 8 个字符,无空格。

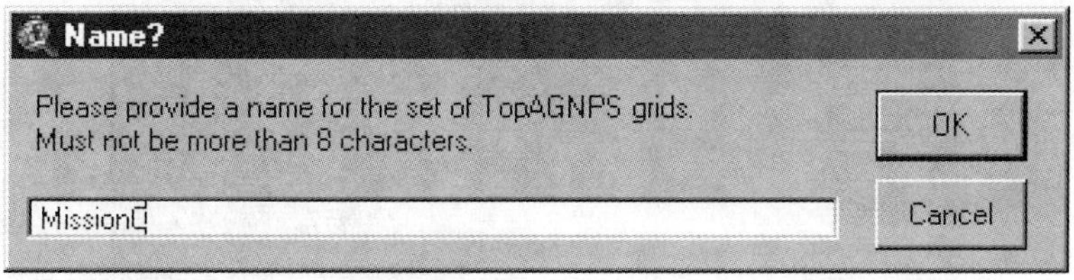

使支流域.shp 文件可见,以便重新执行 TOPAGNPS 和 AGFLOW。

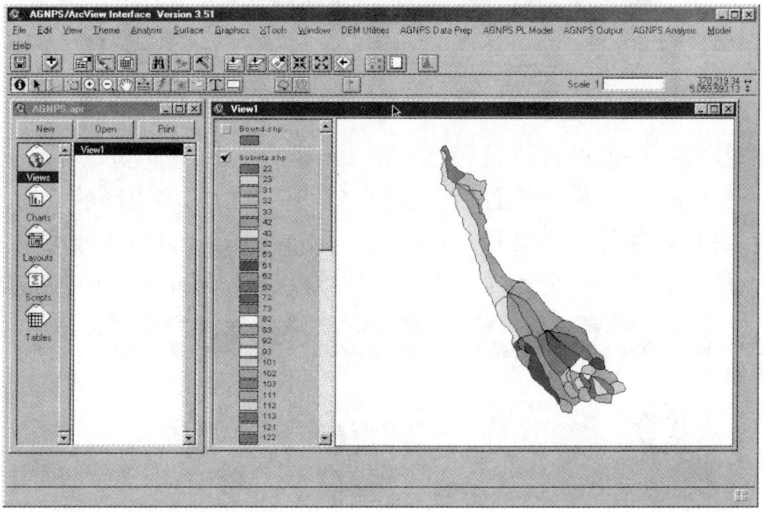

第七步:与土壤资料叠置单元格

通过 MissionC 的支流域.shp 文件与 *subwat.shp* 和 *soils.shp* 的叠置过程,可以获得一个.shp 文件,该文件具有新的多边形,以及与每一个多边形相联系的支流域网格码(GridCode)和土壤指示域。必须确定已为支流域、土壤和土地利用分派了主题,以便与土壤和土地利用叠置。

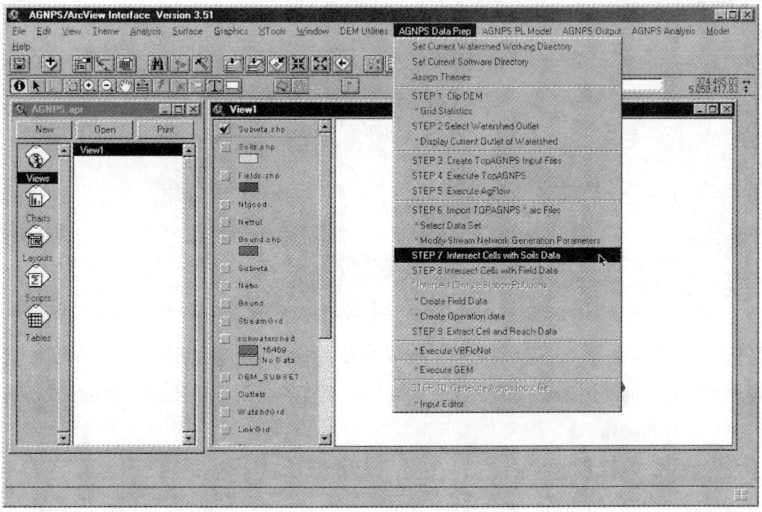

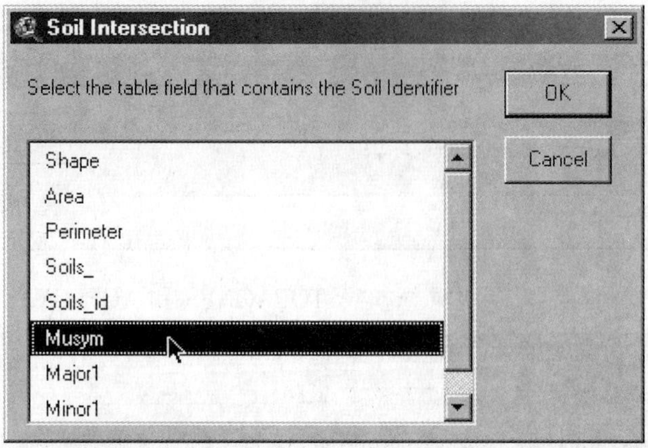

选择了菜单项后，叠置过程执行，并创建一个新的主题 *Inter_soil. shp*，属性表包括指示域 Gridcode 和 Musym，它们是叠置后增加的，此外新产生的多边形的面积也已计算。

程序将继续执行，为每一个单元在属性文件 *subwta. shp* 产生主导土壤数据；该过程完成后，出现下面的信息框。一个名为 SOIL_ID 的域添加到 Subwta. shp 主题中。

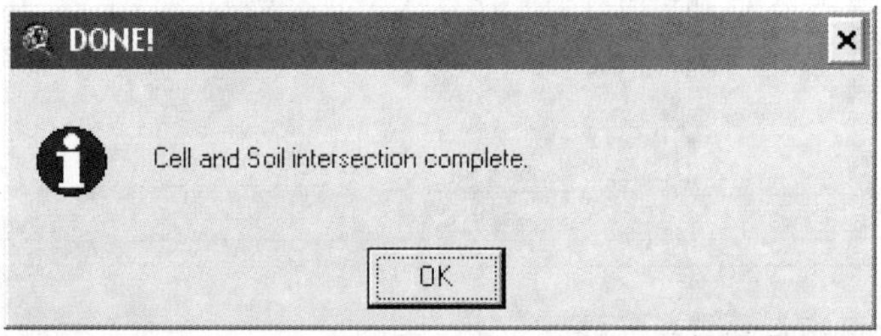

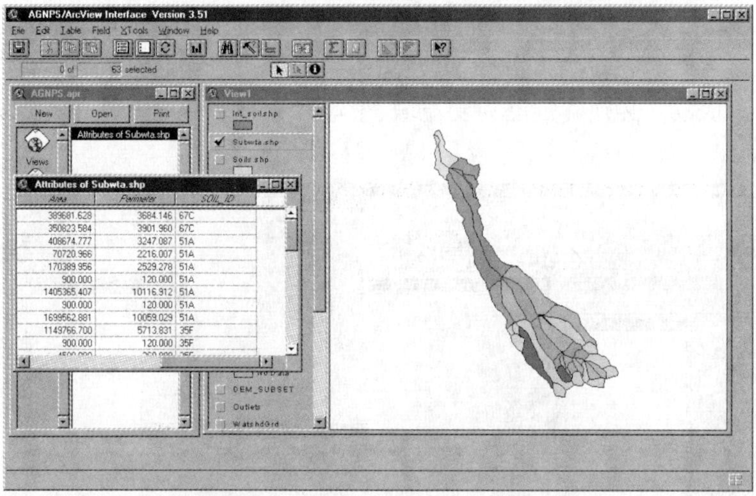

注：多边形叠置属于空间操作过程，将一个多边形覆盖层与另一个多边形覆盖层叠置，产生新的多边形覆盖层。一系列多边形的空间位置和它们的多边形属性结合在一起在输出的覆盖层中衍生出新的数据关系，结合在一起的多边形使用户能够进行多边形合并操作。

第八步：与土地覆盖叠置单元格

通过 *subwat. shp* 与 *fields. shp* 的叠置，用户将获得一个新的多边形. shp 文件，每一个多边形与支流域的网格码和田间标识相联系。

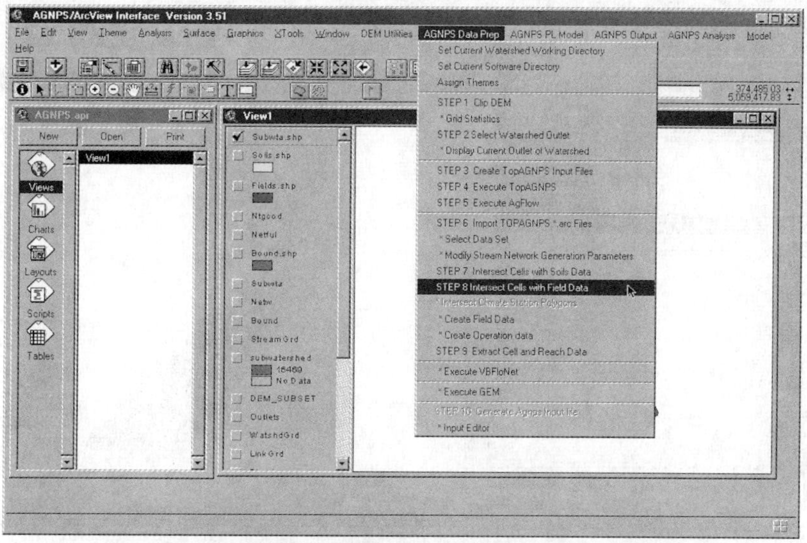

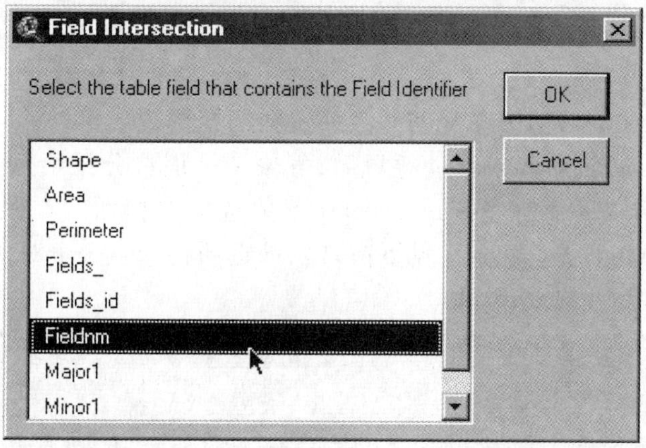

选择菜单项以后,叠置过程开始执行,创建一个新的名为 *Int_lulc. shp* 的主题,属性表中包含指示域 Gridcode 和 Fieldnm,它们来自叠置产生的主题。此外,每个新创建的多边形的面积也已计算。在文件 Subwta. shp 中,增加了域 Field_ID。该步骤完成后出现信息框:

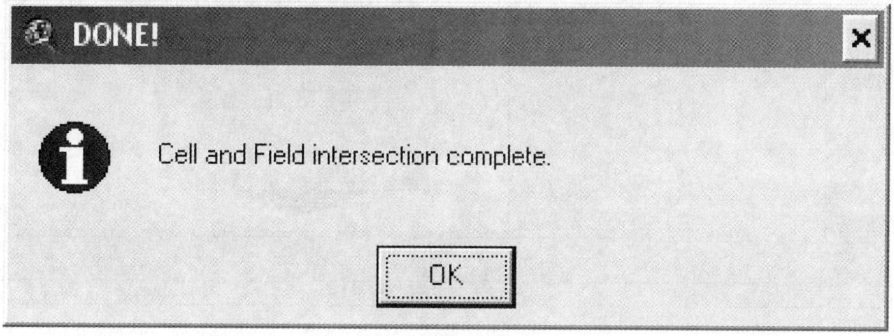

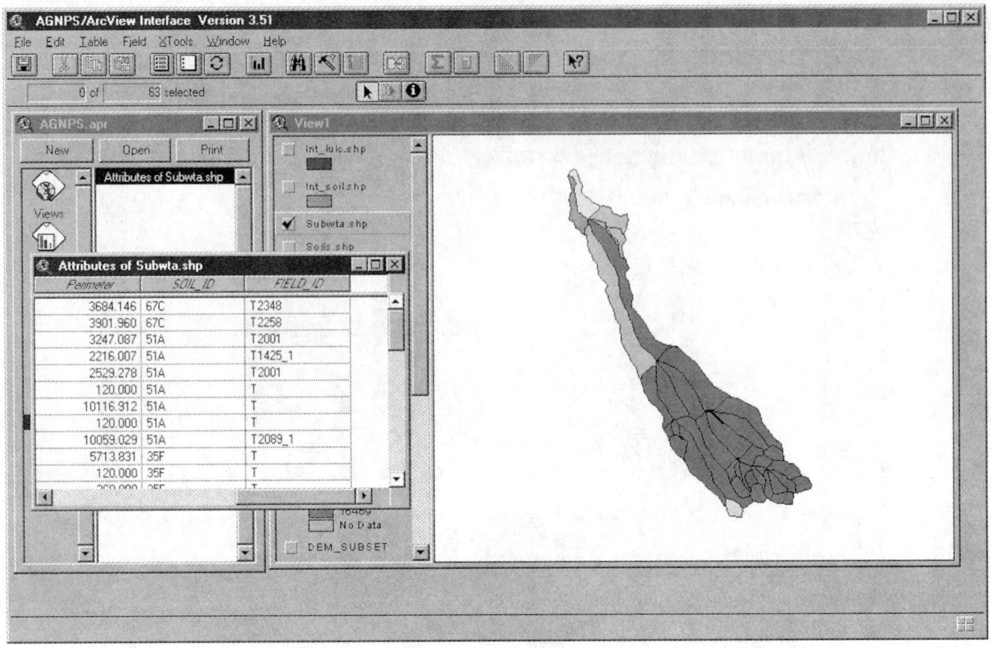

中间步骤——AnnAGNPS 单元与气象站资料的叠置

subwat. sh 与 *climate_stations. shp* 叠置后，气象站标识将分派给每一个 AnnAGNPS 单元格，*climate_stations. shp* 需在 Assign Themes 菜单选项中指派。在菜单选项中，应选择“Intersect Climate Station Polygons”(见下窗口)，该选项将产生一个对话框，要求选择包含气象站身份的域，本例中域是 Csid。

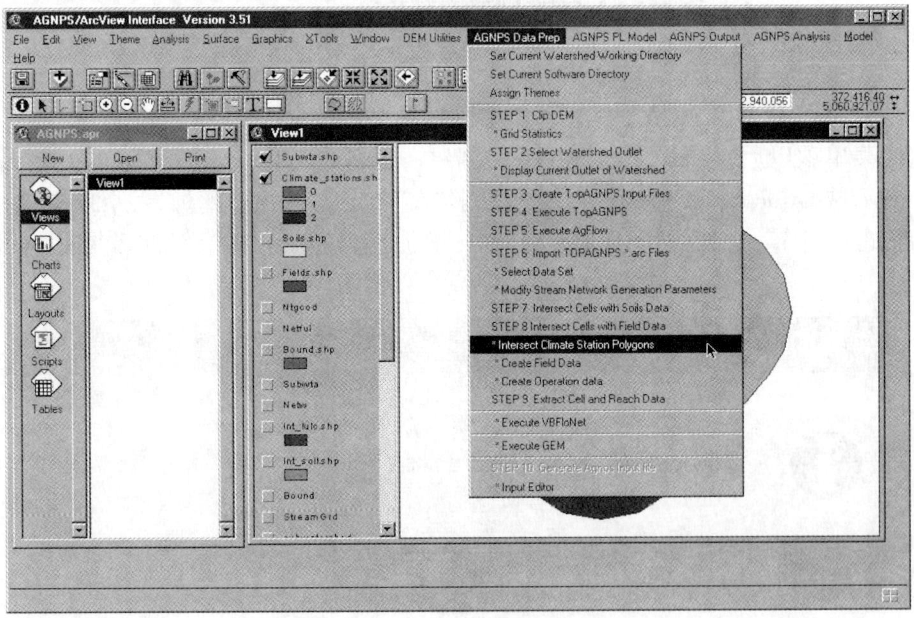

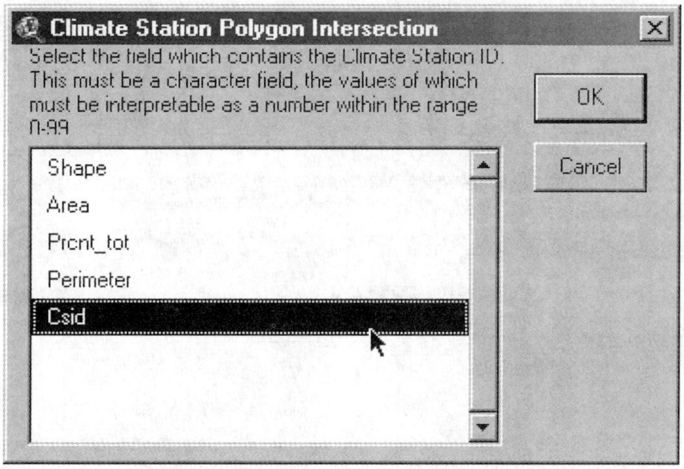

选择菜单项后，叠置过程执行，创建一个名为 *Int_lulc. shp* 的新主题，该步执行完后出现一个信息框：

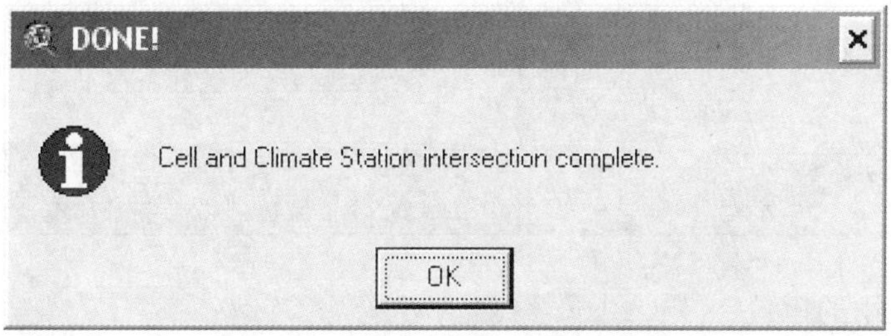

现在，主题 subwta. shp 的属性表中将包含域 CLIM_ID，它来自叠置过程产生的主题。

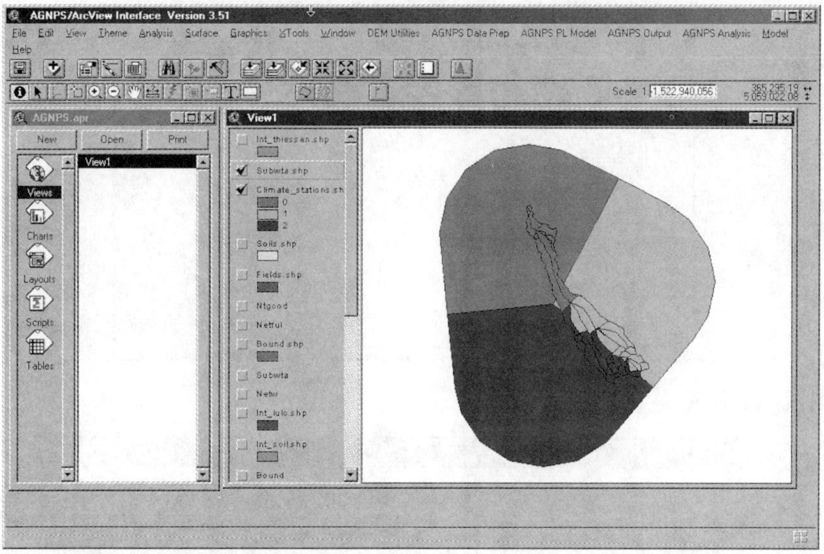

第九步：提取单元格和沟道数据

本菜单项将产生文件 *ann_cell. dbf* 和 *ann_reach. dbf*，在文件 *subwta. shp* 的属性表中增加沟道特性列。该步还产生逗号分隔表格 *ann_cell. csv* 和 *ann_reach. csv*，它们将用来将单元和沟道信息导入 AnnAGNPS 输入编辑器。第七步、第八步和叠置气象站多边形不是操作第九步所必需的,在第九步以前,它们中间任意一个、全部都可以完成,也可以都不完成。如果它们中的任意一个没有完成,它们的标识就不会添加到数据库文件中,而数据库文件是用来向输入编辑器导入信息的,所以用户不得不用手工完成这些步骤。

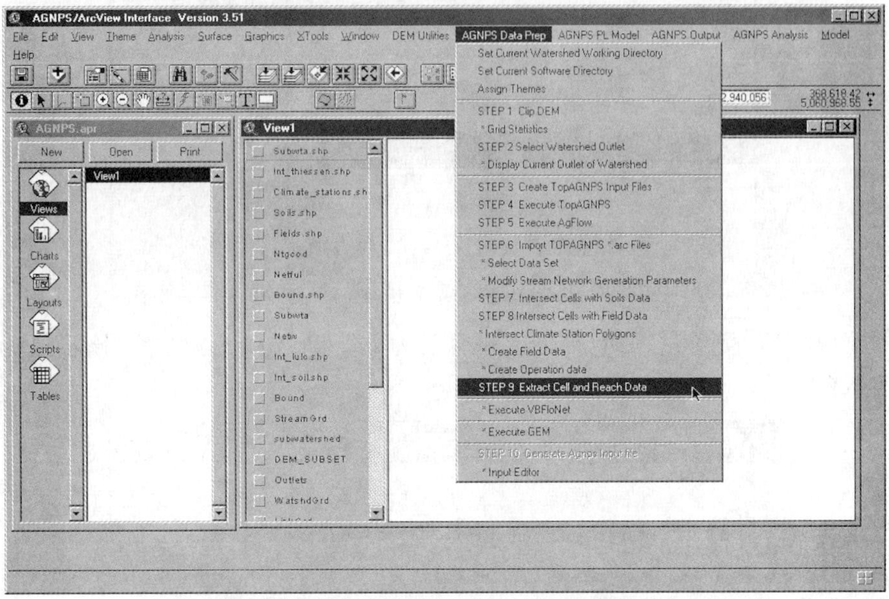

选择文件使用的单位:

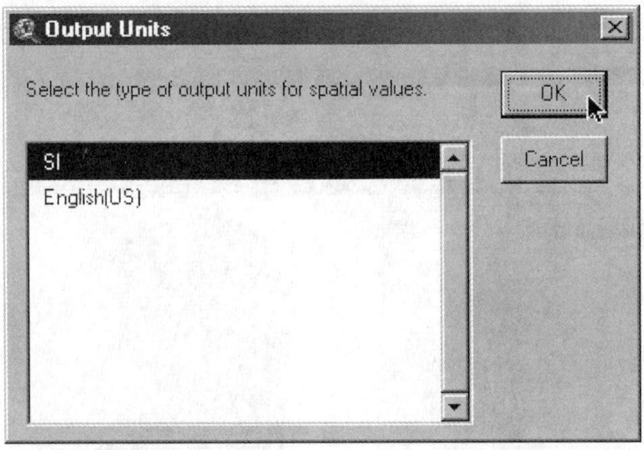

处理完成后,出现信息框:

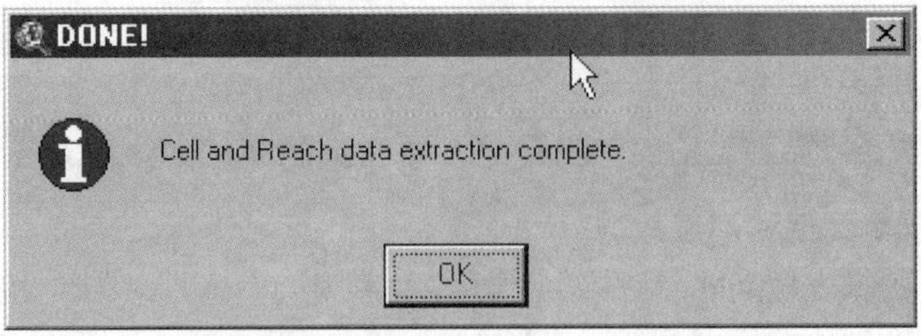

文件 *ann_cell. csv* 和 *ann_reach. csv* 放在已定义的数据组子目录中,数据组子目录可以是在第六步中命名的,也可以在 Select Data set 菜单选项中指派,这些文件用来将单元格和流域数据导入输入编辑器,作为创建 AnnAGNPS. inp 的一部分,与 AnnAGNPS. exe 一起使用。对于单元格数据,用户应使用导入选项,选择 cell data from ArcView,从输入编辑器菜单选项中选择 *ann_cell. csv*,如下窗口:

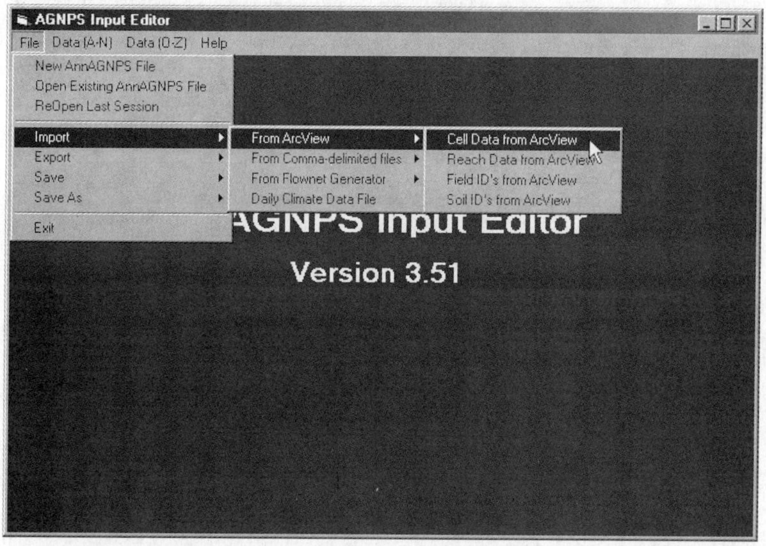

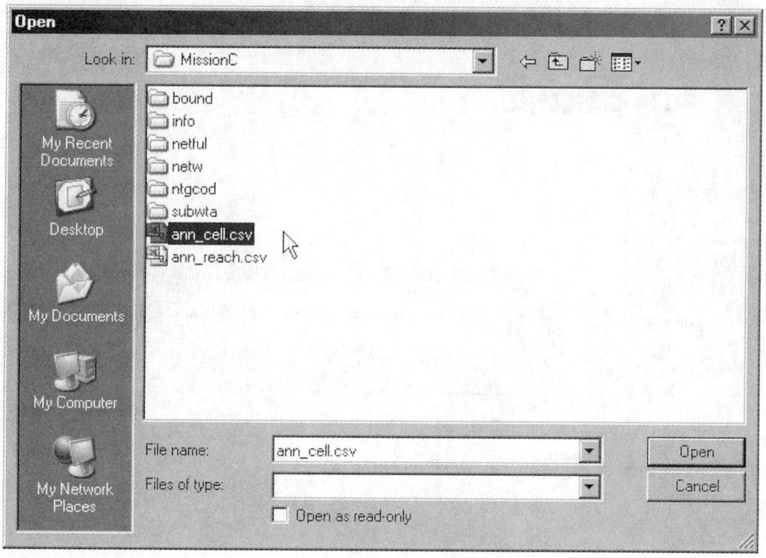

对于沟道数据,用户可以进行与单元数据相似的操作,选择 reach data from ArcView,从输入编辑器菜单选项中选择 *ann_reach. csv*,如下窗口:

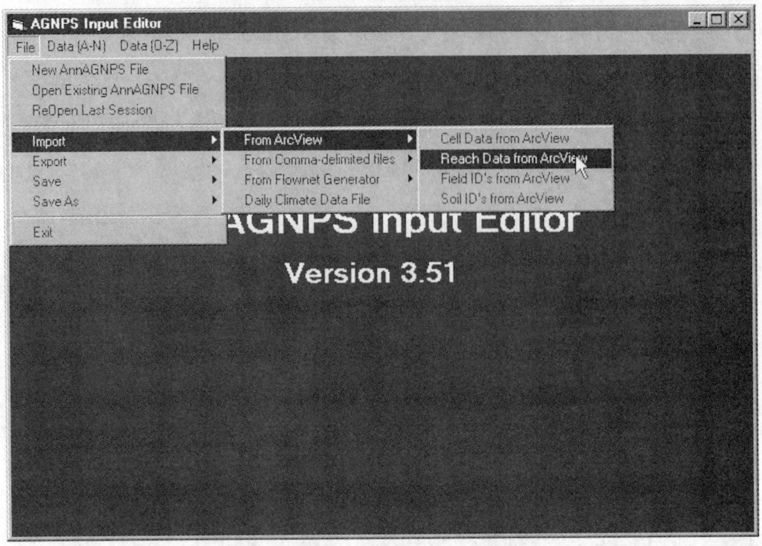

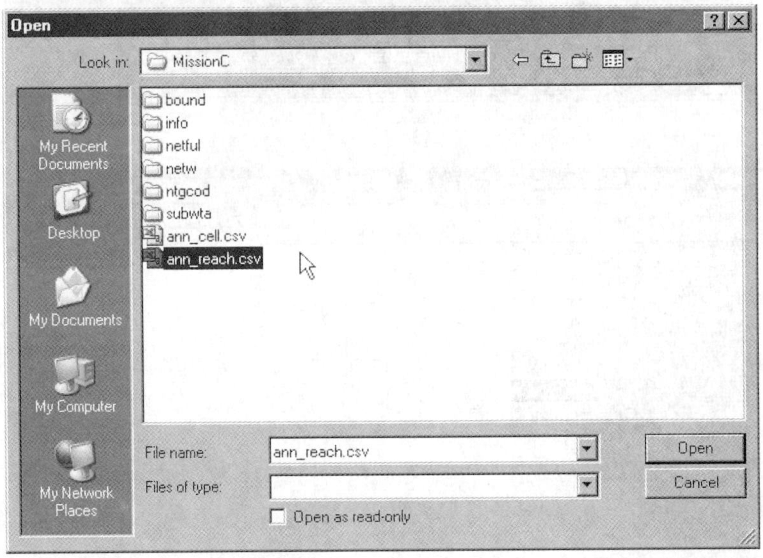

第十步:打开 Access 数据库

尚不存在。

(五)污染物负荷模型

第十一步:执行 AnnAGNPS

从 PLMODEL 下拉菜单选择 *Step* 11 *Execute annagnps*,将创建输出文件,保存在子目录 7_ANNAGNPS_Dataset。

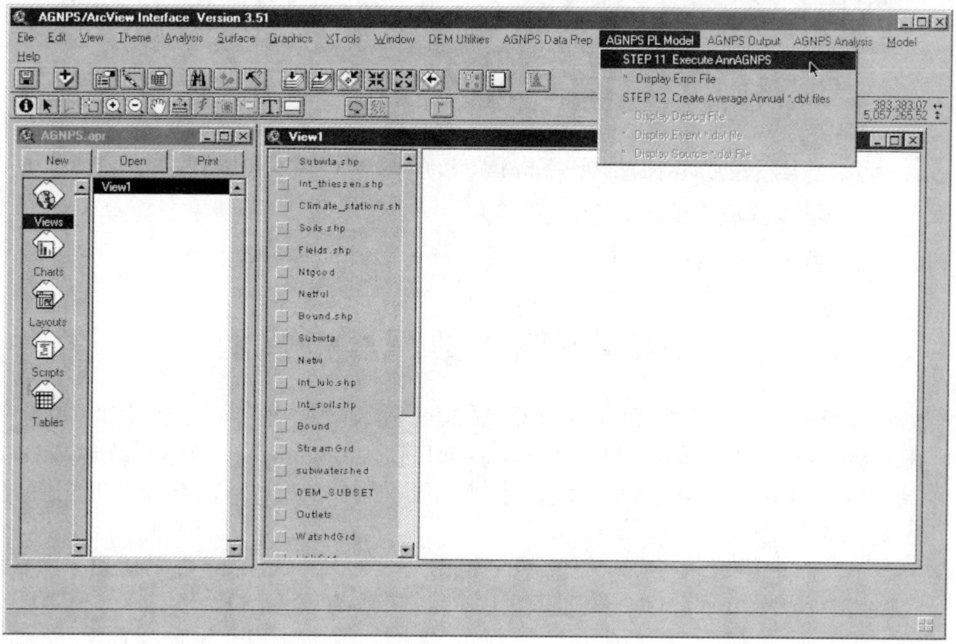

第十二步:创建 SA_AA. dbf 文件

从 PLMODEL 下拉菜单选择 *Step* 12 *Create Average Annual* ＊. *dbf*,10 个数据库文件将加在列表中。如果在每个表中和文件 subwta. shp 中使用域名 cellid 进行检索;可以将这些文件结合在一起;使用域名 Cell_ID 可以按 AnnAGNPS 单元格显示污染物的空间分布。

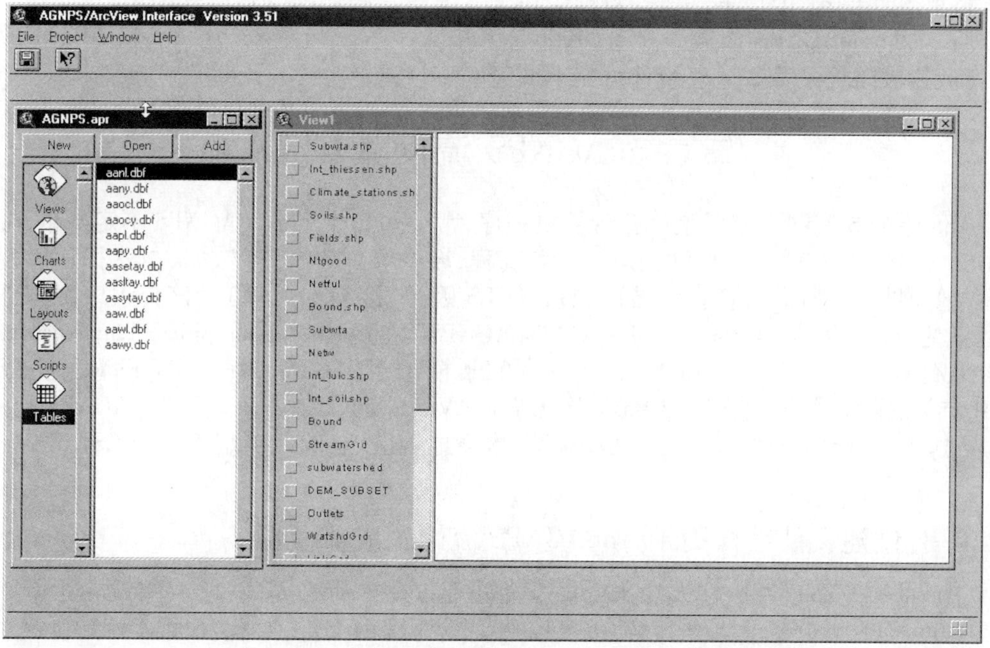

第四章 AGNPS 输入数据准备模型用户指南(版本 3)

原作者:美国农业部农业研究局国家泥沙实验室 Robert Darden 博士和 Vance Justice 博士
编　者:高学田　郑粉莉　李　靖

一、AGNPS 输入数据准备模型

本文件的目的是提供安装和执行组成 AGNPS 输入数据准备模型程序的信息。软件设计可在 Windows 98、Windows 2000、Windows NT 和 Windows XP 操作系统运行,本文件的实例图像是在 Windows XP 操作系统创建的。建议用户在 AGNPS 下载网页使用下载所有模块选项下载完整的 AGNPS 组件。

AnnAGNPS 污染物负载模型的输入数据组由 31 个节组成,用户可以通过多种途径提供这些数据。AGNPS ArcView 界面能够使用户创建新的或修改已有的 AnnAGNPS 数据组,有单独的文献详细介绍 ArcView 界面的应用。建议用户下载、打印、详细阅读 AnnAGNPS输入规范,以便熟悉数据要求。AnnAGNPS 数据准备模型由四部分组成:①AGNPS ArcView界面(另有文献介绍)或 AnnAGNPS 流网生成器,允许用户从 DEM 提取数据。②AnnAGNPS 输入编辑器,允许用户输入从 DEM 提取的数据,或手工从键盘输入数据,以及编辑已有的 AnnAGNPS 输入文件。③AGNPS 到 AnnAGNPS 转换器,允许用户将已有的 AGNPS 文件转换成 AnnAGNPS 格式。虽然从 3.51 版本的 AnnAGNPS 开始,不再支持单事件模式,但单事件模式数据组在输入编辑器中仍能够转换和使用,从而建立起连续版本的 AnnAGNPS 数据组。④GEM,是一个人工气候生成器,为 AnnAGNPS 生成降水、最低和最高气温等。这些组件将在下面进一步讨论。

二、AnnAGNPS 流网生成器

AnnAGNPS 流网生成器是一套计算机程序,帮助用户生成 AnnAGNPS 不定网格,提取与 DEM 有关的沟道数据(接纳沟道、长度、高程、坡度等)和单元格数据(排水面积、高程、方位、地面坡度、断面汇流时间、坡度与坡长、LS 因子、接纳沟道等)。该套程序由三部分组成:①已有的用于操作的计算机模型“TopAGNPS”,是 ARS Topographic PArameteriZation (TOPAZ)模型(Garbrecht 和 Martz,1995)的子模型;②Fortran 程序“AgFlow”,生成与 DEM 有关的输入参数;③Visual Basic 图形界面“VbFloNet”,是一个显示 TopAGNPS 和 AgFlow 结果的工具,能够将流域细分成不同的水文地貌区域,以便确定不同的 CSA & MSCL 值。

(一)创建文件结构用于 AnnAGNPS 流网生成器模型

下面的符号图显示出在成功执行每个批处理程序前所必需的文件,文件名为所期望的属名,它们既可以是输入文件名,也可以是生成的输出文件,某些注明“DEM input...”和“Control input...”的文件要求用户在开始时提供,并且是执行特定程序前所必需的文件,注明为输出的文件是在数据准备过程中的某些点生成的。

```
\AGNPS
  ├DataPrep( AnnAGNPS Input Data Preparation Model)
     ├Flownet( AnnAGNPS Flownet Generator)
        ├AgFlow
        │  ├DataSets
        │  │  ├Input
        │  │  │  ├AgFCntinp              ( Controlinput-AgFlow)
        │  │  │  ├DisChadat              ( Rasteroutput-Dednm)
        │  │  │  ├DisCntdat              ( Rasteroutput-Dednm)
        │  │  │  ├DnmCntinp              ( Controlinput-Dednm)
        │  │  │  ├Fbvec.dat              ( Rasteroutput-RasFor)
        │  │  │  ├FvSlop.dat             ( Rasteroutput-Dednm)
        │  │  │  ├HSlope.dat             ( Rasteroutput-Dednm)
        │  │  │  ├Relief.out             ( Rasteroutput-Dednm)
        │  │  │  ├SubWta.dat             ( Rasteroutput-RasFor)
        │  │  │  ├TAspec.dat             ( Rasteroutput-RasFor)
        │  │  │  ├TSlope.dat             ( Rasteroutput-Dednm)
        │  │  │  ├UpArea.out             ( Rasteroutput-Dednm)
        │  │  ├Output
        │  │  │  ├AgFlowlog              ( log file)
        │  │  │  ├AnnAGNPS_Cell.dat      ( cell data-InpEdit)
        │  │  │  ├AnnAGNPS_Reach.dat     ( reach data-InpEdit)
        │  │  │  ├AnnAGNPS_Subarea.rpt   ( Subaraa information)
        │  │  │  ├AnnAGNPS_SubWta.arc    ( raster cell Ids-Aio View)
        │  │  │  ├AnnAGNPS_SubWta.dat    ( raster cell Ids-VbFloNet)
        │  │  │  ├Flow Grafrpt           (control input-VbFloNet)
        │  ├Document
        │  ├Execute
        │     ├AgFlow.exe
        ├TopAGNPS
        │  ├DataSets
        │  │  ├Input
        │  │  │  ├DataPrep.bat
        │  │  │  ├Dednm.inp     ( DEM input-Dednm)
        │  │  │  ├DnmCnt.inp    ( Control input-Dednm)
        │  │  │  ├NtgCod.inp    ( Raster input-Dednm)
        │  │  │  ├RasFor.inp    ( Control input-RasFor)
        │  │  │  ├RasPro.inp    ( Control input-RasPro)
        │  │  ├Output
        │  ├Document
        │  ├Execute
        │     ├Dednm.exe
        │     ├Rasfor.exe
        │     ├Raspro.exe
        │     ├Salflibo.dll
        ├VbFloNet
           ├DataSets
           │  ├AnnAGNPS_Cell.dat    ( Cell output-AgFlow)
           │  ├AnnAGNPS_Reach.dat   ( Reach output-AgFlow)
           │  ├Bound.dat    ( Rasteroutput-RasFor)
           │  ├Bound.out    ( Rasteroutput-Dednm)
           │  ├Dednm.inp    ( DEMinput-Dednm)
           │  ├DisCha.dat   ( Rasteroutput-RasFor)
           │  ├DnmCnt.inp   ( Controlinput-Dednm)
           │  ├FloVec.dat   ( Rasteroutput-RasFor)
           │  ├FloVec.out   ( Rasteroutput-Dednm)
           │  ├FlowGrafrpt  ( Graphoutput-AgFlow)
           │  ├NetW.dat     ( Rasteroutput-Rasfor)
           │  ├NetW.out     ( Rasteroutput-Dednm)
           │  ├NetW.tab     ( Tableoutput-Dednm)
           │  ├NtgCod.dat   ( Rasteroutput-RasFor)
           │  ├Relief.dat   ( Rasteroutput-RasFor)
           │  ├Relief.out   ( Rasteroutput-Dednm)
           │  ├SubWta.dat   ( Rasteroutput-RasFor)
           │  ├SubWta.out   ( Rasteroutput-Dednm)
           │  ├TAspec.dat   ( Rasteroutput-RasFor)
           │  ├TSlope.dat   ( Rasteroutput-RasFor)
           │  ├Uparea.dat   ( Rasteroutput-RasFor)
           │  ├UpArea.out   ( Rasteroutput-Dednm)
           ├Document
           ├Execuxe
              ├VbFloNet.exe
              ├Setup
                 ├vbflonet_Installation.exe
```

(二)安装流网生成器

安装流网生成器的步骤如下：

打开 Internet 浏览器,在地址框中键入 http://www. ars. usda. gov/Research/docs. htm?docid=5199,按回车键,出现如下窗口;然后点击 AGNPS Input Data Preparation Model,出现网页窗口,如果以前获得了完整的 AGNPS 下载模块文件,第一到第九步可以省略。

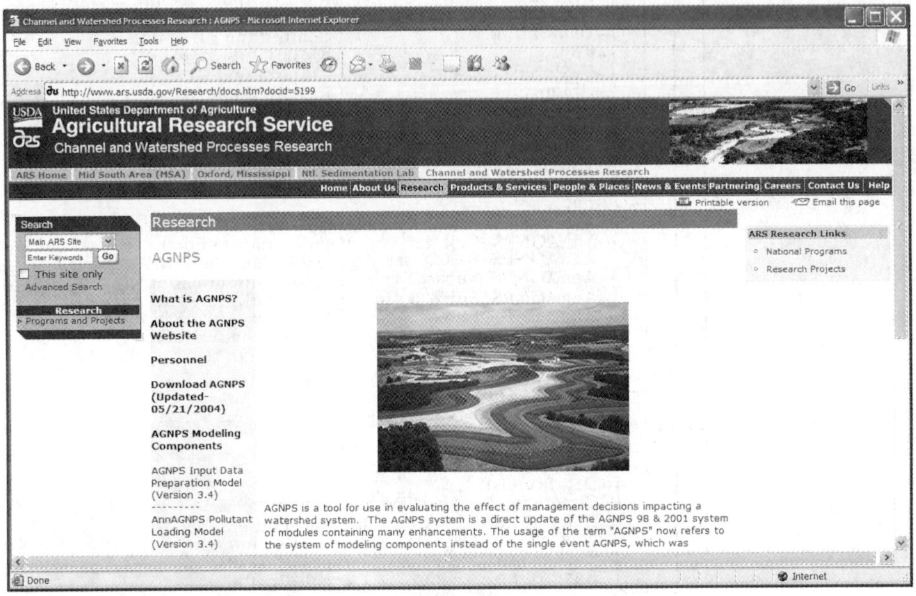

打开浏览器

第一步:下移滚动条到 B 节:Flownet Generator,点击 Download Now 按钮,出现网页窗口:

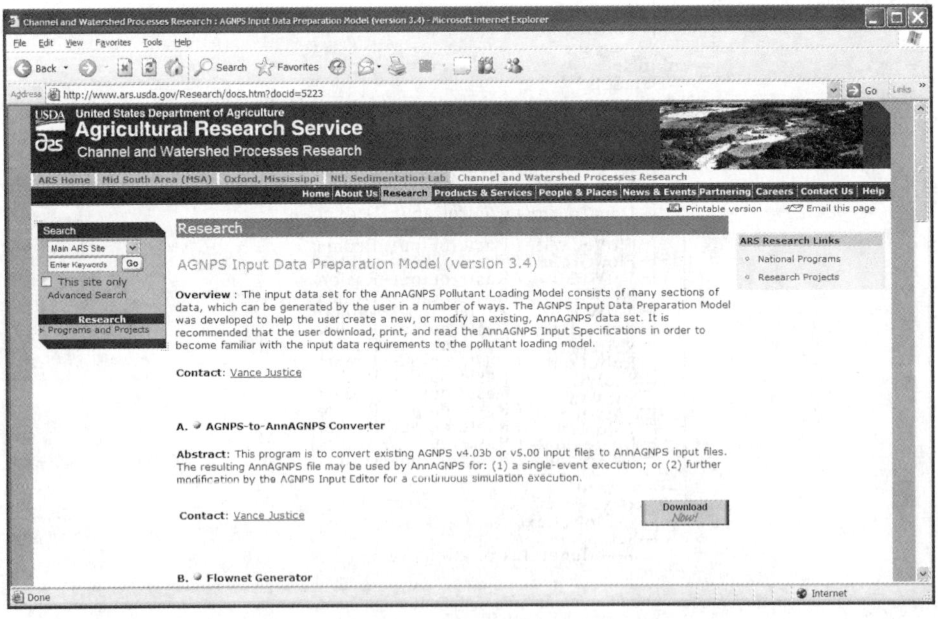

网络下载

第二步:下移滚动条到 Flownet Generator,在 Executable 列,点击绿圆点,出现下载窗口。

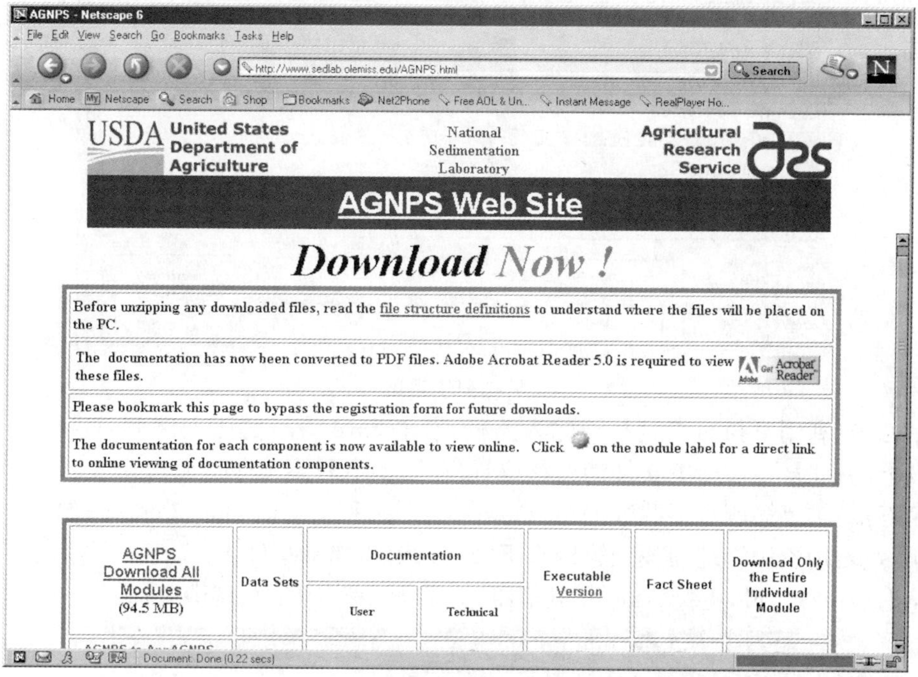

下载新的网络页面

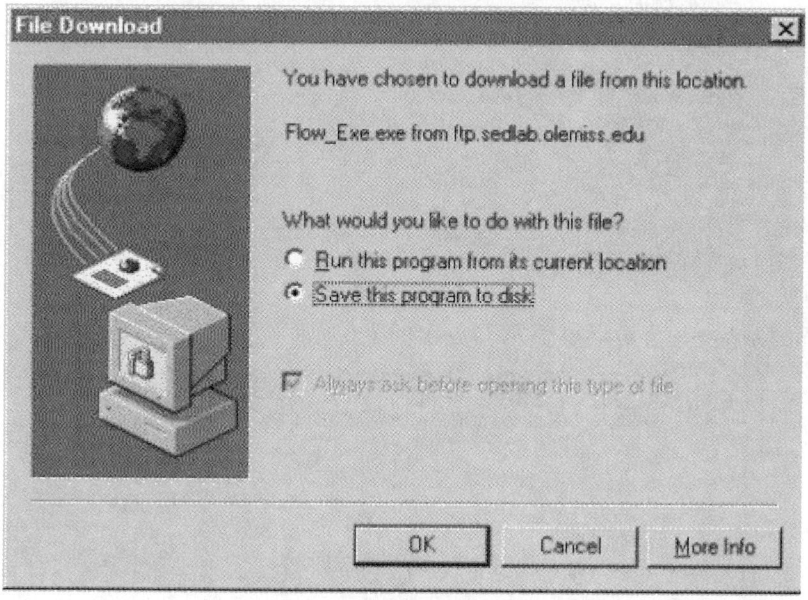

保存新的程序列磁盘

第三步:选择 Save this program to disk,点击“OK”,出现 Save As 子菜单。

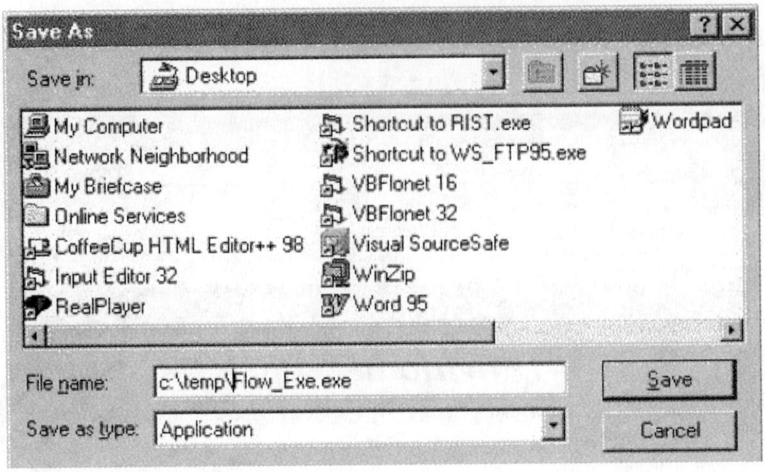

另存列子目录

第四步:利用下拉窗口选择或输入路径,点击 Save 将自解压文件 Flow_exe. exe 保存在硬盘上的临时位置,记下文件的保存位置,在第十步需要文件路径。

第五步:重复第四步下载数据组(FlowData. exe)和文献("Flow_Doc. exe")。

第六步:用资源管理器找到第四步下载的自解压档案文件。

第七步:双击"Flow_exe. exe"将其解压,接受默认路径 C: \,点击 Unzip。

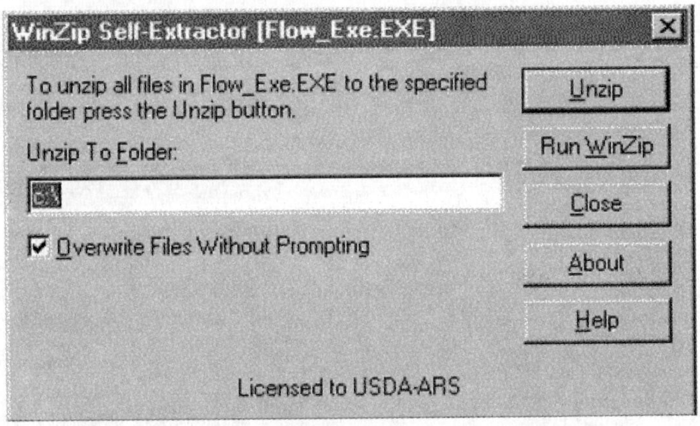

解压文件

解压缩完成后,一个对话框显示释放出的文件数。

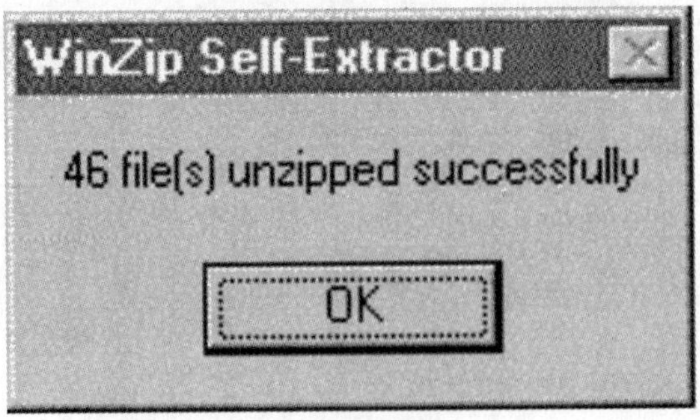

文件解压成功

第八步:重复第六步和第七步,解压缩所剩文件("FlowData. exe"和"Flow_Doc. exe")。该操作完成流网生成器 Flownet Generator 的组件 TopAGNPS 和 AgFlow 的安装。

第九步:输入编辑器或 VbFloNet 程序只需安装一次。如果 VbFloNet 程序的安装过程成功执行,就不再需要安装输入编辑器,反之亦然;如果安装了输入编辑器,就不需要安装 VbFloNet。安装过程将复制库文件到计算机的 Windows 操作系统,可能需要行政特权。下面是 VbFloNet 的安装说明,输入编辑器的安装与之相似,大多数使用 ArcView 的用户并不使用 VbFloNet,只安装输入编辑器。

VbFloNet 用 Visual Basic 编程,所需的安装步骤为:

用资源管理器在"Setup"子目录("C: \AGNPS \Dataprep \Flownet \VbFloNet \Execute \Setup")找到"vbflonet_installation. exe",双击该文件开始 VbFloNet 的 Visual Basic 安装过程,解压缩后出现以下窗口:

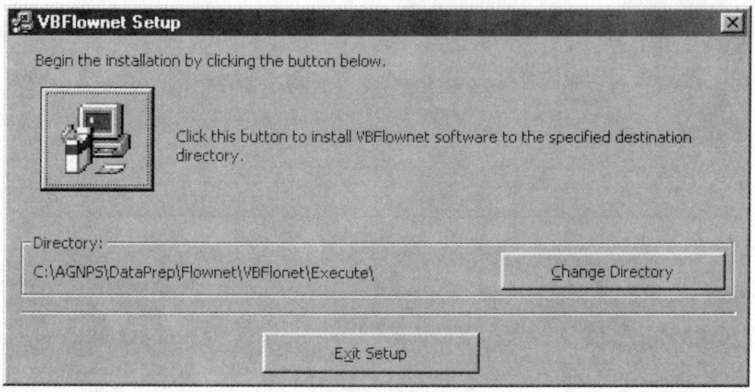

流程网络生成器安装

第十步:点击窗口中的图标安装 VbFloNet,该过程将完成流网生成器模块的安装。

三、管理项目

下面的步骤详细说明通过形成输入参数建立和管理 AGNPS 项目的途径,输入参数为完成 AnnAGNPS 模拟所必需。建议利用 AnnAGNPS ArcView 界面程序步骤管理项目,AnnAGNPS ArcView 界面另文介绍,如果没有 ArcView,下面的程序是建立 AnnAGNPS 所需数据的一种办法,即便是正在使用 ArcView 程序,阅读下面的步骤有助于理解 AnnAGNPS 之所需。这里所说的项目是指数据输入,可执行程序,以及生成的数据输出。

对于 AGNPS 数据准备组件中的每个程序,输入输出文件,将详细介绍。

下面的步骤是建造 AGNPS 项目的一个实例。一个特定的面向应用的目录结构,包括一整套批处理程序已经建立待用,该目录结构模拟了下面的操作指南。如果在完成项目时需要项目组的协助,建议使用该目录结构。

创建工作目录。如果你需要项目组的帮助,请遵循建议的目录、子目录和文件命名结构;如果不需要帮助,可以简化该结构和命名惯例。不提倡使用嵌入空格的目录和文件名,因为易打错,还因为有些软件不能识别第一个嵌入空格后的任何字符,下划线(_)是嵌入空格的标准替换。

在资源管理器用鼠标左键点击 C:\,点击文件菜单,点击新建文件夹。以下窗口举例说明为多重项目创建一个文件夹。

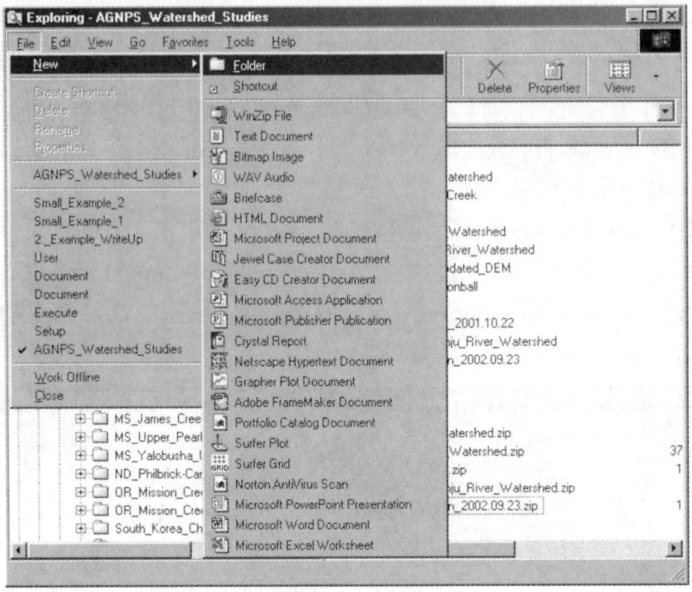

创建文件夹

将新"文件夹"重命名为"AGNPS_Watershed_Studies",它将在本文献中使用,在"AGNPS_Watershed_Studies"文件夹之下,新建文件夹"OR_Mission_Creek",用两个字母的州名后跟流域名的名称命名子目录。多重项目可稍后加在"AGNPS_Watershed_Studies"文件夹之下,为每一个研究的新流域建文件夹。Mission Creek 流域项目的批处理文件程序(完整的项目,zip 文件)可下载使用,多重项目的实例如下所示:

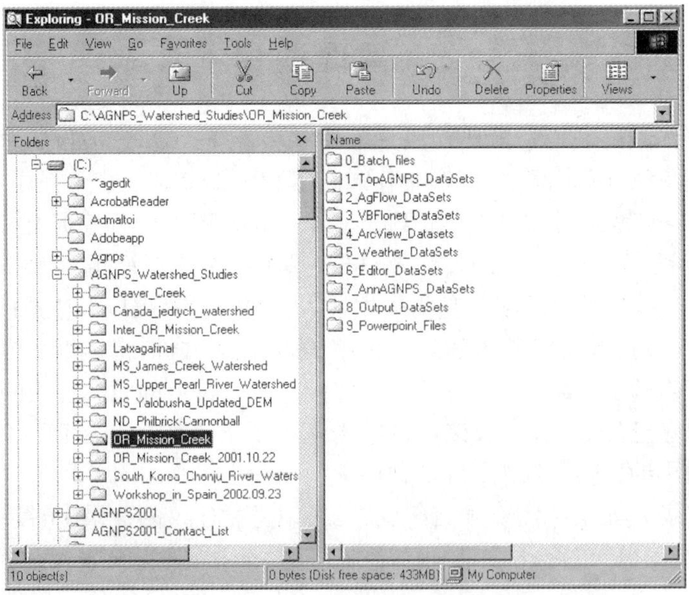

创新 Creek 项目文件夹

第十一步:复制可执行程序到项目文件夹

(1)按照下面的说明,复制文件 AgFlow. exe 到工作项目文件夹:

使用资源管理器选中 AgFlow. exe(位于 C: \AGNPS \DataPrep \Flownet \AgFlow \Execute)

在菜单栏点击编辑

点击复制

双击项目文件夹(OR_Mission_Creek)

在编辑菜单点击粘贴

AgFlow. exe 出现在 OR_Mission_Creek 文件夹

(2)重复第二步 A 复制 Dednm. exe, RasPro, RasFor. exe 和 Salflibc. dll 到项目目录,这些文件位于 C: \AGNPS\Dataprep\Flownet\TopAGNPS\Execute。

第十二步:复制输入文件到项目目录

输入文件包括:①一个数字高程地图;②4 个控制文件;③一个可选地貌分区文件,该文件是每一个项目的基本输入(表 1)。这些文件的内容在技术报告中详细讲述,这些文件是一个 DEM 数据组和 4 个控制文件,控制文件包含关于 DEM 数据组的特定信息,以及程序怎样作用于数据的详细信息。对于本用户指南,Mission Creek 流域的文件位于 C: \AGNPS\DataPrep\Flownet\ TopAGNPS\DataSets\Input。

(注:对于每一个单独的项目,必须修改控制文件。请查阅技术报告了解这些文件和参数的详细说明,参数对于每个数据组都是至关重要的。)

用第二步 A 中叙述的方法,复制下列文件到项目目录,其中 AgFCnt. inp 位于 C: \AGNPS \DataPrep \Flownet \AgFlow \Datasets \Input:

表 1　数字高程模型(DEM)、地貌分区和控制文件 TopAGNPS 与 AgFlow

	文件	说明
1	Dednm. inp	Mission Creek 流域 DEM 数据
2	DnmCnt. inp	Dednm. exe 的控制文件
3	NtgCod. inp	地貌分区,各光栅的 CSA & MSCL 值
4	RasPro. inp	RasPro. exe 的控制文件
5	RasFor. inp	RasFor. exe 的控制文件
6	AgFCnt. inp	AgFlow. exe 的控制文件

第十三步:执行“Dednm. exe”

使用 Windows 资源管理器,双击文件“Dednm. exe”。执行过程的信息显示在屏幕上。程序暂停执行,等待用户确认流域出口。流域出口由行和列确定,行和列来自控制文件 DnmCnt. inp。下图中矩阵内显示的数值代表出口点以上光栅的数目,如有必要,用户现在可以修改流域出口,对于本实例,接受默认值,输入“**1**”,按回车键。

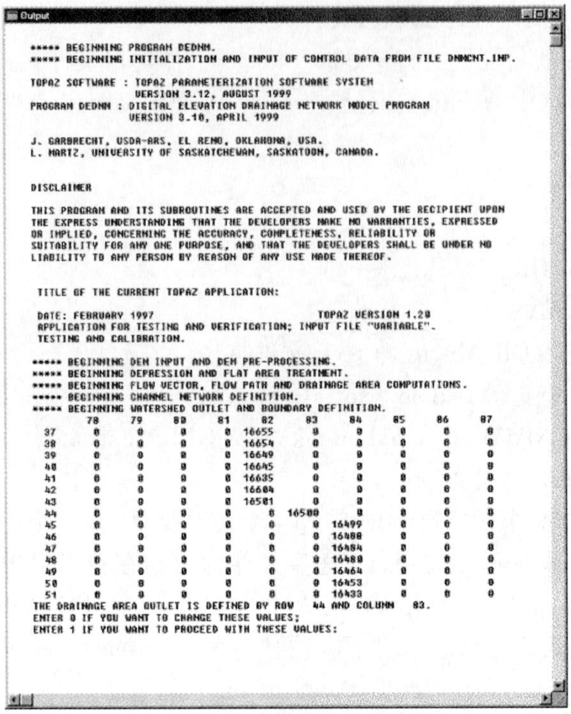

```
***** BEGINNING PROGRAM DEDNM.
***** BEGINNING INITIALIZATION AND INPUT OF CONTROL DATA FROM FILE DNMCNT.INP.

TOPAZ SOFTWARE : TOPAZ PARAMETERIZATION SOFTWARE SYSTEM
                 VERSION 3.12, AUGUST 1999
PROGRAM DEDNM : DIGITAL ELEVATION DRAINAGE NETWORK MODEL PROGRAM
                VERSION 3.10, APRIL 1999

J. GARBRECHT, USDA-ARS, EL RENO, OKLAHOMA, USA.
L. MARTZ, UNIVERSITY OF SASKATCHEWAN, SASKATOON, CANADA.


DISCLAIMER

THIS PROGRAM AND ITS SUBROUTINES ARE ACCEPTED AND USED BY THE RECIPIENT UPON
THE EXPRESS UNDERSTANDING THAT THE DEVELOPERS MAKE NO WARRANTIES, EXPRESSED
OR IMPLIED, CONCERNING THE ACCURACY, COMPLETENESS, RELIABILITY OR
SUITABILITY FOR ANY ONE PURPOSE, AND THAT THE DEVELOPERS SHALL BE UNDER NO
LIABILITY TO ANY PERSON BY REASON OF ANY USE MADE THEREOF.


 TITLE OF THE CURRENT TOPAZ APPLICATION:

 DATE: FEBRUARY 1997                          TOPAZ VERSION 1.20
 APPLICATION FOR TESTING AND VERIFICATION; INPUT FILE "VARIABLE".
 TESTING AND CALIBRATION.

***** BEGINNING DEM INPUT AND DEM PRE-PROCESSING.
***** BEGINNING DEPRESSION AND FLAT AREA TREATMENT.
***** BEGINNING FLOW VECTOR, FLOW PATH AND DRAINAGE AREA COMPUTATIONS.
***** BEGINNING CHANNEL NETWORK DEFINITION.
***** BEGINNING WATERSHED OUTLET AND BOUNDARY DEFINITION.
        78     79     80     81     82     83     84     85     86     87
  37     0      0      0      0  16655      0      0      0      0      0
  38     0      0      0      0  16654      0      0      0      0      0
  39     0      0      0      0  16649      0      0      0      0      0
  40     0      0      0      0  16645      0      0      0      0      0
  41     0      0      0      0  16635      0      0      0      0      0
  42     0      0      0      0  16604      0      0      0      0      0
  43     0      0      0      0  16501      0      0      0      0      0
  44     0      0      0      0      0  16500      0      0      0      0
  45     0      0      0      0      0      0  16499      0      0      0
  46     0      0      0      0      0      0  16488      0      0      0
  47     0      0      0      0      0      0  16484      0      0      0
  48     0      0      0      0      0      0  16480      0      0      0
  49     0      0      0      0      0      0  16464      0      0      0
  50     0      0      0      0      0      0  16453      0      0      0
  51     0      0      0      0      0      0  16433      0      0      0
 THE DRAINAGE AREA OUTLET IS DEFINED BY ROW   44 AND COLUMN   83.
 ENTER 0 IF YOU WANT TO CHANGE THESE VALUES;
 ENTER 1 IF YOU WANT TO PROCEED WITH THESE VALUES:
```

TOPAGNPS (Dednm. exe)执行过程中的初始窗口,显示正常执行

下图显示"Dednm. exe"正常终止。

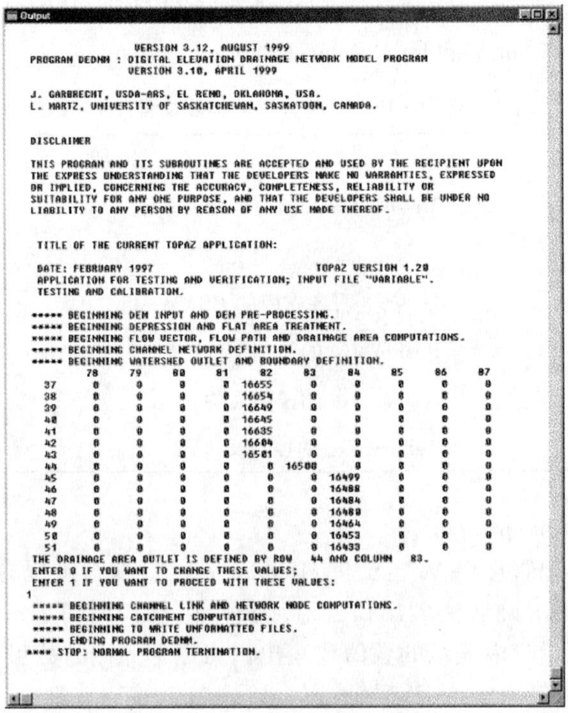

```
                 VERSION 3.12, AUGUST 1999
PROGRAM DEDNM : DIGITAL ELEVATION DRAINAGE NETWORK MODEL PROGRAM
                VERSION 3.10, APRIL 1999

J. GARBRECHT, USDA-ARS, EL RENO, OKLAHOMA, USA.
L. MARTZ, UNIVERSITY OF SASKATCHEWAN, SASKATOON, CANADA.


DISCLAIMER

THIS PROGRAM AND ITS SUBROUTINES ARE ACCEPTED AND USED BY THE RECIPIENT UPON
THE EXPRESS UNDERSTANDING THAT THE DEVELOPERS MAKE NO WARRANTIES, EXPRESSED
OR IMPLIED, CONCERNING THE ACCURACY, COMPLETENESS, RELIABILITY OR
SUITABILITY FOR ANY ONE PURPOSE, AND THAT THE DEVELOPERS SHALL BE UNDER NO
LIABILITY TO ANY PERSON BY REASON OF ANY USE MADE THEREOF.


 TITLE OF THE CURRENT TOPAZ APPLICATION:

 DATE: FEBRUARY 1997                          TOPAZ VERSION 1.20
 APPLICATION FOR TESTING AND VERIFICATION; INPUT FILE "VARIABLE".
 TESTING AND CALIBRATION.

***** BEGINNING DEM INPUT AND DEM PRE-PROCESSING.
***** BEGINNING DEPRESSION AND FLAT AREA TREATMENT.
***** BEGINNING FLOW VECTOR, FLOW PATH AND DRAINAGE AREA COMPUTATIONS.
***** BEGINNING CHANNEL NETWORK DEFINITION.
***** BEGINNING WATERSHED OUTLET AND BOUNDARY DEFINITION.
        78     79     80     81     82     83     84     85     86     87
  37     0      0      0      0  16655      0      0      0      0      0
  38     0      0      0      0  16654      0      0      0      0      0
  39     0      0      0      0  16649      0      0      0      0      0
  40     0      0      0      0  16645      0      0      0      0      0
  41     0      0      0      0  16635      0      0      0      0      0
  42     0      0      0      0  16604      0      0      0      0      0
  43     0      0      0      0  16501      0      0      0      0      0
  44     0      0      0      0      0  16500      0      0      0      0
  45     0      0      0      0      0      0  16499      0      0      0
  46     0      0      0      0      0      0  16488      0      0      0
  47     0      0      0      0      0      0  16484      0      0      0
  48     0      0      0      0      0      0  16480      0      0      0
  49     0      0      0      0      0      0  16464      0      0      0
  50     0      0      0      0      0      0  16453      0      0      0
  51     0      0      0      0      0      0  16433      0      0      0
 THE DRAINAGE AREA OUTLET IS DEFINED BY ROW   44 AND COLUMN   83.
 ENTER 0 IF YOU WANT TO CHANGE THESE VALUES;
 ENTER 1 IF YOU WANT TO PROCEED WITH THESE VALUES:
1
 ***** BEGINNING CHANNEL LINK AND NETWORK NODE COMPUTATIONS.
 ***** BEGINNING CATCHMENT COMPUTATIONS.
 ***** BEGINNING TO WRITE UNFORMATTED FILES.
 ***** ENDING PROGRAM DEDNM.
**** STOP: NORMAL PROGRAM TERMINATION.
```

TOPAGNPS(Dednm. exe)执行过程中的第二个窗口,显示正常执行和终止

Dednm. exe 生成输出文件,具有 * . out, * . tab, * . rpt, * . UNF, and * . FIL 后缀,下图显示项目目录中包含一些输出文件。

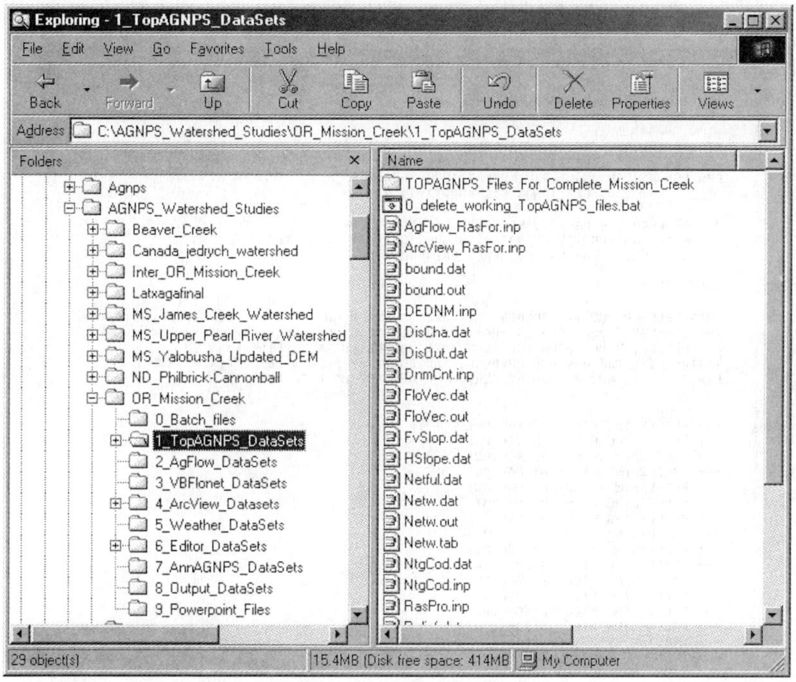

选择 TOPAGNPS Dataset

第十四步:执行“RasPro. exe”

“RasPro. exe”使用“Dednm. exe”的输出文件“ * . out”生成额外的空间地形信息和参数。

使用 Windows 资源管理器,双击“RasPro. exe”,屏幕上显示执行过程信息:

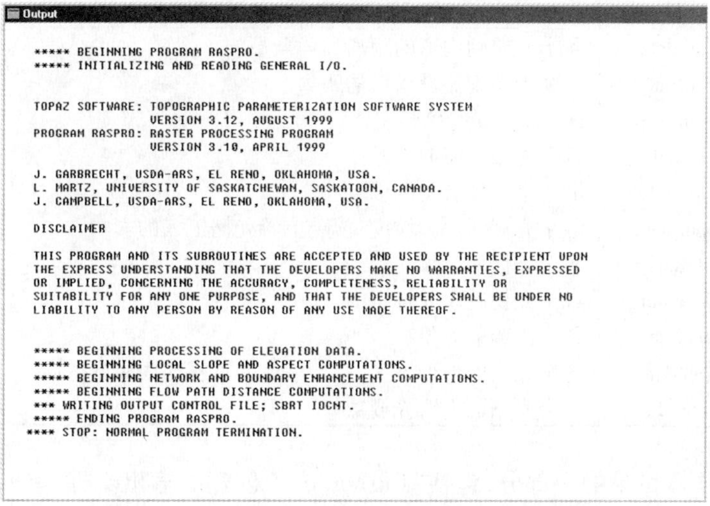

```
Output

***** BEGINNING PROGRAM RASPRO.
***** INITIALIZING AND READING GENERAL I/O.

TOPAZ SOFTWARE: TOPOGRAPHIC PARAMETERIZATION SOFTWARE SYSTEM
                VERSION 3.12, AUGUST 1999
PROGRAM RASPRO: RASTER PROCESSING PROGRAM
                VERSION 3.10, APRIL 1999

J. GARBRECHT, USDA-ARS, EL RENO, OKLAHOMA, USA.
L. MARTZ, UNIVERSITY OF SASKATCHEWAN, SASKATOON, CANADA.
J. CAMPBELL, USDA-ARS, EL RENO, OKLAHOMA, USA.

DISCLAIMER

THIS PROGRAM AND ITS SUBROUTINES ARE ACCEPTED AND USED BY THE RECIPIENT UPON
THE EXPRESS UNDERSTANDING THAT THE DEVELOPERS MAKE NO WARRANTIES, EXPRESSED
OR IMPLIED, CONCERNING THE ACCURACY, COMPLETENESS, RELIABILITY OR
SUITABILITY FOR ANY ONE PURPOSE, AND THAT THE DEVELOPERS SHALL BE UNDER NO
LIABILITY TO ANY PERSON BY REASON OF ANY USE MADE THEREOF.

***** BEGINNING PROCESSING OF ELEVATION DATA.
***** BEGINNING LOCAL SLOPE AND ASPECT COMPUTATIONS.
***** BEGINNING NETWORK AND BOUNDARY ENHANCEMENT COMPUTATIONS.
***** BEGINNING FLOW PATH DISTANCE COMPUTATIONS.
*** WRITING OUTPUT CONTROL FILE; SBRT IOCNT.
***** ENDING PROGRAM RASPRO.
**** STOP: NORMAL PROGRAM TERMINATION.
```

ToPAGNPS **执行过程中第三个窗口正常执行或终止**

第十五步:执行“RasFor. exe”,创建“AgFlow”所需文件

“RasFor. exe”是一个将来自“Dednm. exe”的“ *. out”输出文件重定格式的实用工具。

使用 Windows 资源管理器,双击“RasFor. exe”,屏幕上显示执行过程信息:

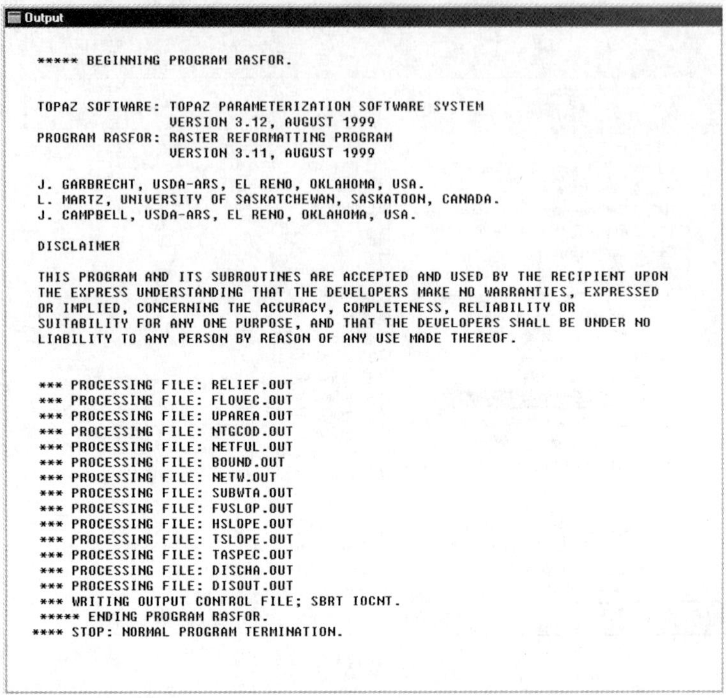

ToPAGNPS 执行过程中第四个窗口创建 AgFlow 文件

“RasFor. exe”与用于“AgFlow”和“VbFloNet”的文件的控制文件一起输出“ *. dat”文件,初次执行 RasFor. exe(第四窗口)的输出文件如表 2。

表 2　TopAGNPS 输出文件,该输出文件为 AgFlow 必需的输入文件

	文件	说明
1	Discha. dat	各个光栅到沟道的距离
2	DisOut. dat	各个光栅到流域出口的距离
3	DnmCnt. inp	Dednm. inp 的控制文件
4	Flovec. dat	各个光栅的流向矢量
5	FvSlop. dat	沿各个光栅流向的坡度
6	HSlope. dat	各个光栅的水力坡度,值受上游光栅汇入的影响
7	Relief. dat	各个光栅的计算高程
8	SubWta. dat	各个光栅的单元标识
9	TAspec. dat	各个光栅的方位
10	TSlope. dat	各个光栅的地形坡度,这些坡度并不在流向矢量方向
11	UpArea. dat	各个光栅的上游光栅数

下图显示项目目录的一部分,包括“RasFor. exe”创建的输出文件。

第十六步:执行“RasFor. exe”,创建能够用于“ArcView”的文件

“RasFor. exe”是一个将来自“Dednm. exe”的“ *. out”输出文件重定格式的实用工具。

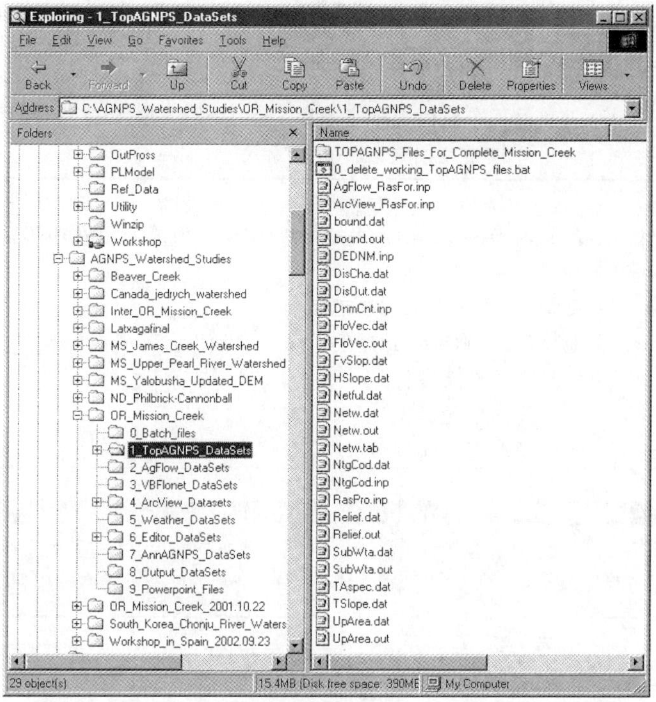

项目目录显示

使用 Windows 资源管理器,双击"RasFor. exe",但使用修改过的控制文件(RasFor. inp),修改过的控制文件为下图中创建的文件选择正确的输出格式。查阅 TOPAGNPS 的文献了解更多信息。

屏幕上显示执行过程的信息,下图显示"RasFor. exe"正常终止。

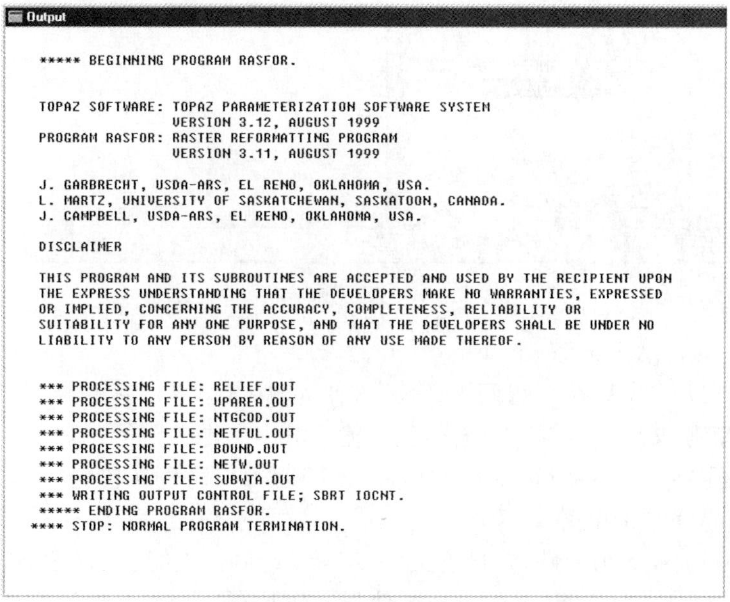

显示 RasFor. exe 正常终止

“RasFor. exe”与能为“ArcView”使用的文件的控制文件一起输出“＊. arc”文件，第二次执行 RasFor. exe(第五个窗口)的输出文件如表 3。

表 3　RasFor. exe 第二次执行过程中来自 TopAGNPS 的输出文件，显示文件被重定格式以便直接输入 ArcView

	文件	说明
1	Bound. arc	光栅编码，指示光栅在流域边界内(1)或流域边界外(0)
2	Netful. arc	
3	Netw. arc	编码，为河网指示沟道光栅
4	Ntgcod. arc	地貌分区，确定各光栅的 CSA 和 MSCL 值
5	elief. arc	各光栅的计算高程
6	ubwta. arc	各光栅的单元标识
7	parea. arc	各光栅的上游光栅数

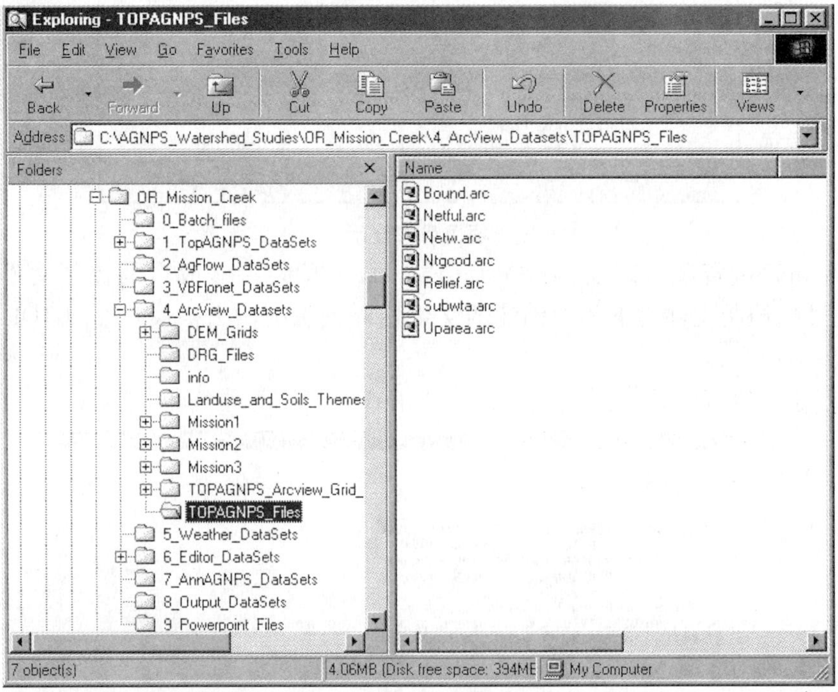

C:\AGNPS 流域分析

第十七步：执行 AgFlow. exe

AgFlow 需要从 TopAGNPS 得到 11 个文件作为输入(表 4)，它的控制文件是 AgFlow. inp (见表 1)，控制文件的第五、六、七行包含输入输出文件的路径；但当 AgFlow. exe 执行时，用户必须提供到 AgFCnt. inp 文件的路径，该问题可以通过在包含 AgFCnt. inp 的同一目录执行 AgFlow. exe 加以解决。

AgFlow. exe 生成 5 个文件：①日志文件，记录 AgFlow 的执行过程；②两个单元和沟道参数文件，输入到 AnnAGNPS. inp；③分区信息总览文件；④输入到 VbFloNet 的文件(见表 5)。

表 4　TopAGNPS 的输出文件,为 AgFlow 必需的输入文件

	文件	说明
1	Discha. dat	各光栅到沟道的距离
2	DisOut. dat	各光栅到流域出口的距离
3	DnmCnt. inp	Dednm. inp 的控制文件
4	Flovec. dat	各光栅的流向矢量
5	FvSlop. dat	沿各光栅矢量方向的坡度
6	HSlope. dat	各光栅的水力坡度,值受上游光栅汇入的影响
7	Relief. dat	各光栅的计算高程
8	SubWta. dat	各光栅的单元标识
9	TAspec. dat	各光栅的方位
10	TSlope. da t	各光栅的地形坡度,这些坡度并不在流向矢量方向
11	UpArea. dat	各光栅的上游光栅数

表 5　AgFlow 输出文件

	文件	说明
1	AgFlow. log	AgFlow 执行记录
2	AnnAGNPS_Cell. dat	水文地质单元数据,可直接输入 AnnAGNPS. inp
3	AnnAGNPS_Reach. dat	水文地质沟道数据,可直接输入 AnnAGNPS. inp
4	AnnAGNPS_Subarea. rpt	summary of hydrologic data by subarea 按分区的水文地质数据总览
5	FlowGraf. rpt	VbFloNet 的输入文件,含 DEM 的北(行)界和西(列)界

使用 Windows 资源管理器,双击 AgFlow. exe。

建议所有与 AgFlow 有关的文件存在一个单独的目录,不与 AgFlow 混存。下图显示 AgFlow. exe 正常终止。文件 AgFlow. log 包含 AgFlow. exe 执行过程中屏幕打印的完整记录,建议用户仔细检查该文件,因为文件可能含有警告或发生致命错误的信息,它们可能因不适当输入而发生。

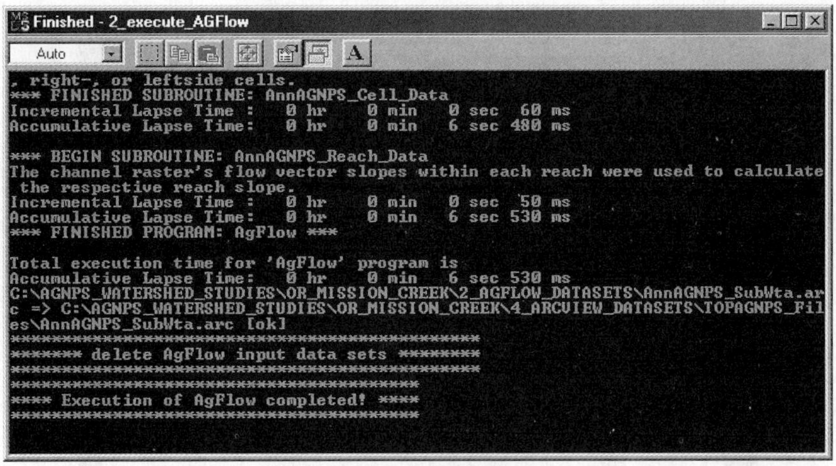

AgFlow. exe 正常终止

第十八步:执行 VbFloNet. exe

VbFloNet 是最早开发的软件,因为当时还没有 GIS 直观地查看 TopAGNPS 的输出结果,也不能选择地貌分区精确区别 CSA 和 MSCL 的值,而 CSA 和 MSCL 的值允许用户控

制单元格的尺寸。其后,随着 AnnAGNPS/ArcView 界面的开发,唯一仍待处理的是选择地貌分区,创建 NtgCod. inp 文件。

根据安装程序说明,VbFloNet 可执行程序位于 C:\AGNPS\Dataprep\Flownet\VbFloNet\Execute。

VbFloNet 要求几个文件以使其达到最佳使用,目前它需要 DnmCnt. inp, NetW. tab, NetW. out, Bound. out, FloVec. out, Relief. out, SubWta. out,以及来自 TopAGNPS 的 UpArea. out,也需要来自 RasFor 的 *. dat 文件打印 VbFloNet 信息,文件 FlowGraf. rpt, AnnAGNPS_CELL. dat 和来自 AgFlow 的 AnnAGNPS_REACH. dat 文件也需要。所有这些文件需要放在同一个文件夹。例如本例中的项目目录 OR_Mission_Creek。

VbFloNet. exe 允许用户以位图格式(. bmp)保存所绘图像。任何图像处理软件应该能读 bmp 图像,用户也可以保存部分图像进一步分析。关于图像保存,本文件后面还将讨论。

用 Windows 资源管理器,双击 VbFloNet. exe。

程序显示免责声明屏幕(见下图),点击 Continue 按钮开始欢迎屏幕。

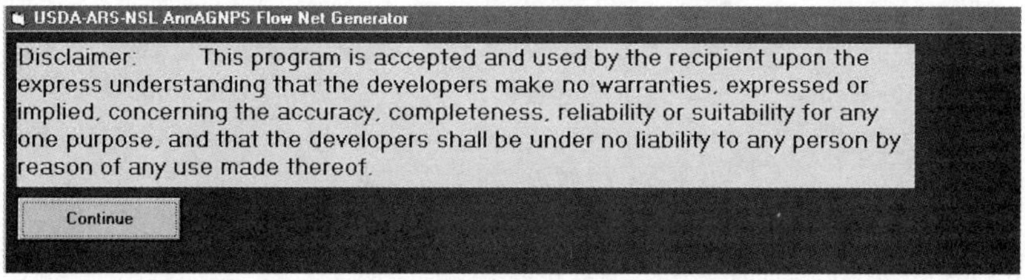

欢迎屏幕给出主办者和程序版本号,为了继续,需要包含文件 AgFCnt. inp 和 TopAGNPS 与 AgFlow 的输出文件的文件夹的路径,点击“搜索”按钮查找到文件目录的路径,或手工输入路径,然后点击“继续”。

主屏幕(称做工作屏幕)出现,如下所示:

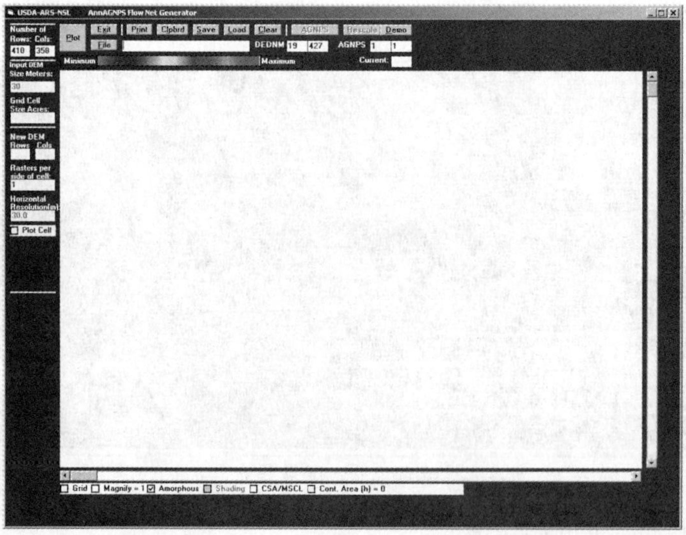

工作屏幕

工作屏幕有 4 个主要部分:

(1)当前 DEM 信息。

(2)按钮,可点击以执行某项操作,位于屏幕上部。

(3)复选框,为各种选项,位于屏幕底部。

(4)绘图区,显示图像。

下面是 4 个部分细目的详细介绍。

1. 当前 DEM 信息

介绍见下面窗口。

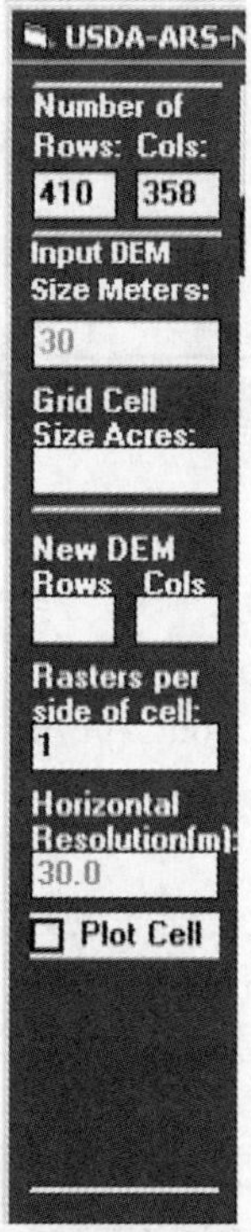

1）当前**DEM**信息

表示输入DEM大小的行列数显示在信息块的上部。

a. DEM尺寸（米）：该框显示DEM的水平精度，此时暂不使用。

b. 网格单元尺寸（英亩）：该框以英亩显示一个方单元的面积，此时暂不使用。虽然该框不使用，但它的值随着单元边光栅数的变化而改变。

c. 新DEM的行列数：该框暂不使用。

d. 单元边光栅数：指AGNPS方单元单边的光栅数，例如，值为5指一个方单元的光栅数是5X5。对于不定形单元，该值确定为1。单元边光栅数来自文件AgFCnt.inp，如果手工改变该值，与文件AgFCnt.inp中的值不一致，将会出现一个对话框如下图。

e. 水平精度（m）：指数据的单光栅宽度。

f. 绘图单元复选框：仅用于AGNPS模式，允许用户选择AGNPS方单元，并在屏幕上显示组成AGNPS方单元的光栅。

2. 屏幕上部的可点击按钮

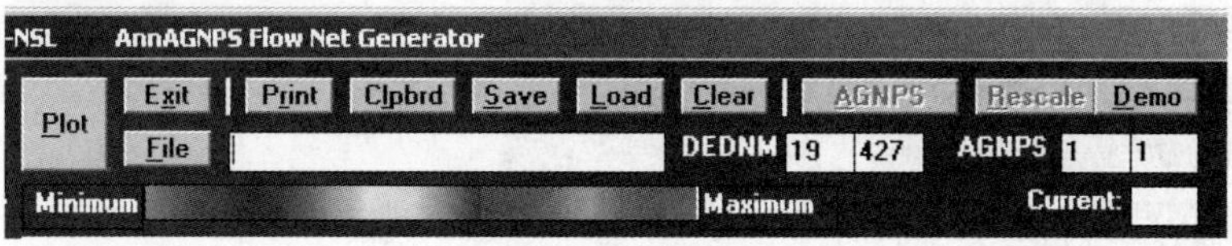

a. File(文件):允许用户选择要绘图的文件,点击 File 按钮,显示文件对话框如下,双击文件名文本框也显示文件对话框。

文件对话框显示当前工作目录为 C:\AGNPS_2001 \project_goodwin_creek。

如果以前已创建了项目,则可以改变工作目录。初次定位到想要成为工作目录的目录,点击复选框“改变工作目录”(Change Working Directory)。对于本文献,仍以 C:\AGNPS_2001 \project_goodwin_creek 为工作目录。

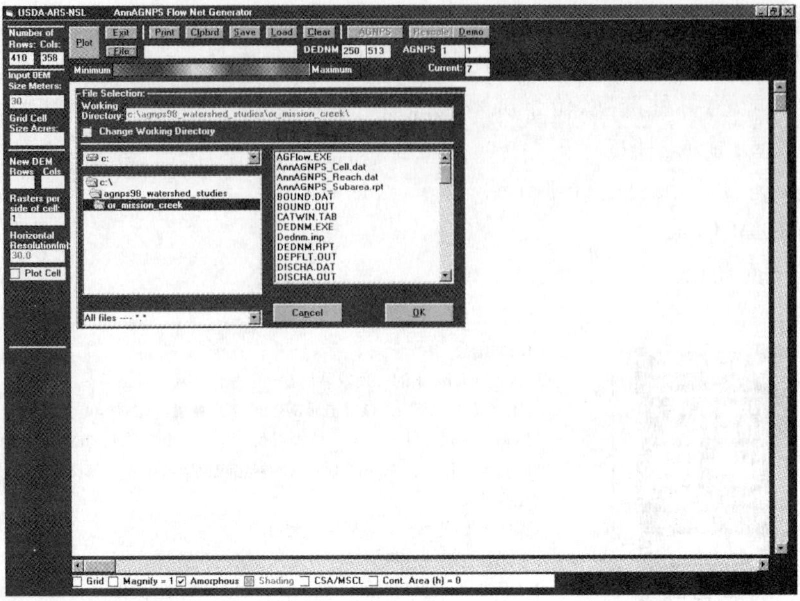

移动文件名窗口的滑动条找到文件 Relief. dat;

点击文件名选取该文件;

点击 OK 按钮继续。

文件对话框消失,文件名 Relief. dat 将显示在文件名文本框。

b. Plot(绘图):Plot 按钮用来将数据图像绘到屏幕上,具有. out 和. dat 后缀的文件(分别为 Dednm. exe 和 RasFor. exe 的输出文件)能够绘出,具有. inp 后缀的输入 DEM 数据也可以绘出。

点击 Plot 按钮绘出前一步选择的文件 Relief. dat,在数据读入程序的过程中,按钮上的文本将变成“Quit Read”(中止读入),用户点击 Quit Read 按钮能够中止数据读入过程。数据读入过程结束后,按钮上的文本将再变成“Quit Plot”(中止绘图),用户点击 Quit Plot 按钮能够中止绘图过程。

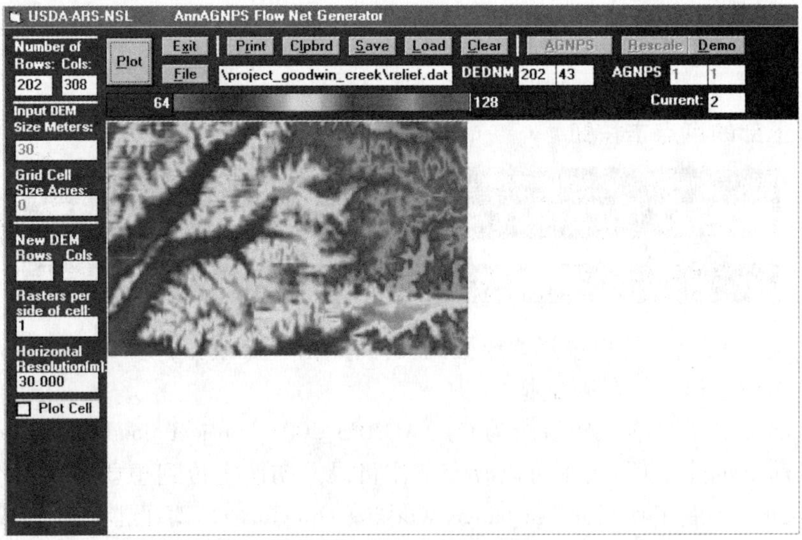

c. Print(打印)：Print 按钮允许用户将屏幕内容打印到打印机，打印机对话框显示标准的 Windows 打印机选项：

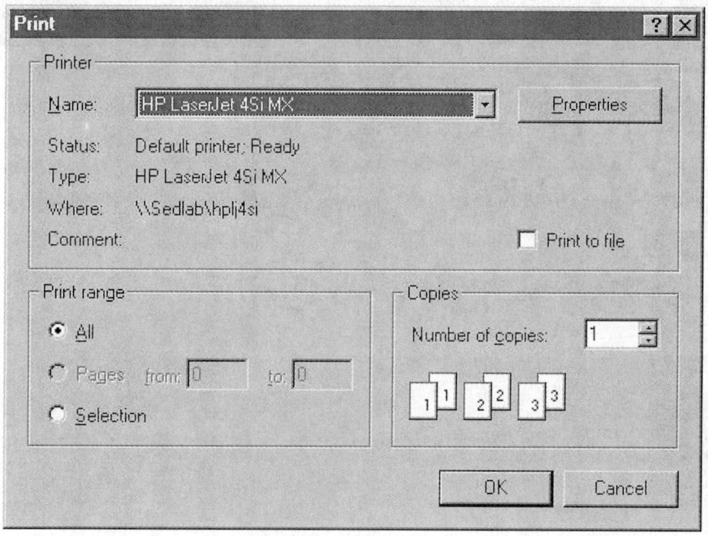

d. ClpBrd(剪切板)：VbFloNet. exe 此时不允许用户添加注解。但是，用户可以用其他办法注解图像，即复制图像到剪切板，再粘贴到图像处理软件如 Windows Paint(画笔)。点击 ClpBrd 按钮复制图像到剪切板，然后打开图像处理软件包，从菜单点击编辑，点击粘贴将图像粘贴到屏幕。

e. Save(保存)：Save 按钮允许用户以位图格式保存当前图像(. bmp)到计算机磁盘。当点击 Save 按钮时，文件名框中的文件名改成后缀为. bmp 的位图文件，并且检查磁盘上该文件是否存在，如果不存在，系统就保存文件；如果已经存在，系统将显示信息询问是否覆盖已有的文件。

点击 Save 保存文件 Relief. dat，文件名自动改成 Relief. bmp。

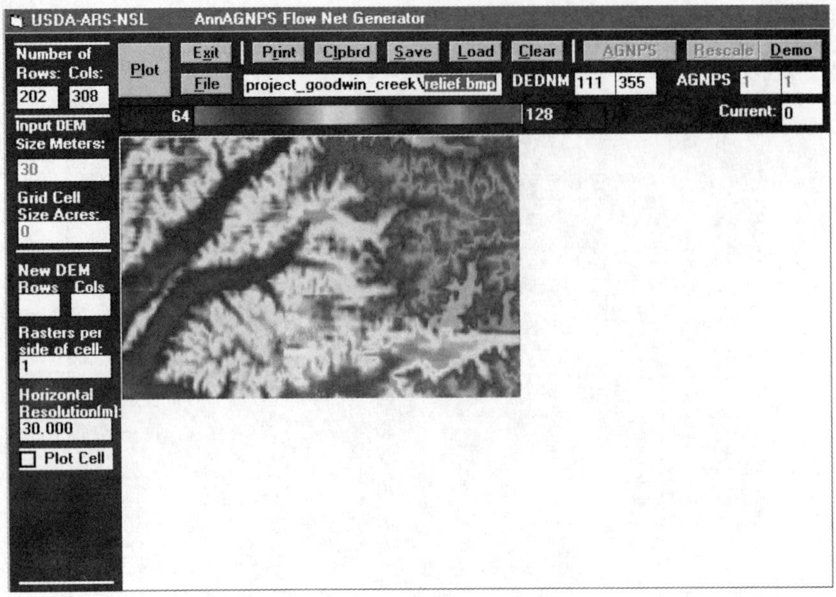

再次点击 Save,出现信息框,提示将覆盖文件,点击 No 取消操作。

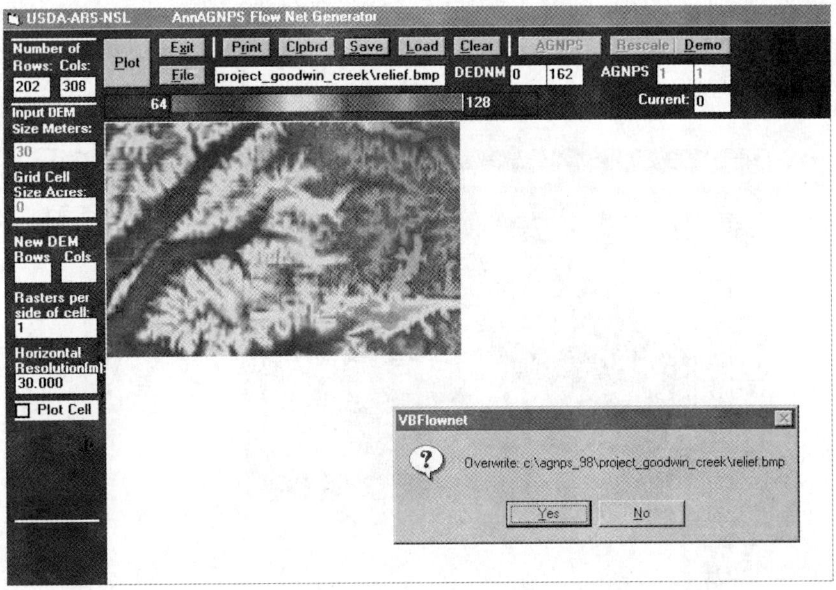

f. Clear(清除):Clear 按钮将擦去屏幕上的图像。点击 Clear 擦去屏幕图像。

g. Load(加载):Load 按钮用来装入位图格式图像,Load 按钮不仅用于 VbFloNet 中保存的图像,也适用于任何标准位图图像。例如,以位图保存的扫描航空像片能够装入 VbFloNet. exe,如下图。对于本文献,我们将重新载入上一步保存的 Relief. bmp。

文件名框中的文件名应该是 Relief. bmp,图像显示窗口在上一步点击 Clear 按钮后应是空白。点击 Load 重新载入 Relief. bmp 文件。

h. AGNPS:AGNPS 按钮只有在方格网运行时才处于激活状态,在 AgFCnt. inp 已有说明;对于不定形网格,该按钮处于非激活状态。

i. Rescale(重定比例):当前不用。

j. Demo(演示):Demo 按钮允许用户在屏幕上显示任意个保存的位图图像文件作为演示。用户必须建立一个文本文件(Demo. inp);文件中的信息描述如下文,然后复制或保存图像文件和 Demo. inp 到一个专门的目录(Demo. inp 和图像文件必须位于同一目录)。一旦这些步骤完成,用户就可以在 VbFloNet. exe 中点击 Demo 按钮,一个对话框将询问包含 Demo. inp 和图像的路径,如下图:

Demo. inp 文件包含下列行:

第 1 行:图像文件个数。

第 2 行:演示循环次数。

第 3 行:载入下一个图像前的秒数。

第 4 行:文件名列表,按显示顺序排列。

Demo. inp 文件实例:

4

2

10

DEM. bmp

Relief. bmp

SubWta. bmp

Aeriel. bmp

k. Dednm coordinates(坐标)：Dednm 坐标随鼠标光标在显示图像上移动而变化，显示的坐标是指整套数据中行和列位置。例如，为了确定 Relief. dat 图像(在前面曾绘出)中流域出口点的位置，移动光标到图像上的出口点，行和列即显示在 Dednm 坐标框中。

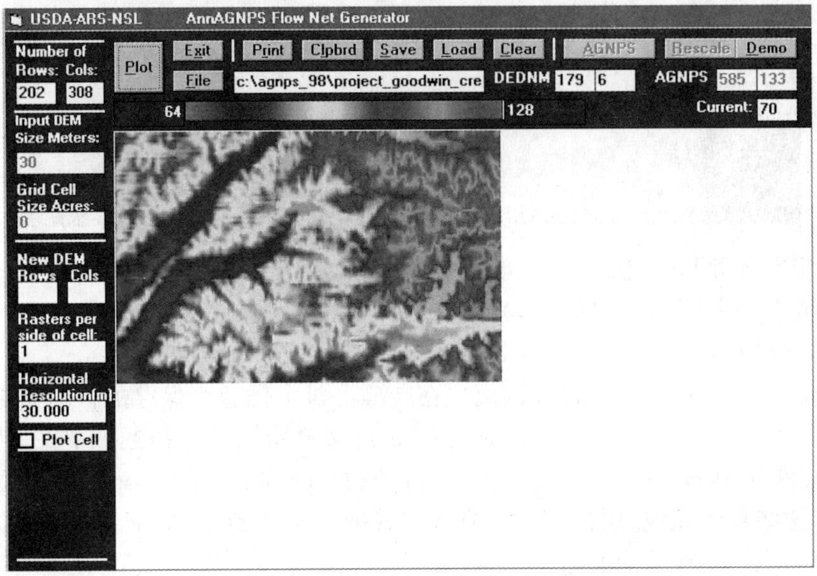

l. AGNPS coordinates(坐标)：该坐标只对 AGNPS 模式处于激活状态，它是 AGNPS 方单元格的坐标，不同于 Dednm 坐标。在 Dednm 坐标中，AGNPS 方单元格的尺寸在变化，单元格内的光栅数也在变。例如，AGNPS 方单元格尺寸可能是 5×5，表明它包含 25 个光栅。

m. Color bar(色条)：色条是颜色的光谱，给出所绘数据的颜色范围，数据中的最小值用色条左边的颜色绘出，最大值用右边的颜色绘出。色条还有另一功能性，即可以在其上点击，为其他程序特征选择颜色，这项功能在后面讨论。

n. Current value(当前值)：当前值框表示在最后所绘数据内光标所在位置的数值。本文献使用的 Relief. dat 数据文件中流域出口的当前值是 70(见上图)。请注意，色条左边的最小数据值是 64，而流域出口是 70。其原因是，色条中显示的最小值是整个图像的最小值，并不正好是流域内的最小值，而 70 是流域内的最小值。

o. Exit：Exit(退出)：Exit 按钮中止 VbFloNet. exe 的当前对话。

3. **复选框**

a. Grid(网格)：网格复选框允许用户在图像上绘出网格，网格系统可以绘在任何图像上，它是为应用于 AGNPS 模式而设计。程序使用屏幕左边"Rasters per side of cell:"(单元格边光栅数)框中的值确定网格的间距，对于 AGNPS 单元格，该值通常大于 1。网格系统将描绘 AGNPS 方单元格,本项特征将在后面示范。

b. Magnify(放大):放大按钮允许用户为绘图确定一个放大率。一个对话框将要求用户输入放大率,根据要绘的行列数,对话框有一个建议值,建议值将使绘出的图像尽可能大,但屏幕以外的图像不超过整个图像的 25%。放大操作:点击 Magnify 左边的方框,出现对话框如下:

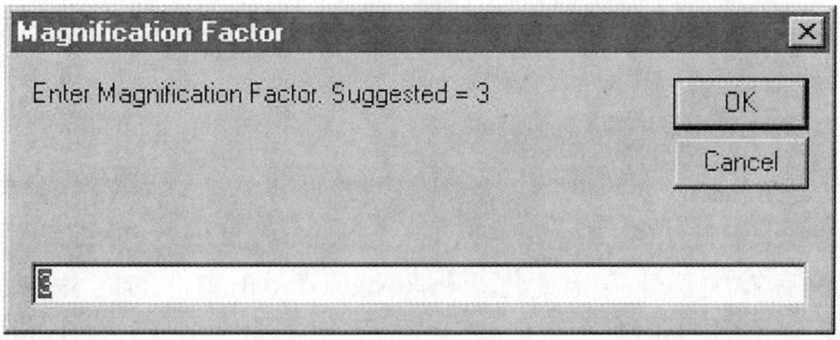

对于本文献,将建议值 3 改成 2,点击 OK,点 Plot 以新的放大率绘出 Relief. dat,下图是以放大率 2(示意)所绘的 Relief. dat。

c. Amorphous(不定形):当读入文件 AgFCnt. inp,该框将自动选取或不选取,若 AgFCnt. inp 表明运行是不定形的,则该框标记为选取;若运行是方单元即 AGNPS 模式,则该框保留未选取。一定要小心,对于不定形运行,如果用户撤消了选取,当点击图像时将发生出错信息,下图是出错信息之一。屏幕点击可选项在第四部分“绘图区显示图像”中详细讨论。

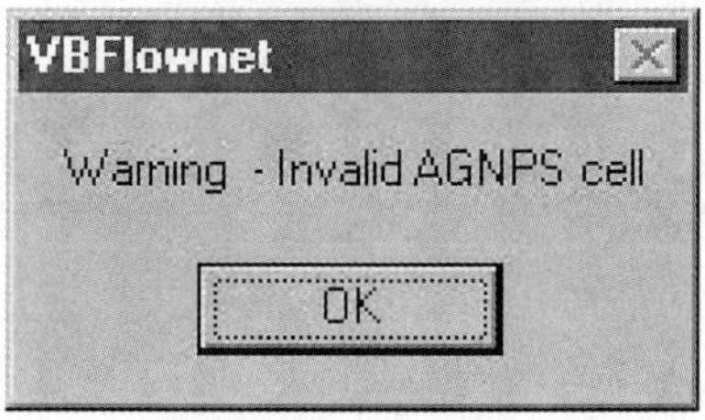

d. Shading(阴影):阴影复选框与某些特征一起使用,这些特征将在第四部分绘图区显示图像中详细讨论。这里作一简单介绍,阴影是指当用鼠标左键点击图像时,被点击的区域图像变暗或加阴影;阴影的颜色是色条的函数,默认色是黑色。默认情况下阴影复选框处于非激活状态。

e. CSA/MSCL:CSA/MSCL 按钮允许用户进一步将一个子流域划分成更小的子流域。查阅技术报告了解 CSA/MSCL 值的信息。当用户选了该框改变 CSA/MSCL 信息时将出现对话框。

用户可以输入值 1 ~5,该值是成对出现的 CSA 和 MSCL 的值的数目,CSA 和 MSCL 值以前已建立,为 DnmCnt. inp 文件的一部分,DnmCnt. inp 文件的内容在技术报告中有描述。一旦输入了值,点击了 OK,用户就可以在想要改变的子区域上点击。请注意,除了颜色变深外流域没有发生其他视觉变化,只是 NtgCod. dat 文件的内容被改变。这种改变被执行以后,文件 NtgCod. dat 被自动复制,命名为 NtgCod. inp,程序 Dednm. exe 就按输入值使几对 CSA 和 MSCL 值生效。程序 Dednm. exe, RasFor. exe 和 AgFlow. exe 必须重新运行,重新产生所有的支流域信息,然后 SubWta. dat 绘在屏幕,此时 SubWta. dat 应该显示出不同的支流域数量。SubWta. dat 包含支流域信息。执行下列步骤尝试本实例:

点击 Clear 按钮,清除 Relief. dat 的屏幕图像;

点击 File 按钮,选取文件 SubWta. dat;

点击 OK,再点击 PLOT。

下面的图像应出现在屏幕上。

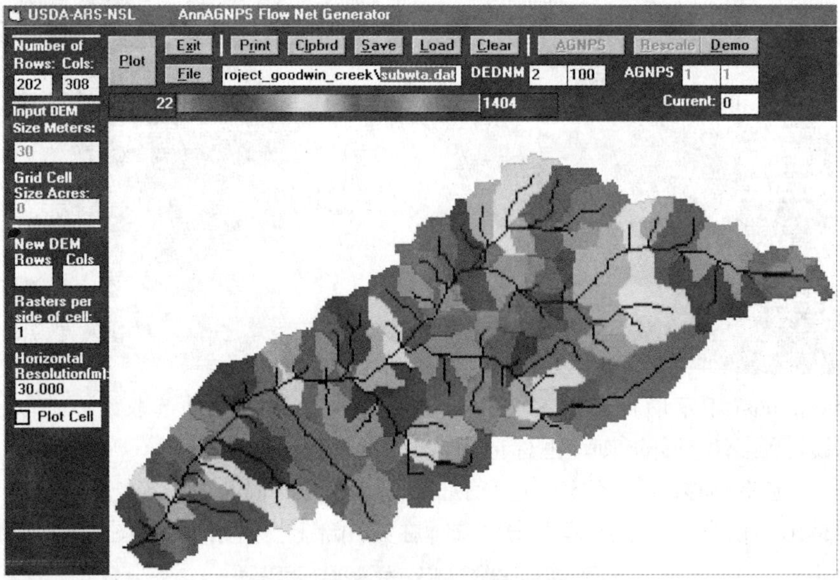

文件 NtgCod. dat 此时只含有值"1",告诉 Dednm. exe 使用 DnmCnt. inp 文件中的第一对 CSA/MSCL 值,记下色条两端的最小值和最大值,这里所显示的值是 22 和 1404。有关 SubWta. dat 中 CSA/MSCL 值的描述可参阅技术报告。

现在,点击 CSA/MSCL 复选框,出现对话框:

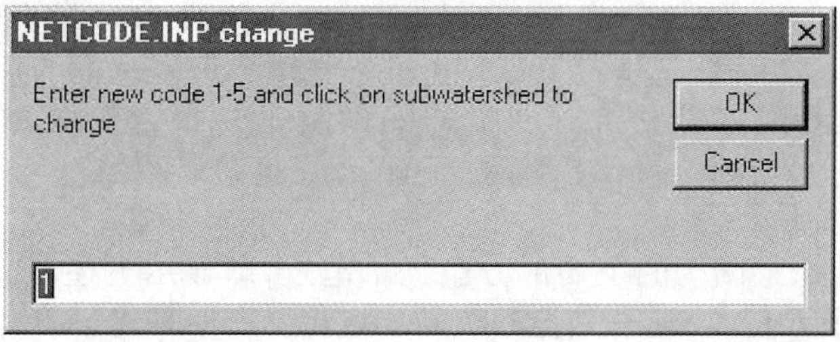

输入“2”,点击 OK 继续。

移动光标到支流域 1082,如下图,点击鼠标左键。

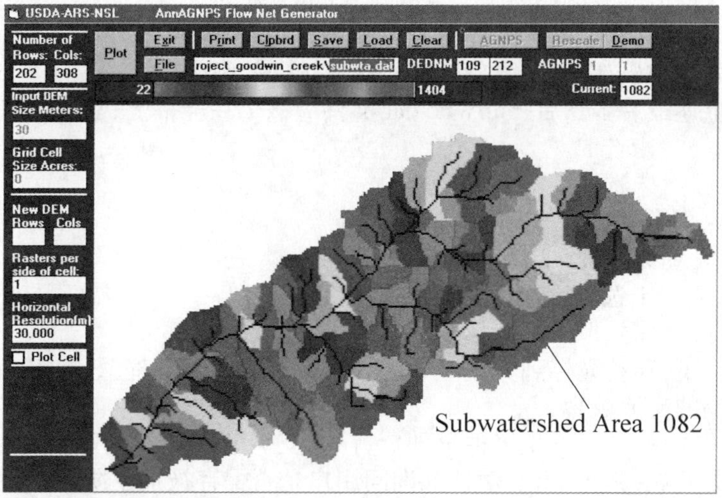

文件 NtgCod. dat 现在应该包含值 2,该值应用于落入支流域 1082 的每个光栅。NtgCod. dat 被自动复制到 NtgCod. inp。

最小化 VbFloNet. exe,根据本文件前面曾给出的使用说明,重新执行 Dednm. exe, RasFor. exe 和 AgFlow. exe。

最大化 VbFloNet. exe,并点击 Plot 按钮重绘 SubWta. dat 文件,支流域 1082 现在应显示成几个更小的支流域,见下图。

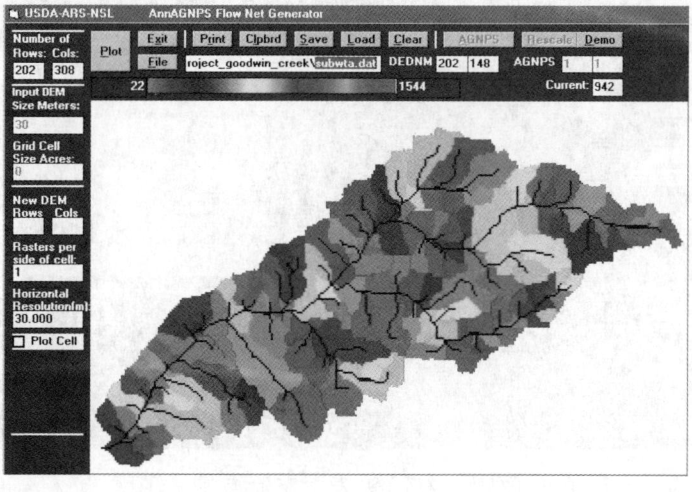

CSA/MSCL 参数的改变导致最大值改变,新的最大值从 1404 增大到 1544。

f. Local Area(本地):默认情况下该复选框未选取。该复选框的标签在改变,指示光标点击了流域的某区域。如果选取了该复选框,阴影复选框就变成激活状态。有关该复选框使用以及与其他复选框一起使用将在下面“绘图区显示图像”中详细介绍。

4. 绘图区显示图像

到绘图这一点上,绘图区的主要部分已经示范过,即显示上述步骤中文件 Relief. dat 和 SubWta. dat 的图像,但是,还有其他几项需要讨论。有两种途径,用户可以与绘图区交互,从而获得绘图数据的更多信息。

a. 用户可以通过在图像上移动鼠标光标与绘图区交互作用。当鼠标光标移动时,当前所绘图像的数据值就显示在屏幕上方的“Current:”框内。

b. 用户也可以用鼠标左键在所绘图像内点击一个光栅与绘图区交互作用。点击图像能够产生不同的结果,取决于屏幕底部所选复选框的组合。

在执行了上述最后步骤后,SubWta. dat 文件应该仍在屏幕上,复选框状态应该如下:

Grid:	未选取
Magnify:	未选取 - Magnify = 2
Amorphous:	选取
Shading:	未选取,非活动状态
CSA/MSCL:	未选取
Local Area:	未选取

在这种组合下,移动光标到支流域 561(提示:当移动光标时查看“Current:”框,支流域 561 是最北端的支流域)。

在支流域内左键点击,发生多种事件。首先,支流域被加了阴影,从沟道的下游末端即支流域出口处开始;其次,出现对话框询问用户是否保存被加了阴影的区域到用户指定的文件,点击 Cancel,随后新的绘图区出现,显示支流域每个光栅的流向,并且出现信息框,显示支流域的信息;最后,local area 复选框被更新,显示支流域的排水面积。见下图。

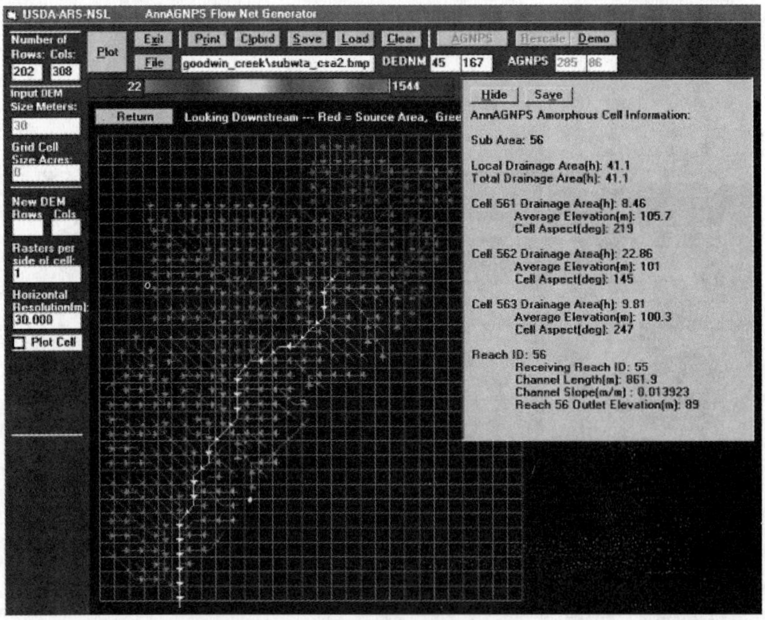

表示流向的箭头进行了颜色编码,红箭头表示支流域的来源区,流入沟道的最上端;绿箭

头表示从右侧流入沟道的区域;蓝箭头表示从左侧流入沟道的区域;黄箭头表示沟床本身。

信息框给出的信息为:沟道、排水面积、平均高程、单元格方位、接纳沟道、沟道长度、沟道坡度,沟道末端即出口点高程。

这些图像可以保存为位图文件,按照屏幕上方 Save 按钮的操作程序进行。信息框有自己的 Save 按钮,但它仍使用屏幕上方的文件名框指定文件名。

点击 Hide 清除信息框;

点击 Return 清除流向图屏幕,返回到支流域图像;

点击屏幕下部的 Local Area 复选框;

在支流域 561 内再次点击,这一次只有信息框出现,随机地在不同的支流域内点击,信息框更新到每个支流域的正确信息;

点击信息框上的 Hide;

选中屏幕底部的 Shading 复选框;

在支流域 561 内再次点击,这一次支流域加了阴影,并且出现一个对话框,询问是否保存支流域。

点击 Cancel,信息框再次出现,在不同的支流域随机点击并重复点击。阴影的颜色是屏幕上方色条的函数,在色条上点击,选择一种颜色,然后在支流域上点击,观察“阴影”的效果。

点击 Hide 清除信息框。

偶然会取消对 Amorphous 复选框的选取,虽然数据本质上是不定形的。用户可能希望确定流域内某个光栅的流入面积,在这种情况下,取消选取 Amorphous 复选框,Local Area 复选框自动重命名为流入面积,点击一个光栅查看其流入面积。流入所选光栅的所有光栅将加了阴影,且出现文件对话框。点击 Cancel,流入面积复选框更新成排水面积。对于本文献,移动光标到 Dednm 坐标 54,222,用鼠标左键点击,本例的流入面积是210.24 hm^2,从下图可以看出,流入坐标点 54,222 的区域加了阴影。

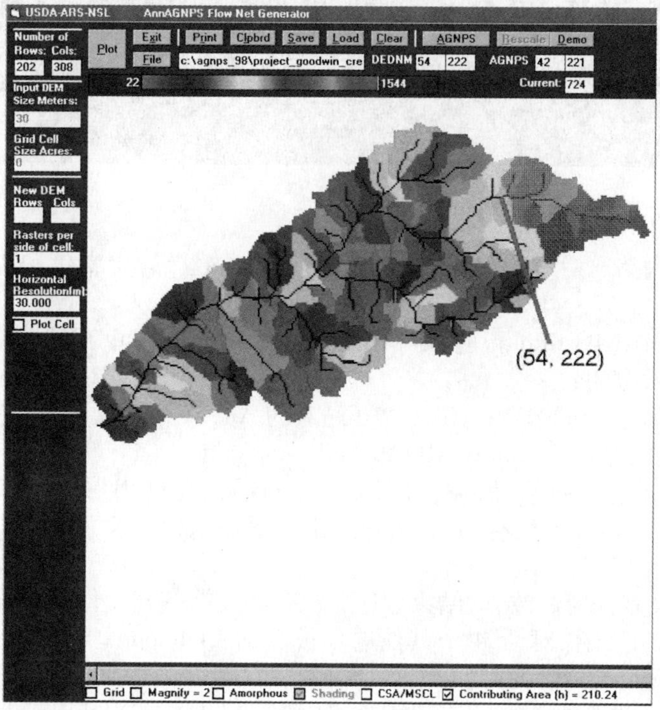

四、AnnAGNPS 输入编辑器

AnnAGNPS 污染物负荷模型的输入数据由许多数据节组成,用户可以通过多种途径建立。AnnAGNPS 输入编辑器一个基于 Windows 用 Visual Basic 编程的程序,允许用户建立完整的数据,或编辑已存在的数据,用于污染物负荷模型。程序是为了用于 AGNPS 模块、AGNPS 到 AnnAGNPS 转换程序以及 AGNPS ArcView 界面而设计的。

输入编辑器和 VbFloNet 只需安装其一,对于 Windows 建议安装输入编辑器。安装输入编辑器的程序与前述的安装 VbFlonet 相似,输入编辑器安装文件位于 C:\AGNPS\DataPrep\Editor\ Execute\Setup\Input_Editor_Install. exe。建议用户下载、打印、阅读 AnnAGNPS 输入规范,熟悉输入数据的要求。

开始屏幕:输入编辑器的开始屏幕与其他 Windows 应用程序相似,屏幕包含菜单栏,允许用户开始使用。用户可以通过使用屏幕右上方适当的按钮最小化、最大化或关闭程序。

(一)打开对话

用户必须点击菜单栏上的“File”菜单开始一个工作对话才能建立或修改数据。有 4 项选择:

(1)New AnnAGNPS file(新建 AnnAGNPS 文件),允许用户开始一个新的对话,创建新的 AnnAGNPS 数据组;

(2)Open Existing AnnAGNPS file(打开已有的 AnnAGNPS 文件),打开一个文件对话框,用户从中选择已存在的 AnnAGNPS 数据组;

(3)ReOpen Last Session(重新打开最后一个对话),允许用户重新打开正在进行中的对话(该选项在一些情况下很有用,如用户退出程序而未保存文件中的改变,或由于掉电中断了对话);

(4)Exit,若没有任何修改,就结束程序, 若有修改就打开文件对话框。

一旦打开了一个工作对话,4 个其他选项被激活:①Import(导入);②Export(导出);③Save(保存);④Save As(另存为)。

Import:提供一些选项:导入流网生成器沟道文件(AnnAGNPS_Reach. dat)和流网生

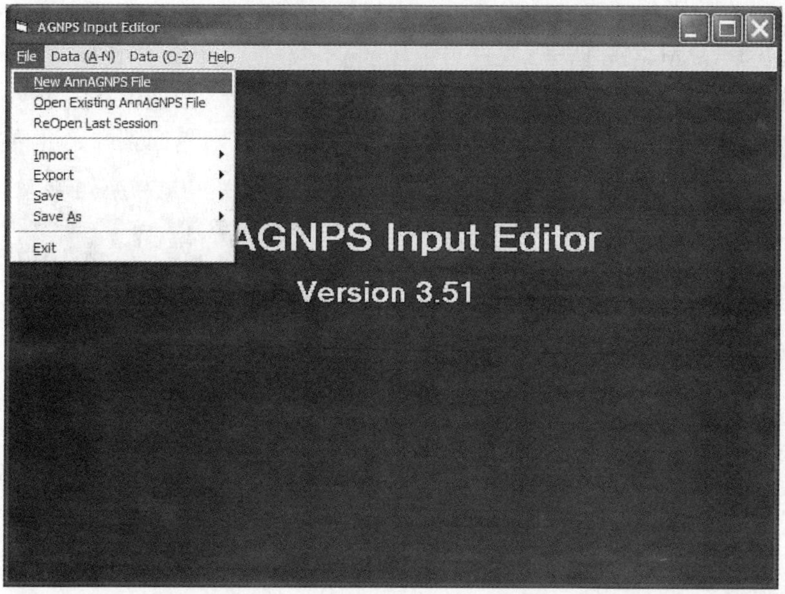

成器单元文件(AnnAGNPS_Cell. dat),这两个文件来自 AnnAGNPS 流网生成器,以及导入每日气候文件,气候文件的格式在 AnnAGNPS 输入规范中有特别要求。AGNPS ArcView 界面创建的单元文件和沟道文件(ann_cell. csv 和 ann_rch. csv)也能够导入。

Export:目前该选项创建一套带格式的文本文件,保存在 C: \ ~ agedit 文件夹,文件具有后缀". tmp",或创建一套具有". dbf"或". csv"后缀的文件;这些文件分别对应于 AnnAGNPS 输入文件中数据节之一。每个 ASCII 文件用作数据库项目的输入。

Save 和 Save As 允许用户保存输入编辑器中的改变到一个 AnnAGNPS 格式文件。

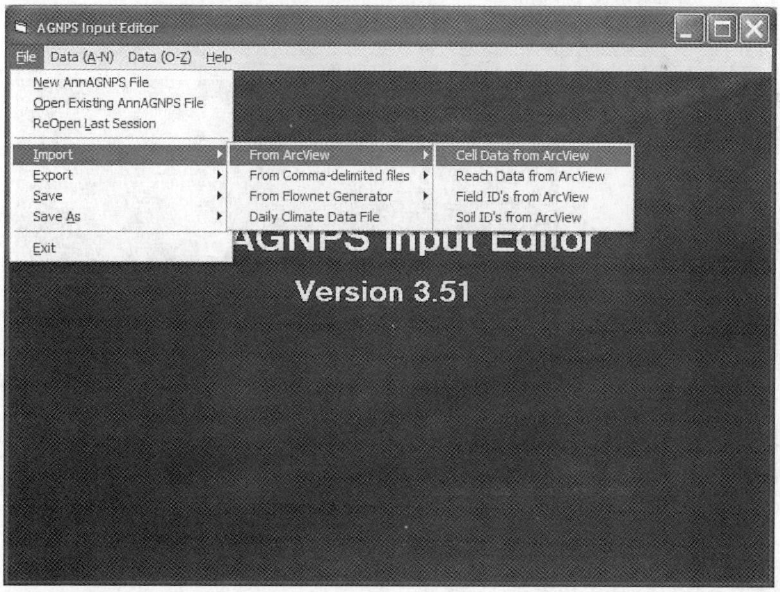

(二)第一个数据节

一旦开始了一个工作对话,程序装载第一个数据节表到屏幕。根据 AnnAGNPS 输入规范,该表实际上包含两个数据节:①AnnAGNPS 标识符;②流域数据。AnnAGNPS 标识符和流域数据为 AnnAGNPS 所要求,这里提供的流域数据在用户工作于整个数据时反映在每一个数据节表上。完成参数域输入,用户必须点击"Accept"按钮保存这些变化到工作对话(不是用户指定的文件),点击"Forget"放弃工作对话的更改,返回到开始屏幕。

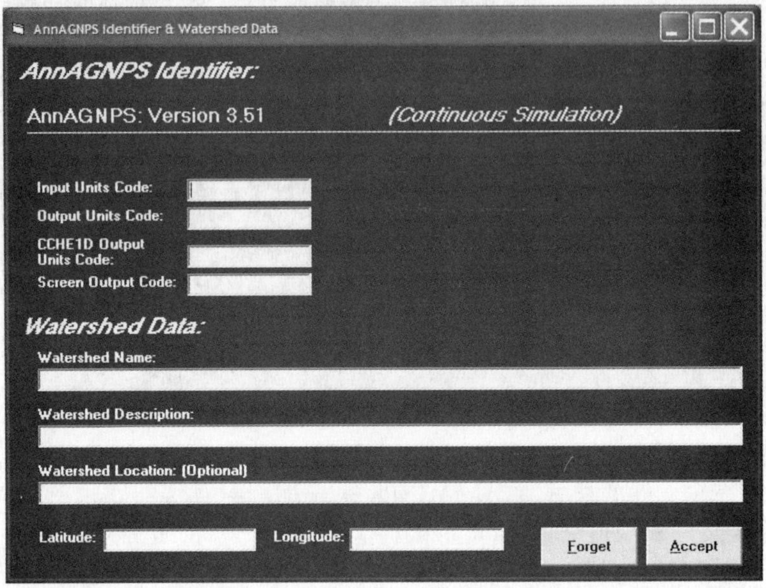

一旦用户点击 AnnAGNPS 标识符和流域数据节表上的"Accept"或"Forget",程序就激活另两个菜单栏项目:①Data (A-N),包含所有 A~N 节名;②Data (O~Z),包含所有 O~Z 节名,用户可以通过菜单栏点击节名选择要工作的数据节。

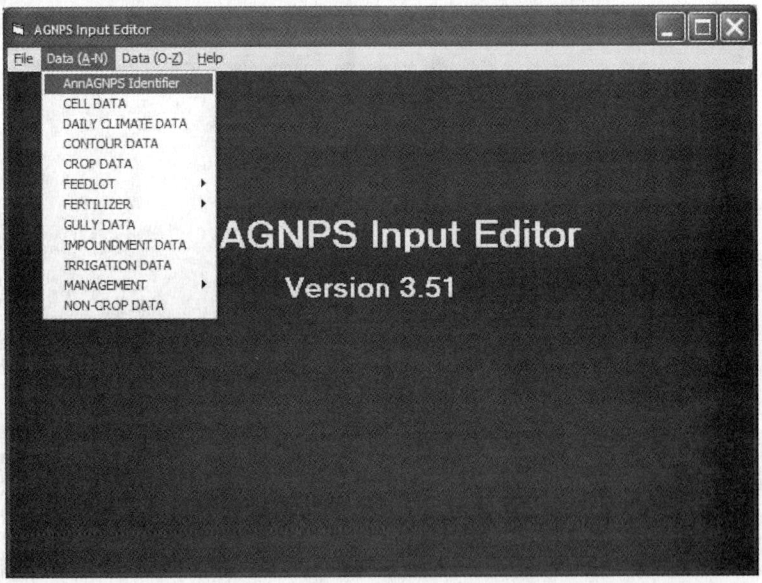

(三)数据节表

所有数据节表非常相似,对于本文献,我们只讨论一个(单元数据)。数据节表中的参数域通常都是用键盘输入,流网生成器的输出数据能够导入单元数据节表和沟道数据节表的选定的参数域。数据节表上也包含按钮,帮助用户插入、删除、重复数据。在大多数数据节表上都有插入按钮,它在当前记录后插入一个新记录;重复按钮允许用户选取一个记录,然后在数据中的其他位置重复该记录一次或多次;删除按钮允许用户删除数据中的一个或多个记录。Delete All 按钮允许用户删除数据中的全部记录。数据节表上还有按钮 Previous 和 Next,它们允许用户在数据中前后移动。数据节表上有每个参数域的说明标签,提示用户参数域需要什么样的信息。黄线用来区别数据域组(一个域组等价于 AnnAGNPS 输入规范中的一个行组)。

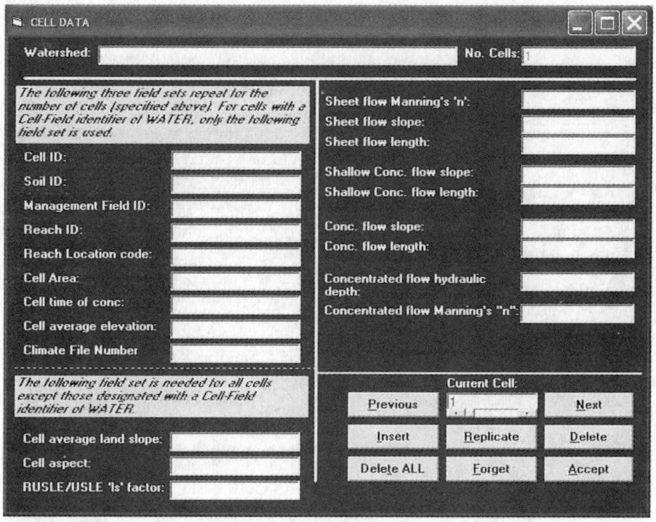

(四)在线帮助

用户用鼠标点击说明标签可以获得在线帮助。例如,点击"Cell Field identifier:",出现一个黄色帮助框,框中包含"Cell Field identifier"的信息,该信息是 AnnAGNPS 输入规范中信息的反映。参数域也将变成黄色,并包含参数域的有效范围。在线帮助是鼠标的切换功能,在说明标签的任何位置点一次将打开在线帮助,再点一次则关闭在线帮助。

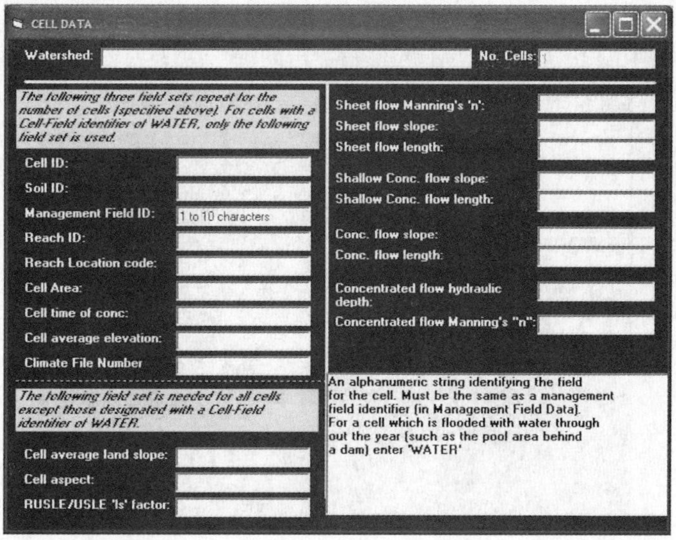

(五)有效性检查

用户可以按制表键从一个参数域到另一个参数域,只要离开一个参数域,程序就对该参数域中的内容进行有效性检查。如果输入值超出有效范围,参数域将变成红色;如果输入值在有效范围内,参数域将变成蓝色,使用户能迅速看到需注意的参数域(注:该程序只检查参数域的有效性,并不检查一个参数域与另一个参数域的关系,也不检查一个数据节到另一个数据节的关系。例如,单元数据节中 Cell – Reach 标识符的在线帮助解释是“该参数域输入的数据必须与沟道数据节中的沟道标识符相同”,这种关系在 AnnAGNPS 模式中检查,不在本程序中检查。)

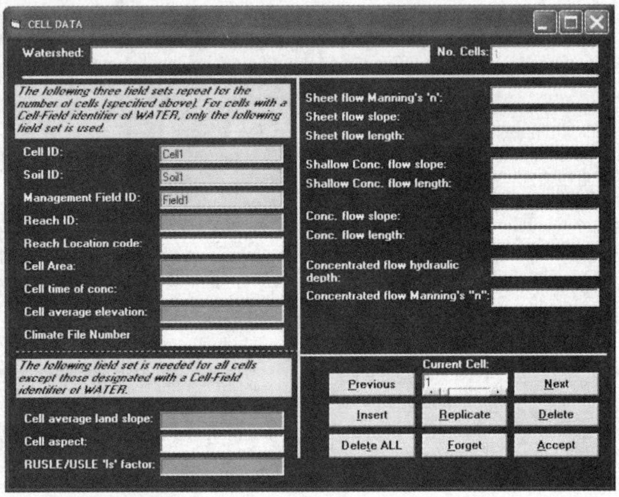

(六)保存工作对话到文件

用户可以点击“Accept”按钮保存对工作对话的更改,这只是将所作更改保存到一个临时位置;当用户准备退出程序,需要将这些更改保存到文件。有两种途径完成保存操作:①点击 File 菜单,再点 Save As,打开文件对话框,用户可以指定保存数据的文件名和位置;②点击 File 菜单,再点 Exit,程序将检查工作对话更改与否,如果有更改,将自动打开文件对话框,如果无更改,将中止程序(注意:点击屏幕右上角的[X]或双点[–]不保存任何更改)。

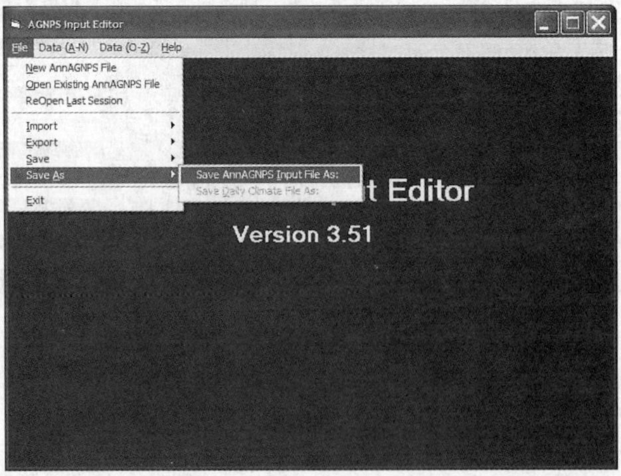

五、AGNPS - to - AnnAGNPS 转换器

该程序将已有的 AGNPS v4.03b/v5.00 输入文件转换成 AnnAGNPS 3 输入文件,转换的 AnnAGNPS 3 文件可以为 AnnAGNPS 3 使用:①用于单事件执行;②AnnAGNPS 输入编辑器进一步修改,进行连续的模拟执行。

(一)安装 AGNPS - to - AnnAGNPS 转换器

安装步骤如下:

打开网络浏览器,在地址栏输入 http://www.ars.usda.gov/Research/docs.htm? docid =5199,按回车键。

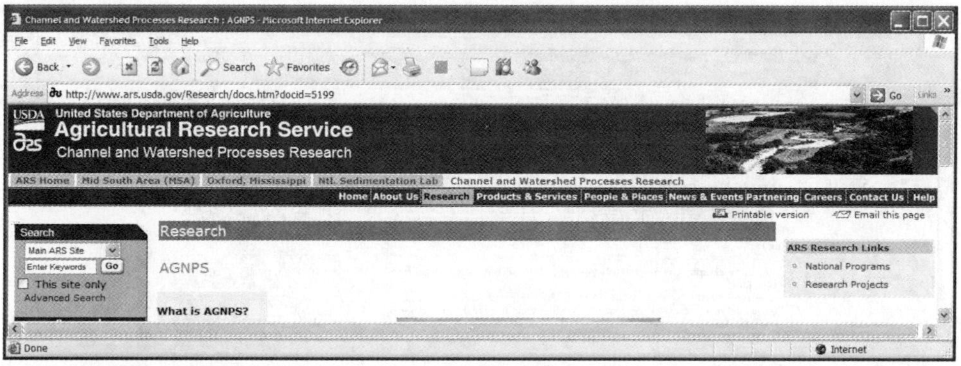

点击"AGNPS Input Data Preparation Model"。

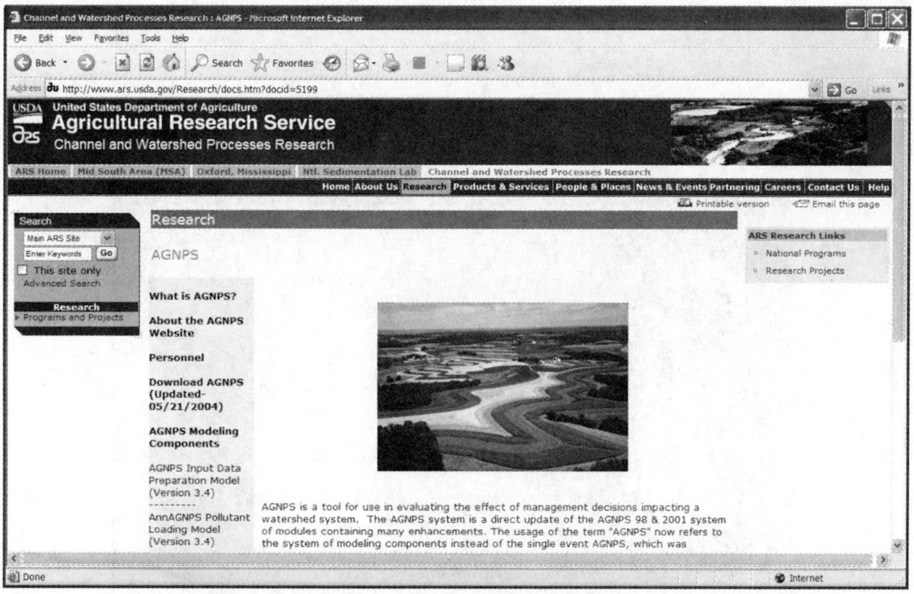

下移滑动条到节 A: AGNPS - to - AnnAGNPS Converter,点击 Download Now 按钮。

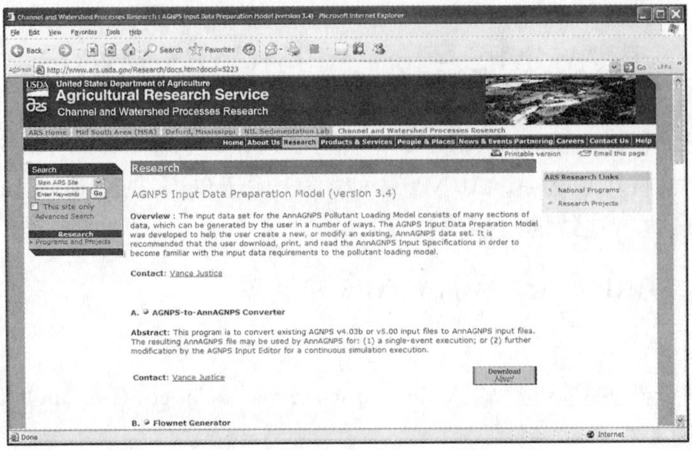

下移滑动条到 AGNPS – to – AnnAGNPS Converter，在 Executable 列，点击绿圆点。

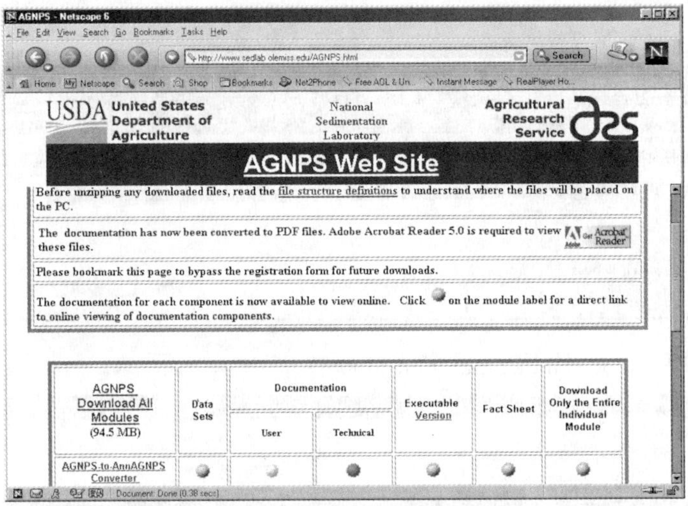

选“Save this program to disk”，点击 OK。

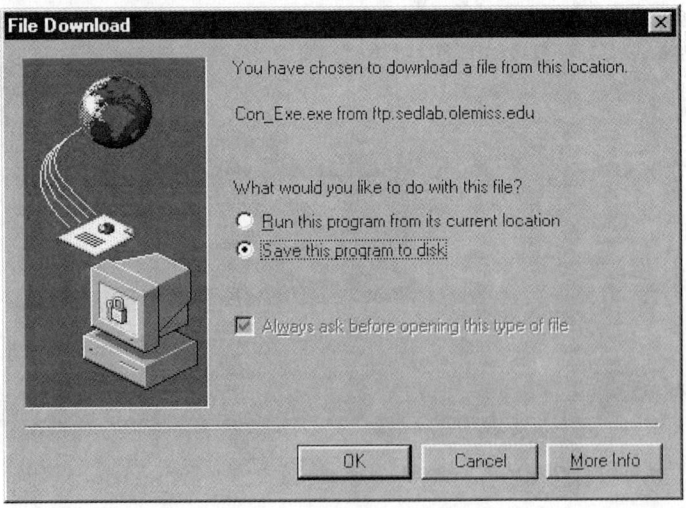

使用下拉窗口选择路径或直接输入路径,点击“保存”,将自解压档案文件“Con_exe.exe”保存在硬盘的临时位置。记下文件位置,第十步需要该路径。

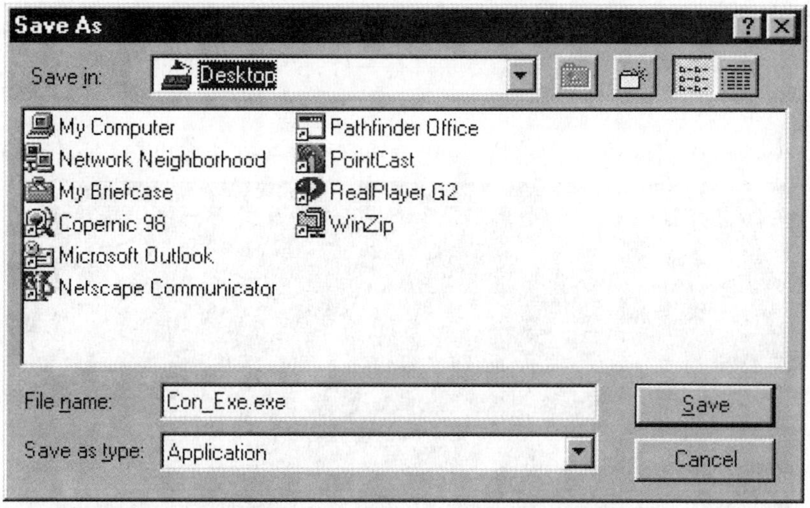

重复上述下载过程,下载数据文件(“Con_Data. exe”)和文献(“Con_Doc. exe”)。

使用 Windows 资源管理器找到下载的文件,双击“Con_exe. exe”,接受默认路径 C:\,点击 Unzip 按钮。

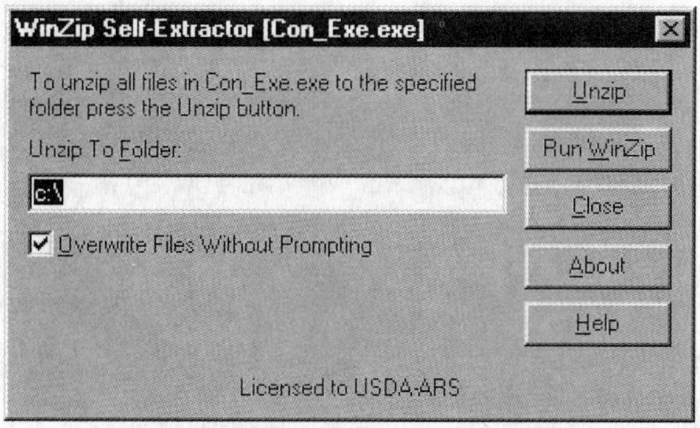

过程完成后,出现对话框,显示解压后文件数。

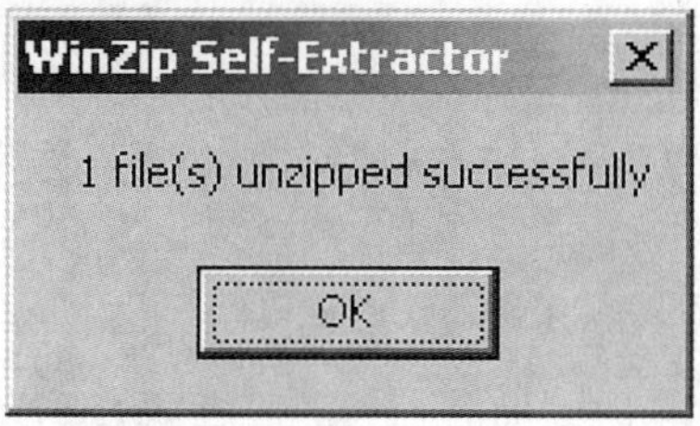

重复上述解压过程,对“Con_data. exe”和“Con_Doc. exe”解压。

本操作完成流网生成器(Flownet Generator)的 AGNPS - to - AnnAGNPS 转换器组成部分的安装。

(二)执行 AGNPS - to - AnnAGNPS 转换器

使用记事本、WordPad 或其他文字编辑器编辑文件“AGNPS. fil”。该文件位于包含 AGNPS to AnnAGNPS 转换器的目录,文件只有一行,仅是要转换的文件名。

打开 DOS 窗口。

在窗口中将路径改成包含 AGNPS - to - AnnAGNPS 转换器可执行文件的路径。

在 DOS 提示符下输入“Converter”。

按“Enter”继续。

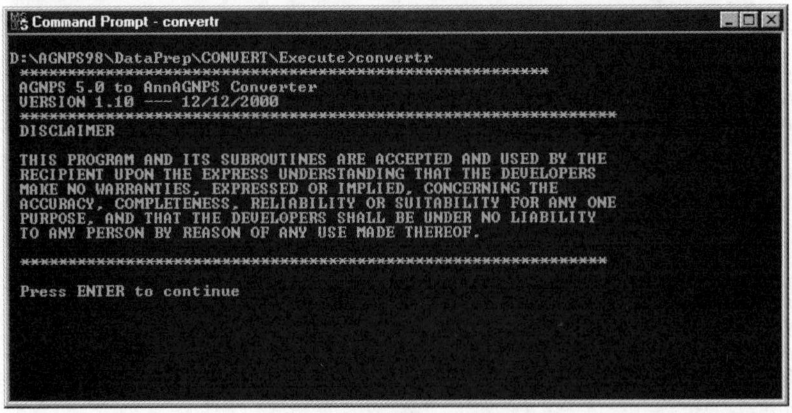

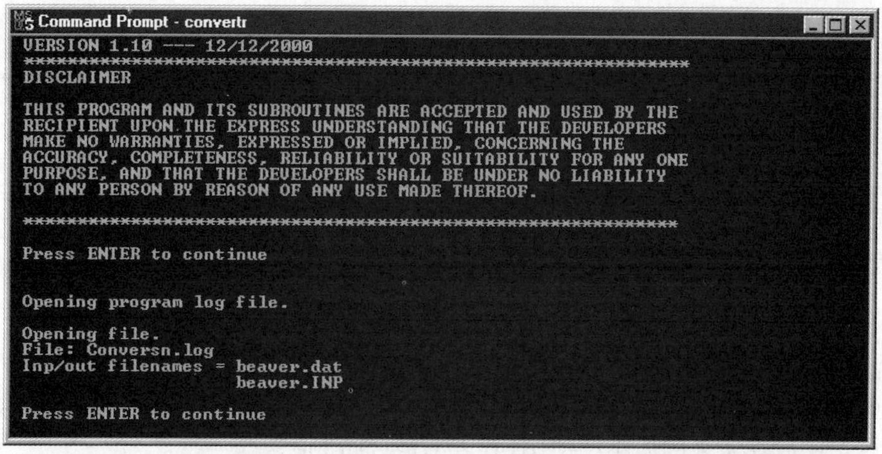

程序将执行并保存输出结果到文件“yourfile. inp”。执行过程产生的 AnnAGNPS 文件可为 AnnAGNPS 使用,用 AnnAGNPS 输入编辑器进一步修改,进行连续模拟执行。

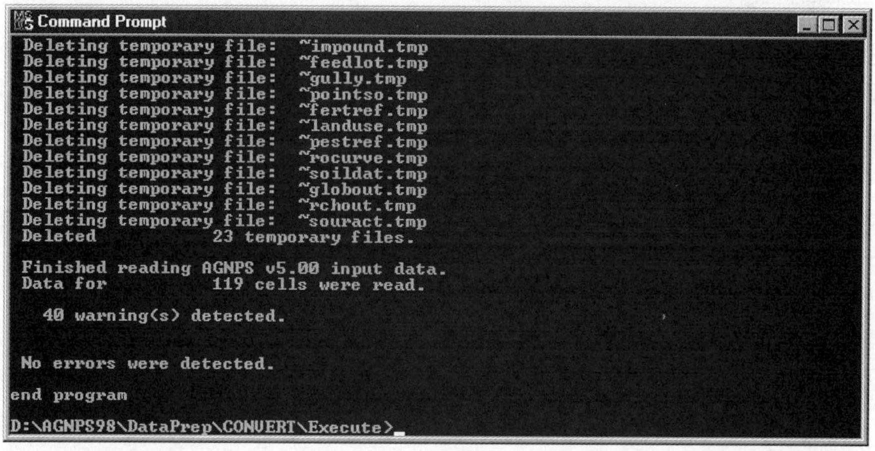

六、GEM

GEM 是人工气候生成器(Generation of weather Elements for Multiple applications – GEM)的 beta 版本,FORTRAN 77 编写程序,用于 UNIX 操作系统。它可以为 AnnAGNPS 生成降水、最低/最高气温,但需要使用历史记录完成所剩的人工气候参数(相对湿度、天空云覆盖百分比、风速),从而使人工气候参数与生成的降水和气温相协调。例如,雨天云层覆盖百分比高,高湿度天数可能比无雨天时为多。GEM 确实生成太阳辐射,但既不是 AnnAGNPS 所需,也不能用于 AnnAGNPS。

第五章 AnnAGNPS V 3.5 输入文件规范

原作者:美国农业部农业研究局国家泥沙实验室
编 者:高学田 郑粉莉 安韶山

一、未使用的输入变量

下列输入变量在 AnnAGNPS 输入文件中尚未使用,其中的一部分变量将在增加更详细的计算程序后在未来的版本中使用,其余的最终将删除。

网格数据	集线流底宽 集线流侧向坡度
作物数据	年 C 因子 残留物调节量 年作物编码 豆类编码 收获前 C-N 比 收获含水量 收获前 C-P 比
饲养场管理数据	饲养场管理轮作
肥料施用数据	肥料深度
肥料参考数据	氮 硝态氮 氨 矿化氨 磷 可溶性磷 一致性编码
蓄水坝数据	蓄水入渗 蓄水渗流
沟道数据	沟道入渗率 开始分流 停止分流 沟谷黏土冲刷编码 沟谷粉沙冲刷编码 沟谷沙冲刷编码 沟谷小团粒冲刷编码 沟谷大团粒冲刷编码
沟道输出规范	事件水温编码
径流曲线编号数据	残留物调节编码
模拟期数据	降水 N
流域数据	流域类型 长度

二、AnnAGNPS 运行模式

AnnAGNPS 以两种模式运行，标准模式(AnnAGNPS)允许逐日进行流域的连续模拟，AGNPS 模式已不再支持，它可以用标准模式代替，标准模式能够用于周期为一天的模拟。

三、AnnAGNPS 输入文件

AnnAGNPS 使用三个文件：AnnAGNPS 输入文件名，AnnAGNPS 输入，日气候数据。第一个文件(AnnAGNPS 输入文件名)是可选性的，它为 AnnAGNPS 输入和日气候数据提供要访问的文件名的入口，如果该文件不存在，则文件 AnnAGNPS. inp 用做 AnnAGNPS 输入，文件 DayClim. inp 用做日气候数据。第二个文件(AnnAGNPS 输入)包含特定流域进行连续模拟所需的全部数据，流域数据用第三个文件(日气候数据)包含的气候数据进行补充。

每个文件将在本文档中分别叙述，两个表格分别用来表述每个文件类型：输入参数定义(描述，单位，值域，输入位置)和输出显示阵列(每个文件记录的输入参数位置概要)。AnnAGNPS 输入文件也包含一个建议的输入顺序，因为用户可以任意安排输入顺序。

在输入参数定义表中的“格式”列包含一个字母(A, I, F)和一个指示子段宽度的数字，A 代表字母数字型子段(文字、数字和键盘符号)，但可能受到“域”列信息的限制；I 代表整数子段(无小数点数字)；F 代表浮点子段(带小数点数字)。查看“域”列了解可接受记录特定字段的更多限制，如果“域”列作了说明，空白“记录”是可接受的。

四、用户责任

模型结果对输入数据极其敏感，用户有责任确保所有输入的数据适合所分析的流域和流域环境，特别是对于空白字段，无论是实际输入值还是默认值，更应如此。运算数据特别重要，决定模拟期内流域的变化。

五、AnnAGNPS 输入文件名

该文件是可选文件，如果存在，将定义访问 AnnAGNPS 输入和气候输入文件的路径。

输入参数定义

说明	单位	域	格式	行号	字段号
AnnAGNPS 输入文件名：AnnAGNPS 输入文件的路径和名称，如果为空白，将使用默认文件名 AnnAGNPS. inp.		计算机平台接受的路径和文件名	A80	1	1-8
气候输入文件名：日气候数据输入文件，如果为空白，将使用默认文件名 DayClim. inp.		计算机平台接受的路径和文件名	A80	2	1-8
空行				末行	

输入文件布局阵列

数据字段1	数据字段2	数据字段3	数据字段4	数据字段5	数据字段6	数据字段7	数据字段8
AnnAGNPS 输入文件名							
日气候数据输入文件名							

六、AnnAGNPS 输入文件

(一)推荐的 AnnAGNPS 输入文件顺序

除了第一个记录必须是 AnnAGNPSID 和最后一个记录必须是结束数据外,AnnAGNPS 输入文件标题节可以任意顺序组装。为了便于新用户使用,建议顺序如下:

文件 ID
- AnnAGNPS ID
- 流域数据

模拟期数据
- 模拟期数据

网格有关数据
- 网格数据

田间有关数据
- 田间数据
- 管理顺序数据
- 管理进程数据
- 管理操作数据
- 等高耕作数据
- 灌溉实施数据
- 肥料施用数据
- 杀虫剂施用数据
- 条带作物数据
- 排水数据

沟道有关数据
- 沟道数据
- 沟道几何系数
- 沟道养分半衰期
- 蓄水坝数据

其他污染源数据
- 养殖塘数据
- 养殖塘管理进程数据

饲养场数据
饲养场管理数据
田间池塘数据
切沟数据
点源数据
参考数据
作物数据
肥料参考数据
非作物数据
杀虫剂参考数据
径流曲线编号数据
土壤数据
冬季数据
冬季数据
输出有关数据
输出选项
结束文件
结束数据

(二)输入参数定义

AnnAGNPS ID*

说　明	单位	域	格式	行号	字段号
数据节名:严格编码节 ID,不区别大小写(左悬挂对齐)。		AnnAGNPS: V3.5	A40	1	1-4
输入单位编码:识别输入单位是英制还是公制单位,接受值为:0 表示英制,1 表示公制(空白默认为 0)		空白, 0, 1; 空白默认为英制	I10	1	5
输出单位编码:识别输入单位是英制还是公制单位,接受值为:0 表示英制,1 表示公制(空白默认为 0)		空白, 0, 1; 空白默认为英制	I10	1	6
CCHE1D 输出单位编码:识别与 CCHE1D 文件一起使用的输出文件的输出单位,接受值为:0 表示英制,1 表示公制 (空白表示无 CCHE1D 输出要求)		空白, 0, 1; 空白默认为英制	I10	1	7
屏幕输出编码:表示是否要求屏幕输出,当 AnnAGNPS 装入预处理或推后处理码中时使用该编码,当直接运行 AnnAGNPS 时,置为空白。接受值为: 0 表示屏幕输出, 1 表示无屏幕输出(空白表示为 0)		空白, 0, 1; 空白默认为 无屏幕输出	I10	1	8
空行				末行	

* 要求为第一节。

养殖塘数据 *

说明	单位 {英制}[公制]	域 {英制}[公制]	格式	行号	字段号
数据节名:严格编码节标识符,不区别大小写(左悬挂对齐)。		养殖塘数据:	A40	1	1~4
养殖塘数量:流域内养殖塘总数。		1:2000000000	I10	1	5
空字段			10	1	6
下列行复述养殖塘数					
养殖塘标识符:唯一的字母数字型字符串,识别养殖塘,同一网格内的数个养殖塘可集合成一个,以方便模拟。			A10	2	1
养殖塘-网格标识符:字母数字型字符串,识别包含养殖塘的网格,必须与包含在流域内的“网格数据”节中网格标识符相同。			A10	2	2
养殖塘面积:养殖塘的面积,同一网格内的数个养殖塘可集合成一个,以方便模拟,其面积默认为网格面积。	{ac} [ha]	空白, {0.0:10000.0} [0.0:4000.0]	F10	2	3
养殖塘深度:养殖塘的最大水深。	{in} [mm]			2	4
渗流率:渗流引起的日水损失量,如果为空白,损失量为0。	{in/d} [mm/d]			2	5
泥沙输移比:池塘排泄到沟道的部分,若为空白,其值假定为1.0。				2	6
相对轮作年份:在养殖塘管理轮作中开始模拟的相对年份(例如,对于3年轮作,开始年份可以是1,2和3),空白默认为1。				2	7
养殖塘管理进程标识符:字母数字型字符串,确定该池塘的“养殖塘的管理进程”。				2	8

* 仅在包括了养殖塘时需要。

养殖塘管理进程数据 *

说明	单位 {英制}[公制]	域 {英制}[公制]	格式	行号	字段号
数据节名:严格编码节标识符,不区别大小写(左悬挂对齐)。		养殖塘进程数据:	A40	1	1~4
养殖塘事件数:养殖塘管理事件总数。		1:2000000000	I10	1	5
空字段			10	1	6
下列3行复述养殖塘管理事件数					
养殖塘管理进程标识符:唯一的字母数字型字符串,识别养殖塘管理进程,同一网格内的数个养殖塘可集合成一个,以方便模拟。			A10	2	1

* 仅在包括了养殖塘时需要。

续表

说明	单位 {英制}[公制]	域 {英制}[公制]	格式	行号	字段号
事件日期:月,日,相对年份(在养殖塘的一组作业内)水的增加与排弃,该日将进行内部转换,从相对循环日期(月/天/年)转换成二维变量,该变量将是时间的循环年和公历日,空白默认为1。	mm/dd/yy	mm:1:12 dd:1:31 空白, yy:1:99	I2,"/" I2,"/" I2,"bb" 这里"b"为一个空字符	2	2a ~ 2c
水作业编码:确定充水和排水的类型,0为充水,1为初始排干,2为季节中期排干,3为收获期排干,4为其他排水。1,2,3只适用于水稻。		空白,0,1	I10	2	3
水产养殖标识符:唯一的字母数字型字符串,识别养殖类型,访问该标识符可以是养殖进程计划中的第一个事件,或者是当发生变化时,当前只允许访问小龙虾。		空白, "小龙虾"	A10	2	4
作物标识符:唯一的字母数字型字符串,识别作物,当前只允许水稻、高粱和土产("Rice","Sorghum","Native"),从作物种植日起计。		空白,"大米", "高粱", "土产"	A10	2	5
种植类型标识符:确认种植类型,允许的条目为:1为免耕;2为水中播种;3为清水;4为传统水中插秧,当前只用于水稻。		空白,1~4	I10	2	6
门开启/关闭:标记所记载的池塘的门是关闭(池塘存在)还是开启(池塘不存在)。		空白,"开", "关"	A10	2	7
最大池塘深度:池塘水深上限,如果由于充水或降雨水位超过了该上限,多余的水将流到网格的接收沟道。将维持最大水深,除非重置该值或池塘门的状态发生变化。	{in} [mm]	空白, {0.0 ~ 93.72} [0.0 ~ 10000.0]	F10	2	8
空记录				3	1
最小池塘深度:池塘水深下限,将维持最小水深,除非重置该值或池塘门的状态发生变化。	{in} [mm]	空白, {0.0 ~ 393.72} [0.0 ~ 10000.0]	F10	3	2
充水/排水量:该日养殖塘增加或排泄的水量,深度为线性单位,如果输入了排水率,该值可为空白。	{in} [mm]	空白, {>0. ~ 99999.} [>0. ~ 4000.]	F10	3	3
充水/排水时间:当前充水/排水时间,若充水率/排水率字段为空白时将使用该时间。充水时间/排水时间和充水率/排水率二者字段皆为空白时,默认为24h充水/排水时间。	h	空白, >0.0:48.0	F10	3	4

续表

说明	单位 {英制}[公制]	域 {英制}[公制]	格式	行号	字段号
充水/排水率:养殖塘每小时充水/排水的线性深度,可为空白。若为空白,将根据池塘充/排水量、池塘面积及充/排水时间计算充排水率。充水时间/排水时间和充水率/排水率二者字段皆为空白时,默认为24h充水/排水时间。	{in/h} [mm/h]	空白, {>0. ~99999.} [>0. ~4000.]	F10	3	5
充水/排水极限:编码表示池塘充水达到最大水深或排泄到最小水深,输入1为真,空白为假。		空白,1	I10	3	6
泥沙总浓度:充水/排水的悬移质泥沙浓度。	ppm	空白, 0. ~999999.	F10	3	7
空字段				3	8
空字段				4	1
黏土:充水/排水中悬移质泥沙中黏土百分比,对于充水,其默认值为0;对于排水,若有可能,其值根据池塘管理进行内部计算,若不可能,其值取0。	%	空白, 0. ~100.	F10	4	2
粉沙:充水/排水中悬移质泥沙中粉沙百分比,对于充水,其默认值为0;对于排水,若有可能,其值根据池塘管理进行内部计算,若不可能,其值取0。	%	空白, 0. ~100.	F10	4	3
沙粒:充水/排水中悬移质泥沙中沙百分比,对于充水,其默认值为0;对于排水,若有可能,其值根据池塘管理进行内部计算,若不可能,其值取0。	%	空白, 0. ~100.	F10	4	4
小团粒:充水/排水中悬移质泥沙中小团粒百分比,对于充水,其默认值为0;对于排水,若有可能,其值根据池塘管理进行内部计算,若不可能,其值取0。	%	空白, 0. ~100.	F10	4	5
大团粒:充水/排水中悬移质泥沙中大团粒百分比,对于充水,其默认值为0;对于排水,若有可能,其值根据池塘管理进行内部计算,若不可能,其值取0。	%	空白, 0. ~100.	F10	4	5
空字段				4	7
空字段				4	8
空字段				5	1

续表

说明	单位 {英制}[公制]	域 {英制}[公制]	格式	行号	字段号
全 N:池塘中充水或排水中 N 的总浓度,对于充水,其默认值为 0;对于排水,若有可能,其值根据池塘管理进行内部计算,若不可能,其值取 0。	ppm	空白, 0. ~999999.		5	2
可溶性 N:池塘中充水或排水中可溶性 N 的浓度,对于充水,其默认值为 0;对于排水,若有可能,其值根据池塘管理进行内部计算,若不可能,其值取 0。	ppm	空白, 0. ~999999.		5	3
全 P:池塘中充水或排水中 P 的总浓度,对于充水,其默认值为 0;对于排水,若有可能,其值根据池塘管理进行内部计算,若不可能,其值取 0。	ppm	空白, 0. ~999999.		5	4
可溶性 P:池塘中充水或排水中可溶性 P 的浓度;对于充水,其默认值为 0;对于排水,若有可能,其值根据池塘管理进行内部计算,若不可能,其值取 0。	ppm	空白, 0. ~999999.		5	5
杀虫剂施用:与事件有关的杀虫剂施用数(当前未使用)。		空白, 0:10		5	6
季节性调节浓度:指季节平均浓度中开始/停止选项(Start/Stop)的使用,必须使用以下值:如果输入“Y”,Y 表示 Yes(Start),N 表示 No(Stop),空白表示无变化。		空白, “Y”或“N”		5	7
空字段				5	8
空字段				6	1
泥沙浓度:冬季	ppm	空白, 0. ~999999.	F10	6	2
全 N:冬季	ppm	空白, 0. ~999999.	F10	6	3
可溶性 N:冬季	ppm	空白, 0. ~999999.	F10	6	4
全 P:冬季	ppm	空白, 0. ~999999.	F10	6	5
可溶性 P:冬季	ppm	空白, 0. ~999999.	F10	6	6
泥沙浓度:春季	ppm	空白, 0. ~999999.	F10	6	7

续表

说明	单位 {英制}[公制]	域 {英制}[公制]	格式	行号	字段号
全 N:春季	ppm	空白, 0. ~999999.	F10	6	8
空字段				7	1
可溶性 N:春季	ppm	空白, 0. ~999999.	F10	7	2
全 P:春季	ppm	空白, 0. ~999999.	F10	7	3
可溶性 P:春季	ppm	空白, 0. ~999999.	F10	7	4
泥沙浓度:夏季	ppm	空白, 0. ~999999.	F10	7	5
全 N:夏季	ppm	空白, 0. ~999999.	F10	7	6
可溶性 N:夏季	ppm	空白, 0. ~999999.	F10	7	7
可溶性 P:夏季	ppm	空白, 0. ~999999.	F10	7	8
空字段				8	1
全 P:夏季	ppm	空白, 0. ~999999.	F10	8	2
泥沙浓度:秋季	ppm	空白, 0. ~999999.	F10	8	3
全 N:秋季	ppm	空白, 0. ~999999.	F10	8	4
可溶性 N:秋季	ppm	空白, 0. ~999999.	F10	8	5
全 P:秋季	ppm	空白, 0. ~999999.	F10	8	6
可溶性 P:秋季	ppm	空白, 0. ~999999.	F10	8	7
空字段			I10	8	8
下列行复述杀虫剂施用数。					
空字段				9	1
空字段				9	2
杀虫剂参考 ID:在充水/排水中杀虫剂 ID,必须在杀虫剂参考列表中,该 ID 将转换成杀虫剂参考列表中的杀虫剂阵列指数(当前未使用)。			A40		3 ~6
杀虫剂浓度:充水/排水中杀虫剂的浓度(当前未使用)。	ppm	空白, 0. ~999999.			7
					8

网格数据

说明	单位 {英制}[公制]	域 {英制}[公制]	格式	行号	字段号
数据节名：严格编码节 ID，不区别大小写（左悬挂对齐）。		网格数据：	A40	1	1～4
网格数：流域内网格总数。		1～2147483647	I10	1	5
下列 3 行（指输出阵列中的行）复述网格数，对于具有水域网格字段 ID 的网格，只使用第一行（行编号为 2）。					
网格 ID：字母数字型字符串，识别网格。			A10	2	1
土壤 ID：字母数字型字符串，识别网格的土壤类型，必须与"土壤数据"节中的土壤 ID 相同，如果"田间管理 ID"是"水域"，土壤 ID 留做空白。			A10	2	2
田间管理 ID：字母数字型字符串，识别网格的田间管理，必须与"管理数据"节中田间管理 ID 相同，全年被水淹没的网格（例如水坝后的水塘），其 ID 输入"水域"。			A10	2	3
沟道 ID：字母数字型字符串，识别接收沟道，必须与"沟道数据"节中的沟道 ID 相同。			A10	2	4
沟道位置码：编码以确定径流在什么位置加到特定的沟道。空白表示为 0。0 表示径流在沟道的上游端加入；1 表示径流从沟道的下游端加入。		空白， 0，或 1	I10	2	5
网格面积：一个网格内的面积。	{ac} [ha]	{0.000004～10000.0} [0.0000016～4000.0]	F10	2	6
网格集流时间：从网格集流到出口所需的时间。如果网格不是"水域"，也不是空白网格，AnnAGNPS 将为该网格计算从层流开始的集流时间和集线流变量。	h	空白，或 0.01～100.0	F10	2	7
网格平均高程：一个网格的代表性高程。	ft [m]	{－1000.0～30000.0} [－300.0～10000.0]	F10	2	8
下面两行对所有网格都是需要的，除非网格田间 ID 为水域。					
空字段			10	3	1
网格平均地面坡度：网格的代表性地面坡度。	len-vert/lenhorz （无量纲）	0.00001～3.0	F10	3	2
网格方位：网格的代表性地面坡度的方位，从北向起顺时针方向计。	度	空白，或 0.0～360.0	F10	3	3

续表

说明	单位 {英制}[公制]	域 {英制}[公制]	格式	行号	字段号
RUSLE/USLE“LS”因子:正常侵蚀状况下RUSLE/USLE 侵蚀模型中坡长—坡度因子。		0.00001~100.0	F10	3	4
空字段			10	3	5
气候文件数:该网格的气候文件数,对于主气象站文件,其值为空白或0,值大于0为次气象站文件数。	整数	空白, 0,或1~99	I10	3	6
层流满宁系数“n”:网格内层流糙率系数,在某些情况下,空白默认为0.150,如果输入了网格集流时间(t_c),应留做空白,无论如何,使用为 t_c 输入的值代替该字段的其他任何值。		空白,或 0.005~1.000	F10	3	7
空字段			10	4	1
集线流坡度:网格内集线流路径的坡度,若输入了网格集流时间(t_c),应留做空白,无论如何,使用为 t_c 输入的值代替该字段的其他任何值。	len-vert/lenhorz (无量纲)	空白,或 0.00001~3.0	F10	4	2
集线流长度:网格内集线流路径超过最初100 m以外的长度,空白表示其值根据接收沟道长度系数和指数进行计算。若输入了网格集流时间(t_c),应留做空白,无论如何,使用为 t_c 输入的值代替该字段的其他任何值。	{ft} [m]	空白,或 {0.0~328080.0} [0.0~99999.0]	F10	4	3
空字段			10	4	4
空字段			10	4	5
集线流水力深度:网格内集线流路径的代表性矩形渠道水力深度,值为2年24小时暴雨径流按径流面积除以矩形顶宽进行计算,空白表示该值根据接收沟道宽度系数和指数进行计算,若输入了网格集流时间(t_c),应留做空白,无论如何,使用为 t_c 输入的值代替该字段的其他任何值。	{ft} [m]	空白,或 {0.0~131.0} [0.0~40.0]	F10	4	6
集线流满宁系数“n”:网格内集线流糙率系数,空白默认为0.040,若输入了网格集流时间(t_c),应留做空白,无论如何,使用为 t_c 输入的值代替该字段的其他任何值。		空白,或 0.005~1.000	F10	4	7
空字段			10	5	1

续表

说明	单位 {英制}[公制]	域 {英制}[公制]	格式	行号	字段号
层流坡度:网格内层流路径的坡度,若输入了网格集流时间(t_c),应留做空白,无论如何,使用为 t_c 输入的值代替该字段的其他任何值。	len-vert/lenhorz (无量纲)	空白,或 0.00001 ~3.0	F10	5	2
层流长度:网格内层流路径的长度,默认值为50m,若输入了网格集流时间(t_c),应留做空白,无论如何,使用为 t_c 输入的值代替该字段的其他任何值。	{ft} [m]	空白,或 {0.0 ~164.} [0.0 ~50.0]	F10	5	3
浅层集线流坡度:网格内浅层集线流路径的坡度,若输入了网格集流时间(t_c),应留做空白,无论如何,使用为 t_c 输入的值代替该字段的其他任何值。	len-vert/lenhorz (无量纲)	空白,或 0.00001 ~3.0	F10	5	4
浅层集线流长度:网格内浅层集线流路径的长度,默认值为 50 m,若输入了网格集流时间(t_c),应留做空白,无论如何,使用为 t_c 输入的值代替该字段的其他任何值。	{ft} [m]	空白,或 {0.0 ~164.} [0.0 ~50.0]	F10	5	5
空字段			10	5	6
空字段			10	5	7
空字段			10	5	8

典型切沟数据❶

说明	单位 {英制}[公制]	域 {英制}[公制]	格式	行号	字段号
数据节名:严格编码节 ID,不区别大小写。(左悬挂对齐)		典型切沟数据:	A40	1	1 ~4
切沟数——流域内切沟记录的总数。		1 ~2147483647	I10	1	5
下列 2 行复述切沟数,一个网格内的数条切沟应连续排列。					
切沟 ID:字母数字型字符串,识别切沟。			A10	2	1
第一贡献网格 ID❷:字母数字型字符串,识别有切沟的网格,如果切沟全部位于该网格内(网格定位型切沟);或识别第一个贡献网格(直接排泄到沟道),如果切沟位于沟道内,网格 ID 必须与"网格数据"节中的网格 ID 相同。			A10	2	2

❶如果在切沟沟口只有一个单元为其提供径流,该切沟为单元定位切沟;如果有一个以上单元提供径流,该切沟为沟道定位切沟。

❷建议第一个单元采用 TopAGNPS 识别的子区域的左岸单元。

续表

说明	单位 {英制}[公制]	域 {英制}[公制]	格式	行号	字段号
土壤ID:字母数字型字符串,为切沟或其他侵蚀点源识别主要的土壤类型,必须与“土壤数据”节中的土壤ID相同。空白默认为包含沟口的网格的土壤ID;或者,若切沟在网格的接收沟道内,默认为左岸网格的土壤ID。			A10	2	3
第一贡献网格排水面积:若为网格定位型,排水面积即是该贡献网格排到沟口的排水面积,空白默认为整个贡献网格的排水面积;若为沟道定位型,排水面积仅是第一贡献网格流到沟口的那部分排水面积,默认为整个第一贡献网格的排水面积。	{ac} [ha]	空白,或 {0.000025～9884.} [0.00001～4000.0]	F10	2	4
沟头下切深度:切沟沟头(侵蚀点源)下切深度,用来分解侵蚀土壤层,空白默认为第一种土壤。	{in} [mm]	空白,或 {0.00～314.} [0.00～8000]	F10	2	5
侵蚀系数:切沟侵蚀幂函数曲线中的系数(注:对于侵蚀(Q_s和降雨/径流(Q_w))二者皆可以是单位面积,也可以是总量单位,但在公式内必须一致): $Q_s = coef * Q_w^{exp}$ 式中:Q_w为降雨/径流量(单位面积,in或mm^3;总量单位,AF或mg)。 Q_s为输沙量(单位面积,t/ac或mg/hm^2;总量单位,t或mg) 不允许空白。		[>0.0～50.对于Q_s用mm]❶	I10	2	6
侵蚀指数:切沟侵蚀幂函数曲线中的指数(注:对于侵蚀(Q_s和降雨/径流(Q_w))二者皆可以是单位面积,也可以是总量单位,但在公式内必须一致): $Q_s = coef * Q_w^{exp}$ 式中:Q_w为降雨/径流量(单位面积,in或mm^3;总量单位,AF或mg)。 Q_s为输沙量(单位面积,t/ac或mg/hm^2;总量单位,t或mg) 不允许空白。		空白或 [0.0～3.0.对于Q_w用mm]	F10	2	7

❶单位从英制到公制的转换是非线性的,适当的英制单位幅度将限制侵蚀,使之低于136t/ac。

续表

说明	单位 {英制}[公制]	域 {英制}[公制]	格式	行号	字段号
输移率:沟谷侵蚀与沟谷产沙总量之比,对于网格定位型沟谷,空白默认为 HULSE 输移率计算法,对于沟道型切沟,默认为 1。	无量纲	空白, 0 ~ 1	F10	2	8
切沟的第二贡献网格 ID			A10	3	1
田间管理 ID:字母数字型字符串,识别切沟的田间管理,必须与"田间管理数据"节中田间管理 ID 相同,空白默认为无田间管理。			A10	3	1
沟道 ID:字母数字型字符串,识别包含切沟的沟道(沟道定位型切沟),必须与"沟道数据"节中的沟道 ID 相同。若为网格定位型切沟,留做空白。			F10	3	2
第一贡献网格子网格排水面积[1]:如果是网格定位型切沟,排水面积是第一贡献网格内直接排水到接收沟道的子网格的排水面积,如果网格只有一个到接收沟道的排水点,该字段允许为空白。	{ac} [ha]	空白,或 {0.000025 ~ 9884.} [0.00001 ~ 4000.0]	F10	3	3
第二贡献网格 ID:字母数字型字符串,识别额外的排水到沟道的当地网格,必须与"网格数据"节中的网格 ID 相同,如果只有一个当地贡献网格,留做空白。			A10	3	4
第二贡献网格排水面积:只有在是沟道定位型切沟时,排水面积才是第二贡献网格排水到沟口的那部分排水面积,默认值是整个第二贡献网格的排水面积。	{ac} [ha]	空白,或 {0.000025 ~ 9884.} [0.00001 ~4000.0]	F10	3	5
校正因子:校正因子用来将切沟产沙量校正到它在已知点(通常是 USGS 测量站)的负荷量,空白默认为 1。	无量纲	空白, 0 ~ ∞	F10	3	6
降雨/径流指示器:编码表示幂函数曲线的体积(Q)是否是降雨或径流的函数,空白默认为 1,0 表示降雨,1 表示径流。		空白, 0 或 1	I10	3	7
单位指示器:编码表示回归系数和指数是用做单位面积还是总单位,空白默认为 1, 0 表示单位面积, 1 表示总单位。			I10	3	8
下行是切沟数据的最后一行					
空行				末行	

[1]子单元排水面积定义为水文单位面积的排水面积,水文单位面积与切沟口到切沟的接收沟道间的径流路径相联系。

等高线数据*

说明	单位 {英制}[公制]	域 {英制}[公制]	格式	行号	字段号
数据节名:严格编码节 ID,不区别大小写(左悬挂对齐)。		等高线数据:	A40	1	1
等高线数:流域等高线数据组的总数。		1 ~ 2147483647	I10	1	2
下列 2 行复述等高线数。					
等高线 ID:字母数字型字符串,识别等高线数据。			A10	2	1
脊高度码:编码表示等高线脊的高度。接受的编码为: 0 表示无脊（仅适用非作物地） 1 表示很低（0.5" ~2"） 2 表示低（2" ~3"） 3 表示中等(3" ~4"） 4 表示高（4" ~6"） 5 表示很高（ >6"） 6 表示不定高度 对非作物地,只有在需要机械扰动计算时输入 0,若为空白,将使用中等高度。		空白,或 0 ~ 6	I10	2	2
垄沟坡度:垄沟的坡度,如果土地利用为无作物地,并且需要机械扰动计算时可以留做空白。	len-vert/lenhorz （无量纲）	空白,或 0.00001 ~ 1.0	F10	2	3
扰动的地表覆盖码:编码表示与土壤扰动有关的地面覆盖层状况。接受的编码为: 作物地且 EI 扰动数 <400 1 = C1）已建立草皮覆盖草地 2 = C2）第一年草地或割草地 3 = C3）浓密覆盖(和/或 非常粗糙) 4 = C4）中度覆盖(和/或 粗糙) 5 = C5）低度覆盖(和/或 中等粗糙) 6 = C6）无覆盖(和/或 低限粗糙) 7 = C7）完全犁耕,地面光滑，休闲 作物地且 EI 扰动数≥400 8 = VR）非常粗糙,有残茬 非作物地 1 = R1）非常粗糙；植物 + 岩石 > 50% 2 = R2）非常粗糙；植物 + 岩石 < 50% 3 = R3）粗糙；植物 + 岩石 > 50% 4 = R5）中度粗糙；植物 + 岩石 ≤50% 5 = R7）轻度粗糙；植物 + 岩石 < 25% 空白默认为 5。		空白,或 1 ~ 8	I10	2	4

* 仅适用 AnnAGNPS 模式。在“田间数据”中涉及到时需要。

续表

说明	单位 {英制}[公制]	域 {英制}[公制]	格式	行号	字段号
固结覆盖码——编码表示与土壤固结有关的覆盖状况,只适用于非作物地。接受的编码为: 1 = R3) 粗糙; 植物 + 岩石 >50% 2 = R4) 粗糙; 植物 + 岩石 <50% 3 = R6) 中度粗糙; est = veg.; 覆盖 < 40% 4 = R8) 轻度粗糙;已建立 = 植被; 覆盖 < 35% 5 = R9) 光滑; 已建立植被; 植物 + 岩石 < 25% 空白默认为3。		空白,或 1 ~ 5	I10	2	5
空行				末行	

作物数据*

说明	单位 {英制}[公制]	域 {英制}[公制]	格式	行号	字段号
数据节名:严格编码节ID,不区别大小写。(左悬挂对齐)		作物数据:	A40	1	1
作物数:流域作物数据组的总数。		1 ~ 2147483647	I10	1	2
下列6行和多达24个作物参数行复述作物数。					
作物ID:字母数字型字符串,识别作物。			A20	2	1 ~ 2
收获单位:收获时单位面积上产出的单位数。(例如每英亩产出蒲什耳,输入50)	产出单位/单位面积	[0.0 ~ 40000.0]	F10	2	3
残留物重量比:残留物重量与产出重量之比		0.0 ~ 10.0	F10	2	4
地面分解:地面残留物分解系数,空白默认为0.016。		空白,或 0.0 ~ 1.0	F10	2	5
地下分解:地下残留物分解系数,空白默认为0.016。		空白,或 0.0 ~ 1.0	F10	2	6
空字段			10	2	7

*仅适用AnnAGNPS模式;在管理进程数据中提到时需要。

续表

说明	单位 {英制}[公制]	域 {英制}[公制]	格式	行号	字段号
水分损耗:水分损耗率,只用于太平洋沿岸的西北地区,只在下列 EI 分布数时需要:6~10,14~15,31~40,58~60,63,否则留做空白,空白默认为0.0。 RUSLE 示例值: 冬小麦和其他深根作物 1.0 春小麦和大麦 0.75 春豌豆和小扁豆 0.67 浅根作物 0.50 夏季休闲地 0.0		空白,或 0.0~1.0	F10	2	8
空字段			10	3	1
残留物调整量:最小残留物量以调整径流曲线编号,默认值为0。当前未使用。	{lb / ac} [kg / ha]	空白,或 {0.0~99924.} [0.0~112000.0]	F10	3	2
作物残茬:作物的地上残流物(对于30%,60%,90%覆盖,有三个值依次排列),三个值中至少有一个必须>0,空白默认为0.0。	{lb / ac} [kg / ha]	空白,或 {0.0~99924.} [0.0~112000.0]	3F10	3	3~5
年作物码:接受值为:0代表凉季,1代表一年生,2代表多年生,空白默认为0。当前为使用。		空白, 0,1或2	I2	3	6a
豆类码:接受值为: Y表示Yes,N表示No,空白默认为0。当前为使用。		空白,Y或N	A2	3	6b
衰老码:编码表示作物衰老是否随作物残留物而增加,接受值为:Y表示Yes,N表示No,空白表示为Yes。		空白,Y或N	A2	3	6c
空记录			4	3	6d-6e
产出单位名:作物的产量单位名(可选项,仅为用户参考,不为AnnAGNPS读入)。			A10	3	7
产出单位重量:作物的一个产出单位的重量(见“产出单位名”的单位解释)	{lb} [kg]	{0.0~88105.} [0.0~40000.0]	F10	3	8
空字段			10	4	1
收获 C/N 比:作物收获时碳和氮的比率		1.0~200.0	F10	4	2
收获前 C/N 比:作物收获前碳和氮的比率,当前未使用。		空白,或 1.0~200.0	F10	4	3
收获水分:作物收获部分的含水量,当前未使用。	wt / wt (无量纲)	空白,或 0.0~1.0	F10	4	4
N 摄取:一个产出单位的氮摄取量。	wt-N/wt 为收获单位(无量纲)	0.0~1.0	F10	4	5

续表

说明	单位 {英制}[公制]	域 {英制}[公制]	格式	行号	字段号
P 摄取:一个产出单位的磷摄取量。	wt-P/wt:收获单位(无量纲)	0.0~1.0	F10	4	6
收获 C/P 比:作物收获时碳和磷的比率		50.0~400.0	F10	4	7
收获前 C/P 比:作物收获前碳和磷的比率,当前未使用。		空白,或 50.0~400.0	F10	4	8
空字段			10	5	1
生长时间:从种植到收获而结束的 4 个生长阶段累计的时间:初生期、生长期、成熟期和衰老期。第四个条目必须为 1.0。		0.0~1.0	4F10	5	2~5
空字段			10	6	1
生长 N 摄取:从种植到收获的 4 个生长阶段氮摄取部分:初生期、生长期、成熟期和衰老期。四个部分之和必须为 1.0。		0.0~1.0	4F10	6	2~5
空字段			10	7	1
生长 P 摄取:从种植到收获的 4 个生长阶段磷摄取部分:初生期、生长期、成熟期和衰老期。四个部分之和必须为 1.0。		0.0~1.0	4F10	7	2~5
对于每一种作物,下列行复述 1~24 次,在一年内每 15d 一次,时间从种植日起计算。					
空字段			20	8	1~2
根生物量:生物量阵列代表 100mm(4 in)土层内活根生物量,从作物生长的 0d 开始,每 15d 一个数据。	{lb / ac} [kg / ha]	{0.0~99924.} [0.0~112000.0]	F10	8	3
冠层覆盖:覆盖率阵列代表作物覆盖面积与地面总面积的比。从作物生长的 0d 开始,每 15d 一个数据。		0.0~1.0	F10	8	4
降雨高度:降雨高度阵列代表作物冠层截留的雨滴从冠层降落到地面的平均高度,从作物生长的 0d 开始,每 15d 一个数据。	{ft} [m]	{0.0~262.} [0.0~80.0]	F10	8	5
空行				末行	

结束数据*

说明	单位 {英制}[公制]	域 {英制}[公制]	格式	行号	字段号
数据节名:严格编码节 ID,不区别大小写。(左悬挂对齐)		结束数据:	A40	1	1~4
空行				末行	

* 要求作为最后一节。

临时性切沟数据(浅沟数据)*

说明	单位 {英制}[公制]	域 {英制}[公制]	格式	行号	字段号
数据节名:严格编码节 ID,不区别大小写。(左悬挂对齐)		临时性切沟数据:	A40	1	1~4
临时性切沟数:流域内临时性切沟记录的总数。		1~2147483647	I10	1	5
下列2行复述临时性切沟数,一个网格内的数条临时性切沟应该有连贯性。					
临时性切沟 ID:字母数字型字符串,识别临时性切沟。			A10	2	1
第一贡献网格 ID❶:字母数字型字符串,识别有临时性切沟的网格,如果该沟全部位于该网格内(网格定位型临时性切沟);或识别直接排泄到沟道的第一个贡献网格(通常是子区域的左岸网格),如果该临时性切沟位于沟道内(沟道定位型)。网格 ID 必须与“网格数据”节中的网格 ID 相同。			A10	2	2
土壤 ID:字母数字型字符串,为临时性切沟或其他侵蚀点源识别主要的土壤类型,必须与“土壤数据”节中的土壤 ID 相同。空白默认为包含沟口的第一贡献网格的土壤 ID,或者,若为沟道定位型,默认为直接流到沟道的第一网格的土壤 ID。			A10	2	3
第一贡献网格排水面积:若为网格定位型,排水面积即是该贡献网格排到沟口的排水面积,空白默认为整个贡献网格的排水面积;若为沟道定位型,排水面积仅是第一贡献网格流到沟口的那部分排水面积,默认为整个第一贡献网格的排水面积。	{ac} [ha]	空白,或 {0.000025~9884.} [0.00001~4000.0]	F10	2	4
沟谷坡度:沟口点向上游方向的地面坡度,空白默认为0.00001。	l-vert/l-horz (无量纲)	空白,或 0.00001~3.0	F10	2	5
临界剪切应力:发生切沟侵蚀时的临界剪切应力,空白默认为根据切沟的黏土、粉沙和沙的含量进行内部计算,颗粒组成由切沟的土壤 ID 确定。	{lbs/ft^2} [N/m^2]	空白,或 {>0~2.05} [>0~100.0]	F10	2	6
可蚀率:发生切沟侵蚀时的可蚀率,空白默认为根据切沟的黏土、粉沙和沙的含量进行内部计算,颗粒组成由切沟的土壤 ID 确定。	{$ft^2/s/lbs$} [$cm^3/s/N$]	空白,或 {>0~0.00016} [>0~1.0]	F10	2	7

* 可选性项目。如果在临时性切沟沟口只有一个单元提供径流,该临时性切沟为单元定位型;如果有一个以上单元提供径流,则为沟道定位型。

❶建议第一贡献单元采用 TopAGNPS 识别的子区域的左岸单元。

续表

说明	单位 {英制}[公制]	域 {英制}[公制]	格式	行号	字段号
输移率:临时性沟谷侵蚀输送到接收沟道的泥沙量与沟谷产沙总量之比,对于网格定位型沟谷,空白默认为 HUSLE 输移率计算法;对于沟道型切沟,HULSE 用于从沟口到沟谷向下游方向的末端。	无量纲	空白, 0 ~ 1	F10	2	8
田间管理 ID:字母数字型字符串,识别临时性切沟的田间管理,必须与“田间管理数据”节中田间管理 ID 相同,空白默认为包含沟口的网格的“田间管理身分”,或者对于沟道定位型,默认为直接流到沟道的第一贡献网格。			A10	3	1
沟道 ID:字母数字型字符串,识别包含切沟的沟道(沟道定位型切沟),必须与“沟道数据”节中的沟道 ID 相同。若为网格定位型切沟,留做空白。			F10	3	2
第一贡献网格子网格排水面积❶:如果是网格定位型切沟,排水面积是第一贡献网格内直接排水到接收沟道的子网格的排水面积;如果是沟道定位型,该字段留做空白。如果网格只有一个到接收沟道的排水点,或者是沟道定位型切沟,该字段允许为空白。对于网格定位型切沟,默认值是整个网格的排水面积。	{ac} [ha]	空白,或 {0.000025 ~ 9884.} [0.00001 ~ 4000.0]	F10	3	3
第二贡献网格 ID:字母数字型字符串,识别额外的排水到沟道的当地网格,必须与“网格数据”节中的一个网格 ID 相同,如果只有一个当地贡献网格,留做空白。			A10	3	4
第二贡献网格排水面积:只有在是沟道定位型切沟时,才使用该字段。第二贡献网格排水面积是第二个贡献网格排水到沟口的那部分排水面积,默认值是整个第二贡献网格的排水面积。如果是网格定位型切沟,该字段留做空白。	{ac} [ha]	空白,或 {0.000025 或 9884.} [0.00001 或 4000.0]	F10	3	5
校正因子:校正因子用一个已知或假设已知的点(通常是 USGS 测量站),将临时性切沟产沙量校正到它的负荷量,空白默认为 1。	无量纲	空白, 0 ~ ∞	F10	3	6

❶子单元排水面积定义为水文单位面积的排水面积,水文单位面积与切沟口到切沟的接收沟道间的径流路径相联系。

续表

说明	单位 {英制}[公制]	域 {英制}[公制]	格式	行号	字段号
满宁系数 *n* :切沟内集线流的糙率系数,空白默认为0.040。		空白,或 0.005~1.000	F10	3	7
补种期:从种植到作物充分生长之间的天数。在此期间,若发生了临时性切沟侵蚀,被侵蚀的地方可以重新种植。犁耕使临时性切沟空旷地减到零。空白默认为30天。	{d} [d]	空白,或 0~365	I10	3	8
下行是临时性切沟数据的最后一行。					
空行				末行	1~8

饲养场数据*

说明	单位 {英制}[公制]	域 {英制}[公制]	格式	行号	字段号
数据节名:严格编码节ID,不区别大小写(左悬挂对齐)。流域内若没有饲养场,忽略整个数据节。		饲养场数据:	A40	1	1~4
饲养场数:流域内饲养场总数。		1~ 2147483647	I10	1	5
饲养场网格数:流域内包含任一饲养场排水区的任何部分(上坡区域、露天饲养场、铺面饲养场、缓冲区等)的网格总数(注:如果一个网格被数个饲养场使用,在与其有关的所有饲养场都应计数)。		1~ 2147483647	I10	1	6
下列4行复述饲养场数,对于给定网格出口的多个饲养场应按有连贯性的组输入。					
饲养场ID:字母数字型字符串,识别饲养场。			A10	2	1
饲养场管理ID:字母数字型字符串,识别饲养场的管理进程,必须与"饲养场管理数据"中的一个饲养场管理ID相同,使用饲养场初始状态作为稳定状态值时,该字段留做空白。			A10	2	2
露天面积:饲养场未覆盖部分的总面积。	{ac} [ha]	{0.0~9884.} [0.0~4000.0]	F10	2	3
铺面率:铺面露天饲养场的面积与露天饲养场总面积之比。		0.00~1.00	F10	2	4

*可选项。

续表

说明	单位 {英制}[公制]	域 {英制}[公制]	格式	行号	字段号
屋顶面积:所有网格中屋顶覆盖的饲养场总面积。	{ac} [ha]	{0.0 ~ 9884.} [0.0 ~ 4000.0]	F10	2	5
上坡面积:所有网格中饲养场上坡(径流流过饲养场)的总面积。	{ac} [ha]	{0.0 ~ 9884.} [0.0 ~ 4000.0]	F10	2	6
空字段			10	3	1
饲养场初始 N:饲养场最初的每日氮生产量,按单位面积计。	{lb/d/ac} [kg/d/ha]	{0.0 ~ 999.} [0.0 ~ 1120.0]	F10	3	2
饲养场初始 P:饲养场最初的每日磷生产量,按单位面积计。	{lb/d/ac} [kg/d/ha]	{0.0 ~ 999.} [0.0 ~ 1120.0]	F10	3	3
饲养场初始有机 C:饲养场最初的每日有机碳生产量,按单位面积计。	{lb/d/ac} [kg/d/ha]	{0.0 ~ 9992.} [0.0 ~ 11200.0]	F10	3	4
N 增量:饲养场氮生产量的日增加量,按单位面积计。	{Δlb/d/ac} [Δkg/d/ha]	{0.0 ~ 999.} [0.0 ~ 1120.0]	F10	3	5
P 增量:饲养场磷生产量的日增加量,按单位面积计。	{Δlb/d/ac} [Δkg/d/ha]	{0.0 ~ 999.} [0.0 ~ 1120.0]	F10	3	6
有机 C 增量:饲养场有机碳生产量的日增加量,按单位面积计。	{Δlb/d/ac} [Δkg/d/ha]	{0.0 ~ 999.} [0.0 ~ 1120.0]	F10	3	7
空记录			10	4	1
饲养场最大 N:饲养场径流中氮的最大浓度。	ppm	0.0 ~ 1000.0	F10	4	2
饲养场最大 P:饲养场径流中磷的最大浓度。	ppm	0.0 ~ 1000.0	A10	4	3
饲养场最大有机 C:饲养场径流中有机碳的最大浓度。	ppm	0.0 ~ 1000.0	F10	4	4
饲养场厩肥 N:饲养场厩肥中氮的初始量,按单位面积计。	{lb/ac} [kg/ha]	{0.0 ~ 9992.} [0.0 ~ 11200.0]	F10	4	5
饲养场厩肥 P:饲养场厩肥中磷的初始量,按单位面积计。	{lb/ac} [kg/ha]	{0.0 ~ 9992.} [0.0 ~ 11200.0]	F10	4	6
饲养场厩肥有机 C:饲养场厩肥中有机碳的初始量,按单位面积计。	{lb/ac} [kg/ha]	{0.0 ~ 9992.} [0.0 ~ 11200.0]	F10	4	7
空字段			20	5	1 ~ 2
饲养场网格 ID:字母数字型字符串,识别有饲养场的网格。			A10	5	3
空字段			10	5	4
空字段			10	5	5
网格缓冲长度:网格中缓冲区的径流长度,空白默认为 0,即无缓冲长度,不考虑缓冲区。	{ft} [m]	{0.0 ~ 984.} [0.0 ~ 300.0]	F10	5	6
空行				末行	

饲养场管理数据*

说明	单位 {英制}[公制]	域 {英制}[公制]	格式	行号	字段号
数据节名:严格编码节 ID,不区别大小写(左悬挂对齐)。流域内若没有饲养场,忽略整个数据节。		饲养场管理数据:	A40	1	1~4
饲养场管理数:流域内所有饲养场的管理进程总数。		1~2147483647	I10	1	5
饲养场操作方式数:流域内所有饲养场管理进程的操作方式总数。		1~2147483647	I10	1	6
下列行和操作方式数据组数一起复述饲养场管理进程数。					
饲养场管理 ID:字母数字型字符串,识别饲养场管理进程。			A10	2	1
空字段			10	2	2
下列 2 行为一组,复述饲养场管理进程的每一种操作方式,一个饲养场管理进程的多种操作方式必须按时间顺序进行。					
空字段			10	3	1
饲养场操作日期:进行饲养场操作时的日期,年为相对于饲养场管理进程的相对年份,空白默认为 1。	mm/dd/yyyy	mm:1~12 dd:1~31 yyyy:1~1000	2I3,I4	3	2a~2c
厩肥去除率:刮除操作除去饲养场厩肥比率,对于动物操作,留做空白。		空白,或 0.0~1.0	F10	3	3
厩肥起始 N:饲养场动物操作中所有动物开始时氮的日生产率,对于刮除操作,留做空白。	{lb / day} [kg / day]	空白,或 {-88105.~88105.} [-40000.0~40000.0]	F10	3	4
厩肥起始 P:饲养场动物操作中所有动物开始时磷的日生产率,对于刮除操作,留做空白。	{lb / day} [kg / day]	空白,或 {-88105.~88105.} [-40000.0~40000.0]	F10	3	5
厩肥起始有机 C:饲养场动物操作中所有动物开始时有机碳的日生产率,对于刮除操作,留做空白。	{lb / day} [kg / day]	空白,或 {-88105.~88105.} [-40000.0~40000.0]	F10	3	6
空记录			30	4	1~3
厩肥 N 变化:饲养场动物操作中所有动物生产的氮的日变化率,对于刮除操作,留做空白。	{Δlb / day} [Δkg / day]	空白,或 {-881.~881.} [-400.0~400.0]	F10	4	4
厩肥 P 变化:饲养场动物操作中所有动物生产的磷的日变化率,对于刮除操作,留做空白。	{Δlb / day} [Δkg / day]	空白,或 {-881.~881.} [-400.0~400.0]	F10	4	5
厩肥有机 C 变化:饲养场动物操作中所有动物生产的有机碳的日变化率,对于刮除操作,留做空白。	{Δlb / day} [Δkg / day]	空白,或 {-881.~881.} [-400.0~400.0]	F10	4	6
空行				末行	

* 只用于 AnnAGNPS 模式;可选项,仅在包括了饲养场数据时使用。

施用肥料数据*

说明	单位 {英制}[公制]	域 {英制}[公制]	格式	行号	字段号
数据节名:严格编码节 ID,不区别大小写(左悬挂对齐)。		肥料施用数据:	A40	1	1
肥料施用数:流域内肥料施用记录的总数。		1 ~ 2147483647	I10	1	2
下列行复述肥料施用数。					
肥料施用 ID:字母数字型字符串,识别肥料施用。			A10	2	1
肥料名 ID:字母数字型字符串,是肥料的名称或厩肥类型名称,必须与肥料参考数据中的一个肥料参考 ID 相同。			A20	2	2 ~ 3
肥料率:肥料施用率。	{lb / ac} [kg /ha]	{0.0 ~ 49974.} [0.0 ~ 56000.0]	F10	2	4
肥料深度:土壤中肥料施用深度,零表示肥料施在地表。当前未使用。	{in} [mm]	空白,或 {0.0 ~ 59.} [0.0 ~ 1500.0]	F10	2	5
肥料混合码:编码表示肥料在施用深度内是否均匀混合。接受值为: N:no, Y:yes (空白表示 yes)		空白, Y 或 N	A10	2	6
空行				末行	

* 操作方式中涉及到需要该数据。

肥料参考数据*

说明	单位 {英制}[公制]	域 {英制}[公制]	格式	行号	字段号
数据节名:严格编码节 ID,不区别大小写(左悬挂对齐)。		肥料参考数据:	A40	1	1
肥料参考数:流域内肥料参考记录的总数。		1 ~ 2147483647	I10	1	2
下列两行为一组,复述肥料参考数。					
肥料参考 ID:字母数字型字符串,为肥料的名称,也可以是厩肥类型名。			A20	2	1 ~ 2
肥料 N:除硝态氮外其他各种形式的自然氮的比例,当前未使用。	wt /wt (无量纲)	空白,或 0.0 ~ 1.0	F10	2	3
硝态氮:硝态氮(NO_3)占总氮的比例。	wt /wt (无量纲)	空白,或 0.0 ~ 1.0	F10	2	4
无机 N:矿化氮占总氮的比例。	wt /wt (无量纲)	0.0 ~ 1.0	F10	2	5
有机 N:有机氮占总氮的比例。	wt /wt (无量纲)	0.0 ~ 1.0	F10	2	6

* 如果使用了“肥料施用数据”,则要求有该数据。

续表

说明	单位 {英制}[公制]	域 {英制}[公制]	格式	行号	字段号
肥料氨:肥料氨(NH_4)占总氮的比例。当前未使用。	wt /wt (无量纲)	空白,或 0.0~1.0	F10	2	7
矿化氨:矿化氨占总氮的比例。当前未使用。	wt /wt (无量纲)	空白,或 0.0~1.0	F10	2	8
空记录			10	3	1
肥料 P:各种形式的自然磷的比例,当前未使用。	wt /wt (无量纲)	空白,或 0.0~1.0	F10	3	2
可溶性 P:可溶性磷占全磷的比例,当前未使用。	wt /wt (无量纲)	空白,或 0.0~1.0	F10	3	3
无机 P:矿化磷占全磷的比例。	wt /wt (无量纲)	0.0~1.0	F10	3	4
有机 P:有机磷占全磷的比例。	wt /wt (无量纲)	0.0~1.0	F10	3	5
有机质:有机质的比例。	wt /wt (无量纲)	空白,或 0.0~1.0	F10	3	6
肥料浓度码:肥料或厩肥浓度编码。接受值为:1 = 液态, 2 = 浆态, 3 = 固态 当前未使用。		空白,或 1, 2 或 3	I10	3	7
空行				末行	

田间水塘数据*

说明	单位 {英制}[公制]	域 {英制}[公制]	格式	行号	字段号
数据节名:严格编码节 ID,不区别大小写(左悬挂对齐)。		肥料参考数据:	A40	1	1~4
田间水塘数:流域内田间水塘总数		1~ 2147483647	I10	1	5
最大闸门操作数:流域内任意一个轮作期内田间水塘闸门操作方式的最大数。		1~ 2147483647	I10	1	6
闸门操作总数:所有轮作期闸门操作方式的总数。		1~ 2147483647	I10	1	7
空字段			10	1	8
下列两行为一组,复述肥料参考数。					
田间水塘 ID:唯一的字母数字型字符串,识别田间水塘,同一个网格内的数个水塘可合并成一个单一水塘,以方便模拟。			A10	2	1
田间水塘-网格 ID:字母数字型字符串,识别有水塘的网格,必须与流域内已包括的“网格数据”节中的一个网格 ID 相同。			A10	2	2

* 流域内有田间水塘时需要该数据。

续表

说明	单位 {英制}[公制]	域 {英制}[公制]	格式	行号	字段号
田间水塘面积:田间水塘的面积,同一个网格内的数个水塘可合并成一个单一水塘,以方便模拟。	{ac} [ha]	{0.0～9884.} [0.0～4000.0]	F10	2	3
轮作年数:田间水塘管理中的轮作期的年数。		<10000	I10	2	4
闸门操作数:在轮作期内田间水塘闸门开启和关闭的总次数。对于每个开启(关闭),必须有一个关闭(开启)。		2～10000	I10	2	5
空记录			10	2	6
空记录			10	2	7
空记录			10	2	8
空记录			10	3	1
排弃水量:闸门开启操作一次从池塘中排出的水量,以线性单位深度表示,如果输入了排水速率,弃水量可以为空白。	{in} [mm]	{>0.～393.} [>0～10000.]	F10	3	2
排水持续时间:排空池塘持续的时间,如果排水速率字段为空白,将使用该时间。排水持续时间和排水速率字段皆为空白时,默认为24h排水时间。	h	>0.0～8784	F10	3	3
排水速率:单位时间从池塘中排出的水量,用每小时排出的线性单位深度表示,可以为空白,当为空白时,排水速率将用排弃水量(池塘面积)和持续时间进行计算。排水持续时间和排水速率字段皆为空白时,默认为24h排水时间。	{in/h} [mm/h]	{>0.～393.} [>0.～10000.]	F10	3	4
泥沙浓度:排弃水中平均泥沙浓度。空白默认为0ppm。	ppm	0.～1000000.	F10	3	5
黏土含量:池塘产沙量中黏土所占的百分比。黏土加粉沙不能超过100%。黏土和粉沙含量二者皆为空白时,默认为100%黏土;黏土为空白,粉沙含量大于0,默认为黏土含量为0;如果黏土加粉沙小于100%,相差部分看做沙。	%	0.～100.	F10	3	6
粉沙含量:池塘产沙量中粉沙所占的百分比。黏土加粉沙不能超过100%,若小于100%,相差部分看做沙。空白默认为0。	%	0.～100.	F10	3	7

续表

说明	单位 {英制}[公制]	域 {英制}[公制]	格式	行号	字段号
N 浓度:排弃水中氮的总浓度(溶解 N 和吸附 N),空白默认为 0。当前未使用。	ppm	空白,或 0. ~1000000.	F10	3	8
空字段			10	4	1
P 浓度:排弃水中磷的总浓度(溶解 P 和吸附 P),空白默认为 0。当前未使用。	ppm	空白,或 0. ~1000000.	F10	4	2
有机 C 浓度:排弃水中有机碳的总浓度(溶解 C 和吸附 C),空白默认为 0。当前未使用。	ppm	空白,或 0. ~1000000.	F10	4	3
杀虫剂参考 ID:杀虫剂参考列表中排弃水杀虫剂 ID,该 ID 必须在杀虫剂参考列表中。该 ID 将转换到杀虫剂参考列表中的杀虫剂阵列指数。在一次排弃水中,一个字段只能输入一种杀虫剂。当前未使用。			A40	4	4 ~7
杀虫剂浓度:排弃水中杀虫剂的总浓度(溶解的和吸附的),一个池塘只允许一种杀虫剂,空白默认为 0。当前未使用。	ppm	空白,或 0. ~1000000.	F10	4	8
第五行复述池塘的闸门开启和关闭。					
空字段				5	1
开启/关闭:闸门动作,表示闸门是开启(排水)还是关闭。在闸门开启期间(天),池塘将看做均匀网格的一部分;在闸门关闭期间,池塘将看做无径流,即所有降雨落在池塘并入渗。		“开” 或 “关”	A10	5	2
开启/关闭循环日:在池塘的一组操作中的月、日和相对年,该日期将进行内部转换,从相对循环日(mm/dd/yy)转换到二维变量,即循环年和公历日。若操作的月和日为空白,且该操作是池塘一组操作中的第一个,则该操作被看做初始状况开始模拟。空白年默认为 1。	mm/dd/yy	空白,或 mm:1 ~12 dd:1 ~31 yy:1 ~100	I2,“/” I2,“/” I2,“bb” 这里“b”是空字符	5	3a ~3c
空字段			10	5	4 ~8
空行				末行	

蓄水坝数据*

说明	单位 {英制}[公制]	域 {英制}[公制]	格式	行号	字段号
数据节名:严格编码节 ID,不区别大小写(左悬挂对齐)。		蓄水坝数据:	A40	1	1
蓄水坝数:流域内蓄水坝记录总数。		1 ~ 2147483647	I10	1	2
下列行复述蓄水坝数					
蓄水坝 ID:字母数字型字符串,识别蓄水坝。			A10	2	1
蓄水入渗:蓄水塘底入渗率,空白默认为 0。	{in / h} [mm / h]	空白,或 {0.0 ~ 19.} [0.0 ~ 500.0]	F10	2	2
蓄水渗流:通过蓄水坝的渗流常数,空白默认为 0。	{cfs} [m^3/s]	空白,或 {0.0 ~ 105.} [0.0 ~ 3.0]	F10	2	3
永久水塘深度:用做临时库容和溢流的基准深度,如果为零或为空白,表示没有永久池塘。	{ft} [m]	空白,或 {0.0 ~ 98.} [0.0 ~ 30.0]	F10	2	4
蓄水系数:描述蓄水量 ~ 深度关系的幂函数曲线中的系数: Vol = coef (Depth) ^{exp} 式中:Vol 为沟底高程以上的库容 (acre-feet 或 hectare-meter)。 Depth 为沟底以上垂直距离(feet 或 meters)		[>0.0 ~ 260.]❶	F10	2	5
蓄水指数:描述蓄水量 ~ 深度关系的幂函数曲线中的指数: Vol = coef (Depth) ^{exp} 式中:Vol 为沟底高程以上的库容 (acre-feet 或 hectare-meter)。 Depth 为沟底以上垂直距离(in 或 m) 空白默认为 1。		空白,或 0. ~ 10.	F10	2	6
蓄水排泄系数:描述排泄量 ~ 深度关系的幂函数曲线中的系数: Q = coef (Depth) ^{exp} 式中:Q 为主溢洪道排泄(cfs 或 m^3/s). Depth 为沟底以上垂直距离(对压力流)或永久水塘以上距离(对堰流)(feet 或 meters)。		[>0.0 或 2000.0]❷	F10	2	7

* 在"沟道数据"中涉及到时需要该数据。

❶英制单位到公制单位的转换是非线性的。合适的英制单位幅度:对最小蓄水量指数为{ >0.0 ~ 642. },对最大蓄水量指数为{ >0.0 ~ 59.7}。

❷英制单位到公制单位的转换是非线性的。合适的英制单位幅度:对最小蓄水排泄指数为{0.0 ~ 39000},对最大蓄水排泄指数为{ >0.0 ~ 3620}。

续表

说明	单位 {英制}[公制]	域 {英制}[公制]	格式	行号	字段号
蓄水排泄指数:描述排泄量～深度关系的幂函数曲线中的指数: $Q = coef\ (Depth)^{exp}$ 式中:Q 为主溢洪道排泄(cfs 或 m^3/s);Depth 为沟底以上垂直距离(对压力流)或永久水塘以上距离(对堰流)(英尺或米)。对压力流取 0.5;对水平堰流取 1.5;对三角堰取 2.5,空白默认为 0.5。		空白, 0.5,1.5,或 2.5	F10	2	8
泥沙冲刷深度:冲沙前泥沙淤积深度,空白默认为水塘永久深度。	{ft} m	空白,或 0～永久深度	F10	3	2
泥沙冲刷年数:冲沙前泥沙淤积年数。在永久水塘深度和泥沙冲刷深度为空白时,泥沙冲刷年数默认为 5 年,相反,永久水塘深度和泥沙冲刷深度任一个不是空白,而泥沙冲刷年数为空白,默认为无泥沙冲刷。		空白,或 ≥0	I10	3	3
空行				末行	

灌溉操作数据*

说明	单位 {英制}[公制]	域 {英制}[公制]	格式	行号	字段号
数据节名:严格编码节 ID,不区别大小写(左悬挂对齐)。		灌溉操作 数据:	A40	1	1
灌溉操作数:流域内灌溉操作记录总数。		1～ 2147483647	I10	1	2
下列 2 行组复述灌溉操作数					
灌溉操作 ID:字母数字型字符串,识别灌溉操作进程。			A10	2	1
灌溉结束日期:自动或手工间隔灌溉的结束日期:月、日和相对年,要求输入"灌溉触发器"、"间隔数"或"间隔天数"中的一个,对于手工单次灌溉,留做空白。空白年默认为 1。	mmm ddd yyyy	mmm:1～12 ddd:1～31 yyyy:1～100	2I3, I4	2	2a～2c

* 在"操作数据"中涉及到时需要该数据。

续表

说明	单位 {英制}[公制]	域 {英制}[公制]	格式	行号	字段号
灌溉类型码:接受值如下: 1 =垄灌(无限制,交互灌溉) 2 =垄灌(无限制,相邻垄沟轮替灌溉) 3 =垄灌(限制交互灌溉) 4 =垄灌(限制相邻垄沟轮替灌溉) 5 =波涌灌 6 = 渠灌 7 = 水平移动灌溉 8 = 中心旋转灌溉 9 = 线性移动灌溉 10 = 喷灌 11 = 水枪 12 = 滴灌 13 = 地下灌溉		1~13	I10	2	3
灌溉持续时间:灌溉操作的持续时间,只用于手工灌溉,对于自动灌溉,留做空白。	h	空白,或 0.1~24.0	F10	2	4
灌溉损失:预期灌溉渗漏的部分,空白默认为0.0。	%	空白,或 0.0~100.0	F10	2	5
灌溉速率:灌溉操作的速率,只用于手工灌溉,对于自动灌溉,留做空白。	{gpm / ac} [m^3/sec/ha]	空白,或 {0.064~640000.0} [0.00001~100]	F10	2	6
尾水恢复:尾水恢复的有效性。	%	0.0~100.0	F10	2	7
灌溉触发器:自动灌溉进程中的土壤水分损耗等级,只用于自动灌溉,且要求输入"灌溉结束日期",空白意味着手工灌溉。	%	空白,或 0.0~100.0	F10	2	8
空字段			20	3	1~2
灌溉面积比率:灌溉了的田间或网格面积与总面积的比,空白默认为1.0。		空白,或 0.0~1.0	F10	3	3
间隔数:灌溉期内固定间隔灌溉的次数,只用于固定间隔灌溉而未指定间隔,要求输入"灌溉结束日期"。对于自动灌溉或单次灌溉,留做空白。		空白,或 1~100	I10	3	4
间隔天数:两次灌溉之间的固定天数,只用于固定间隔灌溉而未指定"间隔数",要求输入"灌溉结束日期"。对于自动灌溉或单次灌溉,留做空白。	Days	空白,或 1~100	I10	3	5

续表

说明	单位 {英制}[公制]	域 {英制}[公制]	格式	行号	字段号
化学倍数:灌溉操作与加到水中的化学药品间手工灌溉的倍数,要求输入“灌溉间隔数”或“间隔天数”。对于自动灌溉或单次灌溉,留做空白。		空白,或 1~100	I10	3	6
灌溉泥沙率:最终田间的产沙率,包括所有粒径,空白默认为0.0。	{tons/ac/in} [metric tons/ha/mm]	空白,或 {0.0~6.0} [0.0~0.53]	F10	3	7
空行				末行	

滑坡数据❶*

说明	单位 {英制}[公制]	域 {英制}[公制]	格式	行号	字段号
数据节名:严格编码节ID,不区别大小写(左悬挂对齐)。		滑坡数据:	A40	1	1~4
滑坡数量:流域内滑坡记录总数。		1~ 2147483647	I10	1	5
下列2行组复述滑坡数。					
滑坡ID:字母数字型字符串,识别滑坡。			A10	2	1
网格ID:字母数字型字符串,识别有滑坡的网格。对于一个网格,幂函数回归曲线可以包括一个以上的滑坡。网格ID必须与“网格数据”节中的一个网格ID相同。			A10	2	2
土壤ID:字母数字型字符串,为滑坡识别主要土壤类型,必须与“土壤数据”节中的一个土壤ID相同,空白默认为包含滑坡的网格的土壤ID。			A10	2	3
排水面积:滑坡以上的排水面积,该面积与滑坡侵蚀回归系数和指数相关。默认为整个网格的排水面积。	{ac} [ha]	{0.000025~9884.} [0.00001~4000.0]	F10	2	4
深度:侵蚀的平均深度,用来分解侵蚀土层,空白默认为第一土层。	{in} [mm]	空白,或 {0.00~314.} [0.00~8000]	F10	2	5

❶一个网格可能有数个滑坡,可看做一组,用一个幂函数曲线描述,或各个滑坡分别用不同的曲线描述,或者是二者的结合。

* 可选项。

续表

说明	单位 {英制}[公制]	域 {英制}[公制]	格式	行号	字段号
侵蚀系数:滑坡侵蚀幂函数曲线中的系数(注:对于侵蚀 Q_s 和降雨/径流 Q_w)二者皆可以是单位面积,也可以是总量单位,但在公式内必须一致): $Q_s = coef * Q_w^{exp}$ 式中　Q_w 为降雨/径流量(单位面积,in 或 mm^3;总量单位,AF 或 mg)。 Q_s 为输沙量(单位面积,t/ac 或 mg/ha;总量单位,t 或 mg) 不允许空白。		[>0.0 ~ 100.]❶	F10	2	6
侵蚀指数:滑坡侵蚀幂函数曲线中的指数(注:对于侵蚀 Q_s 和降雨/径流 Q_w)二者皆可以是单位面积,也可以是总量单位,但在公式内必须一致): $Q_s = coef * Q_w^{exp}$ 式中　Q_w 为降雨/径流量(单位面积,in 或 mm^3;总量单位,AF 或 mg)。 Q_s 为输沙量(单位面积,t/ac 或 mg/ha;总量单位,t 或 mg) 不允许空白。		空白,或 0.0 ~ 3.0	F10	2	7
输移率:滑坡侵蚀与沟谷产沙总量之比,空白默认为 HULSE 输移率计算法。	无量纲	空白,或 0 ~ 1	F10	2	8
空字段			10	2	8
田间管理 ID:字母数字型字符串,为临时性切沟识别田间管理,必须与“田间管理数据”节中的一个田间管理 ID 相同,空白默认为第一贡献网格的田间管理。		空白,或 0.0 ~ 1.0	A10	3	1
空字段			10	3	2
空字段			10	3	3
空字段			10	3	4
空字段			10	3	5
校正因子:校正因子用来将滑坡产沙量校正到它在已知点(通常是 USGS 测量站)的负荷量,空白默认为 1。	无量纲	空白,或 0 ~ ∞	F10	3	6

❶英制单位到公制单位的转换是非线性的。适当的英制单位幅度将限制侵蚀,使之低于 100t/ac。

续表

说明	单位 {英制}[公制]	域 {英制}[公制]	格式	行号	字段号
降雨/径流指示器：编码表示滑坡侵蚀的幂函数曲线中的体积(Q_w)是否是降雨或径流的函数，空白默认为1，0为降雨，1为径流。		空白，0或1	I10	3	7
单位指示器：编码表示回归系数和指数是用做单位面积还是总单位，空白默认为1，0为单位面积，1为总单位。			I10	3	8
下面一行是“滑坡数据”节的最后一行。					
空行				最后	1~8

田间管理数据*

说明	单位 {英制}[公制]	域 {英制}[公制]	格式	行号	字段号
数据节名：严格编码节ID，不区别大小写(左悬挂对齐)。		田间管理数据：	A40	1	1~4
田块数量：流域内田块总数。		1~2147483647	I10	1	5
下列2行组复述田块数量。					
田块ID：字母数字型字符串，识别田块。			A10	2	1
田块土地利用ID：字母数字型字符串，描述土地利用类型。接受值为：Cropland(作物地)，Pasture(牧草地)，Rangeland(放牧地)，Forest(林地)，Urban(城镇)。			A10	2	2
管理顺序ID：字母数字型字符串，识别田块的管理顺序，必须与“管理顺序数据”中的一个管理顺序ID相同。			A10	2	3
相对轮作年：公历年第一年在田间管理轮作中的相对年(例如，对于3年轮作，开始年可以是1，2，3)，空白默认为1。第一模拟年的相对轮作年可以改变，如果开始模拟年发生变化。		空白，或1~1000	I10	2	4
USLE P因子：田块的平均年USLE P因子。如果侵蚀码(“模拟周期数据”)为1(USLE)，要求输入该因子，否则留做空白。		空白，或0.0~1.0	F10	2	5

* 必需项。

续表

说明	单位 {英制}[公制]	域 {英制}[公制]	格式	行号	字段号
基岩覆盖率:地面为岩石覆盖的百分比,空白默认为0.0。		空白,或 0.0~100.0	F10	2	6
RUSLE P子因子:该因子代表地下排水减少侵蚀的情况。因子值1.0表示侵蚀未减少。如果侵蚀码("模拟周期数据")为0(RUSLE),要求输入该因子,否则留做空白,空白默认为1.0。		空白,或 0.0~1.0	F10	2	7
细沟间侵蚀码:Beta编码表示细沟侵蚀与细沟间侵蚀的比率。接受值为: 1表示裸露土壤细沟/细沟间侵蚀相等(比率=0.035) 2表示裸露土壤细沟间侵蚀为主(比率=0.025) 3表示裸露土壤细沟侵蚀为主(比率=0.050) 4表示粗质土(比率=0.045) 空白默认为3。		空白,或 1~4	I10	2	8
空字段			10	3	1
随机糙率:指长期的随机糙率,由地表岩石、根系及其他植物性影响而产生。土地长期撂荒多年,超过了土壤完全固结所需的年数。空白默认为1.25 in (32 mm)。	{in} [mm]	空白,或 {0.000004~19.6} [0.00001~500.0]	F10	3	2
梯田水平距离:田块里梯田间的距离。若无梯田,该字段留做空白。	{ft} [m]	空白,或 {0.000033~9842.} [0.00001~3000.0]	F10	3	3
梯田坡度:梯田到出口"零"的坡度,或者空白表示水平梯田。如果"梯田水平距离"字段为空白,该字段也必须为空白。	len-vert/lenhorz (无量纲)	空白,或 0.0~10.0	F10	3	4
瓦沟排水ID:字母数字型字符串,识别田块中实施的瓦沟排水渠,若无瓦沟排水渠,该字段留做空白。			A10	3	5
空行				最后	1~8

管理操作数据 *

说明	单位 {英制}[公制]	域 {英制}[公制]	格式	行号	字段号
数据节名:严格编码节 ID,不区别大小写(左悬挂对齐)。		管理操作数据:	A40	1	1
管理操作数:流域内管理操作总数。		1 ~ 2147483647	I10	1	2
下列 3 行组复述管理操作数。					
管理操作 ID:字母数字型字符串,识别管理操作。			A10	2	1 ~ 2
效果码:描述田间地面状况的变化,可以输入多达 5 个码。接受值为: 1 为无实施 2 为土壤表层扰动 3 为当前作物残留物加到地表 4 为其他残留物加到田间 5 为当前作物残留物去除 6 为当前作物收获 7 为种植作物(生长开始) 8 为当前作物枯死 9 为引进新作物 10 为当前和以前的残留物去除 只有 #1 可以在阵列里重复出现,空白默认为#1。		1 ~ 10	5I2	2	3a ~ 3e
空字段			10	2	4
残留物覆盖保持率:实施土壤表层扰动操作后残留物覆盖层保持的百分率,仅在"效果码"为 2 和"残留物重量保持率"不存在时使用该编码,如果"效果码"为 2,并且"残留物覆盖保持率"或"残留物重量保持率"必须大于 0,而另一个是 0 或空白。该字段为空白时默认为 0.0。当"效果码"不是 2 时,该字段必须为空白或 0.0。	%	空白,或 >0. ~100.0	F10	2	5
残留物重量保持率:实施土壤表层扰动操作后残留物重量保持的百分率,仅在"效果码"为 2 和"残留物覆盖保持率"不存在时使用该编码,如果"效果码"为 2,并且"残留物覆盖保持率"或"残留物重量保持率"必须大于 0,而另一个是 0 或空白。该字段为空白时默认为 0.0。当"效果码"不是 2 时,该字段必须为空白或 0.0。	%	空白,或 0.0 ~ 100.0	F10	2	6

* 用于 AnnAGNPS 模式;必需项。

续表

说明	单位 {英制}[公制]	域 {英制}[公制]	格式	行号	字段号
扰动面积:操作措施扰动地表面积的百分率,仅在“效果码”为2时使用。效果码2的字段要求输入大于0的值。若“效果码”不是2时,该字段必须为空白或0.0。	%	空白,或 0.0~100.0	F10	2	7
初始随机糙率:初始随机糙率,仅在“效果码”为2时使用,效果码2的字段要求输入大于0的值。若“效果码”不是2时,该字段必须为空白。	{in} [mm]	空白,或 {>0. ~10.0} [>0. ~254.0]	F10	2	8
空字段			10	3	1
最终随机糙率:最终固定的随机糙率,仅在“效果码”为2时使用,效果码2的字段要求输入大于0的值。若“效果码”不是2时,该字段必须为空白。	{in} [mm]	空白,或 {>0. ~10.0} [>0. ~254.0]	F10	3	2
犁耕操作深度:犁耕操作的深度,仅在“效果码”为2时使用,效果码2的字段要求输入大于0的值。若“效果码”不是2,该字段必须为空白。	{in} [mm]	空白,或 {>. ~100.} [>0.0~2540.]	F10	3	3
增加的地表残留物:所实施的保持在地表的额外残留物,仅在“效果码”为4时使用,效果码4的字段要求输入大于0的值。若“效果码”不是4,该字段必须为空白。	%	空白,或 >0. ~100.0	F10	3	4
地表分解率:所增加的残留物表层分解系数,仅在“效果码”为4时使用,效果码4的字段要求输入大于0的值。若“效果码”不是4,该字段必须为空白。		空白,或 >0. ~100.0	F10	3	5
地下分解率:所增加的残留物地下分解系数,仅在“效果码”为4时使用,效果码4的字段要求输入大于0的值。若“效果码”不是4时,该字段必须为空白。		空白,或 >0. ~100.0	F10	3	6
空字段			10	4	1
地表残留物:在三个覆盖百分率时所增加的地表残留物量。覆盖率顺序和值为:30%,60%,90%,且“效果码”4的字段要求大于0的值,若“效果码”不是4,该字段必须为空白。	{lb/ac} [kg/ha]	{>0. ~99924.} [>0. ~112000.0]	3F10	4	2~4
空行				最后	

管理进程数据*

说明	单位 {英制}[公制]	域 {英制}[公制]	格式	行号	字段号
数据节名:严格编码节 ID,不区别大小写(左悬挂对齐)。		管理进程数据:	A40	1	1~4
管理操作数:流域内管理事件总数。		1~2147483647	I10	1	5
杀虫剂施用数:杀虫剂施用记录的总数。杀虫剂施用记录是管理进程数据的一部分。空白默认为0。		空白,或 1~2147483647	I10	1	6

下列4行为一组,复述管理进程分组内的操作数。一个分组内的所有事件必须以时间为序,最后一行复述杀虫剂施用数,若未施用杀虫剂,省略最后一行。

管理进程 ID:字母数字型字符串,识别管理进程。			A10	2	1
事件日期:事件的完整日期(一个进程分组内的月、日、相对年)。如果月、日、年三者其一为空白,将显示出错信息。空白不被接受。	mmm ddd yyyy	空白,或 mmm:1~12 ddd:1~31 yyyy:1~100	2I3, I4	2	2a~2e
事件的等高线 ID:字母数字型字符串,识别管理等高线数据,必须与"等高线数据"中的一个等高线 ID 相同。只用于涉及等高线的第一个事件或当发生了变化时。			A10	2	3
事件的新作物 ID:字母数字型字符串,为事件识别新作物信息,必须与"作物数据"中的一个作物 ID 相同。如果有变化发生,在有额外条目的作物事件组中,要求一个新的事件。			A20	2	4~5
带状作物 ID:字母数字型字符串,为事件识别带状作物数据,必须与"带状作物数据"中的一个带状作物 ID 相同。仅在涉及条带作物(在管理进程中)的第一个事件或发生了变化时需要该 ID。			A10	2	6
新的非作物 ID:字母数字型字符串,为事件识别非作物土地利用数据,必须与"非作物数据"中的一个非作物 ID 相同。对于非作物管理进程中的事件要求该 ID。			A20	2	7~8
空字段			10	3	1

* 必需项。

续表

说明	单位 {英制}[公制]	域 {英制}[公制]	格式	行号	字段号
曲线编号 ID:一个径流曲线编号 ID 在预定的日期或预定日期之后立即生效,必须与"径流曲线编号数据"节中的一个对应 ID 相匹配。每一个管理进程 ID 的第一个预定日期和当径流曲线编号发生变化时都要求一个曲线编号 ID。当单独指定了"预定的曲线编号 ID",未指定"新的作物 ID",曲线编号当日生效。当单独指定了"预定的曲线编号 ID",同时指定了"新的作物 ID"和包含种植效果码(7)的"管理操作 ID",曲线编号从老数转换成新数,是种植到收获的天数的函数。当指定了种植管理操作 ID,曲线编号代表一个成熟的作物。			A40	3	2~5
事后满宁系数 n:操作措施实施后使用的满宁系数。一个管理进程中的第一个操作或当变化发生时需要该系数,默认为网格的当前值。		空白,或 0.005~1.0	F10	3	6
事后地面常数:操作措施实施后使用的地面状况常数系数。一个管理进程中的第一个操作或当变化发生时需要该系数,默认为网格的当前值。		空白,或 0.0~1.0	F10	3	7
操作措施残留物变化:实施操作措施时残留物增加或减少的量。残留物变化量总为整数。数据解读取决于与操作相联系的效果码(在"操作参考数据"中),空白默认为0.0。效果码作用为: 3:(可选项)若为0,增加当前作物潜在残留物;否则,该量加到当前作物残留物中。 4:(必需项)以唯一的残留物增加 5:(可选项)若为0,将去除所有当前作物残留物;否则,仅减去该量。 10:(可选项)若为0,去除所有地面残留物;否则,用该值除以所有地表残留物总量,以确定从各残留物中去除的比例。 该值不与其他效果码一起使用。	{lb/ac} [kg/ha]	空白,或 {0.0~99924.} [0.0~112000.0]	F10	3	8
空字段			10	4	1

续表

说明	单位 {英制}[公制]	域 {英制}[公制]	格式	行号	字段号
肥料施用ID:字母数字型字符串,为操作识别肥料信息,必须与肥料施用数据中的一个肥料ID相同。空白默认为无肥料施用。			A10	4	2
灌溉应用ID:字母数字型字符串,识别灌溉信息,必须与灌溉应用数据中的一个灌溉应用ID相同。空白表示无灌溉。			A10	4	3
管理操作ID:字母数字型字符串,为操作作业识别操作信息,必须与“管理操作数据”中的一个操作ID相同。空白表示“无操作”。注:如果在“管理操作数据”节中未找到“无操作”ID,AnnAGNPS将插入一个,所有效果码1。			A20	4	4~5
瓦沟排水状态变化:字母数字型字符串,表示瓦沟排水状态的变化。接受的输入为“开启”或“关闭”。当瓦沟排水系统存在时,瓦沟系统的初始状态为“开启”。无瓦沟排水系统时,该字段应为空白。			A10	4	6
下列行复述与操作同时进行的杀虫剂施用数,若不施用杀虫剂,杀虫剂ID记录不应包括在其中。					
空字段			20	5	1~2
杀虫剂施用ID:字母数字型字符串,为操作识别杀虫剂信息,必须与“杀虫剂施用数据”中的一个杀虫剂施用ID相同。			A10	5	3
空行				最后	

管理顺序数据*

说明	单位 {英制}[公制]	域 {英制}[公制]	格式	行号	字段号
数据节名:严格编码节ID,不区别大小写(左悬挂对齐)。		管理顺序数据:	A40	1	1~4
管理顺序数:流域内管理顺序总数。		1~2147483647	I10	1	5
下列行为一组,复述与管理顺序相关的预定分组数。					
管理顺序ID:字母数字型字符串,识别管理顺序。			A10	2	1
管理进程ID:字母数字型字符串,识别与管理顺序相联系的管理进程,必须与“管理进程数据”节中的一个管理进程ID相同。			A10	2	2
空行				最后	

*必需项。

非作物数据 *

说明	单位 {英制}[公制]	域 {英制}[公制]	格式	行号	字段号
数据节名:严格编码节 ID,不区别大小写(左悬挂对齐)。		非作物数据:	A40	1	1
非作物土地利用数:流域内非作物记录组总数。		1 ~ 2147483647	I10	1	2
下列 2 行组,复述非作物土地利用数。					
非作物 ID:字母数字型字符串,识别非作物土地利用。			A20	2	1 ~ 2
非作物描述:非作物土地利用描述(可选项,仅为用户参考,不与 AnnAGNPS 使用)。			A60	2	3 ~ 8
空字段			10	3	1
年根系生物量:距地表 4 in (100 mm)土层内年平均根系生物量。	{lb / ac} [kg / ha]	空白,或 {0.0 ~ 99924.} [0.0 ~ 112000.0]	F10	3	2
年覆盖率:年平均作物冠层对地面的覆盖率。		空白,或 0.0 ~ 1.0	F10	3	3
年降雨降落高度:雨滴被作物冠层干扰后降落到地面的年平均距离。	{ft} [m]	空白,或 {0. ~ 262.0} [0.0 ~ 80.0]	F10	3	4
地面残留物覆盖:残留物覆盖地面的百分比,植株根基面积不看做地面覆盖。	%	空白,或 0 ~ 100.0	F10	3	5
空字段		空白,或 0.0 ~ 1.0	F10	3	6
空行				最后	

* 用于 AnnAGNPS 模式;管理进程数据中涉及到时要求该项。

输出选项数据 *

说明	列	域	格式	行号	字段号
数据节名:严格编码节 ID,不区别大小写。	1 ~ 40	输出选项数据:	A40	1	1 ~ 4
全程请求所有版本 3 逗号分隔变量格式数据库文件(*.csv); 默认为“假”。	41	Blank❶, T❷, 或 F❸	A1	1	5
全程请求所有版本 3 数据准备验证文件(*.dpp); 默认为“假”。	42	Blank, T,或 F	A1	1	5
全程请求所有版本 3 输入数据验证文件(*.npt); 默认为“假”。	43	Blank, T,或 F	A1	1	5
全程请求所有版本 3 模拟验证文件(*.sim); 默认为“假”。	44	Blank, T,或 F	A1	1	5
全程请求所有版本 3 模拟验证文件(*.sim); 默认为“假”。	45	Blank, T,或 F	A1	1	5

❶Blank 为空白;❷T 为真;❸F 为假

* 可选项;详见附录 A 的解释。

续表

说明	列	域	格式	行号	字段号
全程请求程序执行日志文件(AnnAGNPS.log); 默认为"真"。	46	Blank, T,或 F	A1	1	5
全程请求程序执行日志文件到屏幕; 默认为"真"。	47	Blank, T,或 F	A1	1	5
全程请求警告文件; 默认为"真"。	48	Blank, T,或 F	A1	1	5
全程请求版本 1 & 2 格式表格输出文件; 默认为"假"。	49	Blank, T,或 F	A1	1	5
专用	50	Blank only	—	1	5
全程请求所有包括在输出中的网格;默认为"真"。	51	Blank, T,或 F	A1	1	6
全程请求所有包括在输出中的饲养场;默认为"假"。	52	Blank, T,或 F	A1	1	6
全程请求所有包括在输出中的田间池塘;默认为"假"。	53	Blank, T,或 F	A1	1	6
全程请求所有包括在输出中的切沟;默认为"假"。	54	Blank, T,或 F	A1	1	6
全程请求所有包括在输出中的点源;默认为"假"。	55	Blank, T,或 F	A1	1	6
全程请求所有包括在输出中的沟道;默值仅是"出口"。	56	Blank, T,或 F	A1	1	6
专用	57	Blank only	—	1	7
专用	58	Blank only	—	1	6
全程请求所有包括在模拟输出和平均年输出中的养分;默认为"真"。	59	Blank, T,或 F	A1	1	6
全程请求所有包括在模拟输出和平均年输出中的杀虫剂;默认为"真"。	60	Blank, T,或 F	A1	1	6
专用	61	Blank only	—	1	7
专用	62	Blank only	—	1	7
全程请求所有包括在模拟输出和平均年输出中的泥沙;默认为"真"。	63	Blank, T,或 F	A1	1	7
全程请求所有包括在模拟输出和平均年输出中的水分;默认为"真"。	64	Blank, T,或 F	A1	1	7
全程请求所有包括在事件输出中的养分;默认为"真"。	65	Blank, T,或 F	A1	1	7
全程请求所有包括在事件输出中的杀虫剂;默认为"真"。	66	Blank, T,或 F	A1	1	7
全程请求所有包括在事件输出中的泥沙;默认为"真"。	67	Blank, T,或 F	A1	1	7
全程请求所有包括在事件输出中的水分;默认为"真"。	68	Blank, T,或 F	A1	1	7
专用	69	Blank only	—	1	7
专用	70	Blank only	—	1	7

续表

说明	列	域	格式	行号	字段号
全程请求版本 2&3 按总量输出[水 & 泥沙为 tons（英制）或 mg（公制），化学物质为 lbs（英制）或 kg（公制）]；默认为“假”。	71	Blank，T，或 F	A1	1	8
全程请求版本 2&3 按比率单位输出（源总量除以沟道参考点的总量）；默认为“假”。	72	Blank，T，或 F	A1	1	8
全程请求版本 2&3 按单位总量输出（总量除以贡献面积）[水 & 泥沙为 tons/ac（英制）或 mg/ha（公制），化学物质为 lbs/ac（英制）或 kg/ha（公制）]；默认为“假”。	73	Blank，T，或 F	A1	1	8
专用	74	Blank only	—	1	8
本地请求版本 2 CCHE1D 输出；默认为“假”。	75	Blank，T，或 F	A1	1	8
专用	76	Blank only	—	1	8
本地请求版本 2 平均年输出文件（AnnAGNPS_AA. dat）；默认为“真”。	77	Blank，T，或 F	A1	1	8
本地请求版本 2 事件格式输出（AnnAGNPS_EV. dat）；默认为“假”。	78	Blank，T，或 F	A1	1	8
本地请求版本 1 累积数据输出文件（AnnAGNPS. acc）；默认为“假”。	79	Blank，T，或 F	A1	1	8
本地请求版本 1 事件输出文件（AnnAGNPS. evn）；默认为“假”。	80	Blank，T，或 F	A1	1	8
数据子节名：用于版本 3 逗号分隔变量表的本地请求；可选行；默认为全程请求。	1 ~ 10	*. csv	A10	2	1
AnnAGNPS_CSV_Cell_Input_Data. csv	1	Blank，T，或 F	A1	2	2
AnnAGNPS_CSV_Contour_Input_Data. csv	2	Blank，T，或 F	A1	2	2
AnnAGNPS_CSV_Crop_Input_Data. csv	3	Blank，T，或 F	A1	2	2
AnnAGNPS_CSV_Feedlot_Input_Data. csv	4	Blank，T，或 F	A1	2	2
AnnAGNPS_CSV_Feedlot_Management_Input_Data. csv	5	Blank，T，或 F	A1	2	2
AnnAGNPS_CSV_Fertilizer_Application_Input_Data. csv	6	Blank，T，或 F	A1	2	2
AnnAGNPS_CSV_Fertilizer_Reference_Input_Data. csv	7	Blank，T，或 F	A1	2	2
AnnAGNPS_CSV_Field_Input_Data. csv	8	Blank，T，或 F	A1	2	2
AnnAGNPS_CSV_Field_Management_Input_Data. csv	9	Blank，T，或 F	A1	2	2
AnnAGNPS_CSV_Field_Pond_Input_Data. csv	10	Blank，T，或 F	A1	2	2
AnnAGNPS_CSV_Gully_Input_Data. csv	11	Blank，T，或 F	A1	2	3
AnnAGNPS_CSV_Impoundment_Input_Data. csv	12	Blank，T，或 F	A1	2	3
AnnAGNPS_CSV_Irrigation_Input_Data. csv	13	Blank，T，或 F	A1	2	3
AnnAGNPS_CSV_Landuse_Reference_Data. csv	14	Blank，T，或 F	A1	2	3
AnnAGNPS_CSV_Nitrogen_(date). csv	15	Blank，T，或 F	A1	2	3

续表

说明	列	域	格式	行号	字段号
AnnAGNPS_CSV_Nitrogen_Input_Data. csv	16	Blank, T,或 F	A1	2	3
AnnAGNPS_CSV_Operations_Application_Input_Data. csv	17	Blank, T,或 F	A1	2	3
AnnAGNPS_CSV_Operations_Reference_Input_Data. csv	18	Blank, T,或 F	A1	2	3
AnnAGNPS_CSV_Organic_Carbon_(date). csv	19	Blank, T,或 F	A1	2	3
AnnAGNPS_CSV_Pesticides_(name)_(date). csv	20	Blank, T,或 F	A1	2	3
AnnAGNPS_CSV_Pesticides_Input_Data. csv	21	Blank, T,或 F	A1	2	4
AnnAGNPS_CSV_Pesticides_Reference_Input_Data. csv	22	Blank, T,或 F	A1	2	4
AnnAGNPS_CSV_Phosphorous_(date). csv	23	Blank, T,或 F	A1	2	4
AnnAGNPS_CSV_Phosphorous_Input_Data. csv	24	Blank, T,或 F	A1	2	4
AnnAGNPS_CSV_Point_Source_Input_Data. csv	25	Blank, T,或 F	A1	2	4
AnnAGNPS_CSV_Reach_Input_Data. csv	26	Blank, T,或 F	A1	2	4
AnnAGNPS_CSV_Runoff_Curve_Number_Input_Data. csv	27	Blank, T,或 F	A1	2	4
AnnAGNPS_CSV_Sediment_Erosion_(date). csv	28	Blank, T,或 F	A1	2	4
AnnAGNPS_CSV_Sediment_Loadings_(date). csv	29	Blank, T,或 F	A1	2	4
AnnAGNPS_CSV_Sediment_Yield_(date). csv	30	Blank, T,或 F	A1	2	4
AnnAGNPS_CSV_Simulation_Period_Input_Data. csv	31	Blank, T,或 F	A1	2	5
AnnAGNPS_CSV_Soil_Input_Data. csv	32	Blank, T,或 F	A1	2	5
AnnAGNPS_CSV_Strip_Crop_Input_Data. csv	33	Blank, T,或 F	A1	2	5
AnnAGNPS_CSV_Tile_Drain_Input_Data. csv	34	Blank, T,或 F	A1	2	5
AnnAGNPS_CSV_Water_(date). csv	35	Blank, T,或 F	A1	2	5
AnnAGNPS_CSV_Watershed_Input_Data. csv	36	Blank, T,或 F	A1	2	5
AnnAGNPS_CSV_xxx_reserved. csv	47 ~ 80	Blanks only	—	2	5 ~ 8
数据子节名:用于版本 3 数据准备验证文件的本地请求;默认为全程请求。	1 ~ 10	*. dpp	A10	3	1
AnnAGNPS_DPP_Accumulation_Setup. dpp	1	Blank, T,或 F	A1	3	2
AnnAGNPS_DPP_Cell_Initialization. dpp	2	Blank, T,或 F	A1	3	2
AnnAGNPS_DPP_Cell_Time_of_Concentration. dpp	3	Blank, T,或 F	A1	3	2
AnnAGNPS_DPP_Crop_Growth. dpp	4	Blank, T,或 F	A1	3	2
AnnAGNPS_DPP_Data_Prep_Pointers. dpp	5	Blank, T,或 F	A1	3	2
AnnAGNPS_DPP_Normals. dpp	6	Blank, T,或 F	A1	3	2
AnnAGNPS_DPP_Operation_Rotation. dpp	7	Blank, T,或 F	A1	3	2
AnnAGNPS_DPP_Pesticide_Metabolite_Reordering. dpp	8	Blank, T,或 F	A1	3	2
AnnAGNPS_DPP_Process_Flag_Set. dpp	9	Blank, T,或 F	A1	3	2

续表

说明	列	域	格式	行号	字段号
AnnAGNPS_DPP_Quadrature. dpp	10	Blank, T,或 F	A1	3	2
AnnAGNPS_DPP_Reach_Geometry. dpp	11	Blank, T,或 F	A1	3	3
AnnAGNPS_DPP_Reach_Routing_Order. dpp	12	Blank, T,或 F	A1	3	3
AnnAGNPS_DPP_Reach_Time_of_Concentration. dpp	13	Blank, T,或 F	A1	3	3
AnnAGNPS_DPP_RUSLE_C_Factors. dpp	14	Blank, T,或 F	A1	3	3
AnnAGNPS_DPP_RUSLE_C_Factors_Soil_Consoldation. dpp	15	Blank, T,或 F	A1	3	3
AnnAGNPS_DPP_RUSLE_Canopy_Cover. dpp	16	Blank, T,或 F	A1	3	3
AnnAGNPS_DPP_RUSLE_Crop_Residue. dpp	17	Blank, T,或 F	A1	3	3
AnnAGNPS_DPP_RUSLE_Dead_Roots. dpp	18	Blank, T,或 F	A1	3	3
AnnAGNPS_DPP_RUSLE_Det_C_Fact. dpp	19	Blank, T,或 F	A1	3	3
AnnAGNPS_DPP_RUSLE_Dominate_Contour. dpp	20	Blank, T,或 F	A1	3	3
AnnAGNPS_DPP_RUSLE_EI_Percentages. dpp	21	Blank, T,或 F	A1	3	4
AnnAGNPS_DPP_RUSLE_Growth_Days. dpp	22	Blank, T,或 F	A1	3	4
AnnAGNPS_DPP_RUSLE_Initialize_Local_Operations. dpp	23	Blank, T,或 F	A1	3	4
AnnAGNPS_DPP_RUSLE_K_Factors. dpp	24	Blank, T,或 F	A1	3	4
AnnAGNPS_DPP_RUSLE_LS_Factors. dpp	25	Blank, T,或 F	A1	3	4
AnnAGNPS_DPP_RUSLE_Non_Cropland_C_Factors. dpp	26	Blank, T,或 F	A1	3	4
AnnAGNPS_DPP_RUSLE_Num_Soil_Layers_Soil_Residue. dpp	27	Blank, T,或 F	A1	3	4
AnnAGNPS_DPP_RUSLE_P_Factors. dpp	28	Blank, T,或 F	A1	3	4
AnnAGNPS_DPP_RUSLE_P_Factors_Contours. dpp	29	Blank, T,或 F	A1	3	4
AnnAGNPS_DPP_RUSLE_P_Factors_Strip. dpp	30	Blank, T,或 F	A1	3	4
AnnAGNPS_DPP_RUSLE_P_Factors_Strip_Rotation. dpp	31	Blank, T,或 F	A1	3	5
AnnAGNPS_DPP_RUSLE_Prior_Landuse. dpp	32	Blank, T,或 F	A1	3	5
AnnAGNPS_DPP_RUSLE_Residue_Coefficients. dpp	33	Blank, T,或 F	A1	3	5
AnnAGNPS_DPP_RUSLE_Seg_Residue. dpp	34	Blank, T,或 F	A1	3	5
AnnAGNPS_DPP_RUSLE_Setup_Prd_Seg. dpp	35	Blank, T,或 F	A1	3	5
AnnAGNPS_DPP_RUSLE_Soil_Moisture. dpp	36	Blank, T,或 F	A1	3	5
AnnAGNPS_DPP_RUSLE_Surface_Cover. dpp	37	Blank, T,或 F	A1	3	5
AnnAGNPS_DPP_RUSLE_Surface_Roughness. dpp	38	Blank, T,或 F	A1	3	5
AnnAGNPS_DPP_RUSLE_Unique_Residue. dpp	39	Blank, T,或 F	A1	3	5

续表

说明	列	域	格式	行号	字段号
AnnAGNPS_DPP_Sediment_Particle_Distribution. dpp	40	Blank, T,或 F	A1	3	5
AnnAGNPS_DPP_Seg_EI_Prcp. dpp	41	Blank, T,或 F	A1	3	6
AnnAGNPS_DPP_Setup_Seg. dpp	42	Blank, T,或 F	A1	3	6
AnnAGNPS_DPP_Soil_Composite. dpp	43	Blank, T,或 F	A1	3	6
AnnAGNPS_DPP_xxx_reserved. dpp	54 ~ 80	Blanks only	—	3	6-8
数据子节名:用于版本 3 输入验证文件的本地请求;默认为全程请求。	1-10	* . npt	A10	4	1
AnnAGNPS_NPT_AnnAGNPS_ID. npt	11	Blank, T,或 F	A1	4	2
AnnAGNPS_NPT_Cell. npt	12	Blank, T,或 F	A1	4	2
AnnAGNPS_NPT_Climate_Header_Information. npt	13	Blank, T,或 F	A1	4	2
AnnAGNPS_NPT_Contour. npt	14	Blank, T,或 F	A1	4	2
AnnAGNPS_NPT_Crop. npt	15	Blank, T,或 F	A1	4	2
AnnAGNPS_NPT_Feedlot_&_Management. npt	16	Blank, T,或 F	A1	4	2
AnnAGNPS_NPT_Fertilizer_Application_&_Reference. npt	17	Blank, T,或 F	A1	4	2
AnnAGNPS_NPT_Field_&_Management. npt	18	Blank, T,或 F	A1	4	2
AnnAGNPS_NPT_Field_Pond. npt	19	Blank, T,或 F	A1	4	2
AnnAGNPS_NPT_Global_Output_Options. npt	20	Blank, T,或 F	A1	4	2
AnnAGNPS_NPT_Gully. npt	21	Blank, T,或 F	A1	4	3
AnnAGNPS_NPT_Hydraulic_Geometry_Coefficients. npt	22	Blank, T,或 F	A1	4	3
AnnAGNPS_NPT_Impoundment. npt	23	Blank, T,或 F	A1	4	3
AnnAGNPS_NPT_Irrigation_Application. npt	24	Blank, T,或 F	A1	4	3
AnnAGNPS_NPT_Landuse_Reference. npt	25	Blank, T,或 F	A1	4	3
AnnAGNPS_NPT_Operations_&_Reference. npt	26	Blank, T,或 F	A1	4	3
AnnAGNPS_NPT_Output_Options. npt	27	Blank, T,或 F	A1	4	3
AnnAGNPS_NPT_Pesticide_Application_&_Reference. npt	28	Blank, T,或 F	A1	4	3
AnnAGNPS_NPT_Point_Source. npt	29	Blank, T,或 F	A1	4	3
AnnAGNPS_NPT_Reach. npt	30	Blank, T,或 F	A1	4	3
AnnAGNPS_NPT_Runoff_Curve_Number_Input. npt	31	Blank, T,或 F	A1	4	4
AnnAGNPS_NPT_Simulation_Period. npt	32	Blank, T,或 F	A1	4	4
AnnAGNPS_NPT_Soil_Actual. npt	33	Blank, T,或 F	A1	4	4
AnnAGNPS_NPT_Strip_Crop. npt	34	Blank, T,或 F	A1	4	4
AnnAGNPS_NPT_Tile_Drain. npt	35	Blank, T,或 F	A1	4	4
AnnAGNPS_NPT_xxx_reserved. npt	36 ~ 80	Blanks only	—	4	4 ~ 8
数据子节名:用于版本 3 模拟验证文件的本地请求;默认为全程请求。	1 ~ 10	* . sim	A10	5	1

续表

说明	列	域	格式	行号	字段号
AnnAGNPS_SIM_Cell_Components_Accumulation. sim	11	Blank, T,或 F	A1	5	2
AnnAGNPS_SIM_Conversion_Units. sim	12	Blank, T,或 F	A1	5	2
AnnAGNPS_SIM_Erosion_&_Sediment_Yield. sim	13	Blank, T,或 F	A1	5	2
AnnAGNPS_SIM_Feedlots. sim	14	Blank, T,或 F	A1	5	2
AnnAGNPS_SIM_Insitu_Nitrogen_Inorganic. sim	15	Blank, T,或 F	A1	5	2
AnnAGNPS_SIM_Insitu_Nitrogen_Organic. sim	16	Blank, T,或 F	A1	5	2
AnnAGNPS_SIM_Insitu_Nutrients. sim	17	Blank, T,或 F	A1	5	2
AnnAGNPS_SIM_Insitu_Organic_Carbon. sim	18	Blank, T,或 F	A1	5	2
AnnAGNPS_SIM_Insitu_Phosphorus_Inorganic. sim	19	Blank, T,或 F	A1	5	2
AnnAGNPS_SIM_Insitu_Phosphorus_Organic. sim	20	Blank, T,或 F	A1	5	2
AnnAGNPS_SIM_Insitu_Soil_Moisture. sim	21	Blank, T,或 F	A1	5	3
AnnAGNPS_SIM_Irrigation_Applications. sim	22	Blank, T,或 F	A1	5	3
AnnAGNPS_SIM_Pesticide_Application. sim	23	Blank, T,或 F	A1	5	3
AnnAGNPS_SIM_Pesticides_Insitu. sim	24	Blank, T,或 F	A1	5	3
AnnAGNPS_SIM_Process_Gully. sim	25	Blank, T,或 F	A1	5	3
AnnAGNPS_SIM_Reach_Accumulation_(mass). sim	26	Blank, T,或 F	A1	5	3
AnnAGNPS_SIM_Reach_Accumulation_(ratios). sim	27	Blank, T,或 F	A1	5	3
AnnAGNPS_SIM_Reach_Landscape_Yield. sim	28	Blank, T,或 F	A1	5	3
AnnAGNPS_SIM_Reach_Loadings_Nutrients. sim	29	Blank, T,或 F	A1	5	3
AnnAGNPS_SIM_Reach_Loadings_Pesticide. sim	30	Blank, T,或 F	A1	5	3
AnnAGNPS_SIM_Reach_Loadings_Sediment. sim	31	Blank, T,或 F	A1	5	4
AnnAGNPS_SIM_Reach_Loadings_Water. sim	32	Blank, T,或 F	A1	5	2
AnnAGNPS_SIM_Reach_Routing_Impoundment. sim	33	Blank, T,或 F	A1	5	4
AnnAGNPS_SIM_Reach_Routing_Nutrients. sim	34	Blank, T,或 F	A1	5	4
AnnAGNPS_SIM_Reach_Routing_Pesticide. sim	35	Blank, T,或 F	A1	5	4
AnnAGNPS_SIM_Reach_Routing_Sediment. sim	36	Blank, T,或 F	A1	5	4
AnnAGNPS_SIM_Reach_Routing_Water. sim	37	Blank, T,或 F	A1	5	4
AnnAGNPS_SIM_Runoff_Curve_Number. sim	38	Blank, T,或 F	A1	5	4
AnnAGNPS_SIM_Selected_Operations. sim	39	Blank, T,或 F	A1	5	4
AnnAGNPS_SIM_Soil_Particle_Distribution. sim	40	Blank, T,或 F	A1	5	4
AnnAGNPS_SIM_Pond_Release_and_Yield. sim	41	Blank, T,或 F	A1	5	5
AnnAGNPS_SIM_Winter_Routines_Thermal_Layers. sim	42	Blank, T,或 F	A1	5	5
AnnAGNPS_SIM_Winter_Routines_Summary. sim	43	Blank, T,或 F	A1	5	5
AnnAGNPS_SIM_xxx_reserved. sim	44 ~ 80	Blanks only	—	5	5 ~ 8
数据子节名:用于版本 3 格式表文件的本地请求;默认为全程请求。	1 ~ 10	1st *. txt	A10	6	1

续表

说明	列	域	格式	行号	字段号
AnnAGNPS_TXT_AA_Feedlots_(mass).txt	11	Blank, T,或 F	A1	6	2
AnnAGNPS_TXT_AA_Feedlots_(ratio).txt	12	Blank, T,或 F	A1	6	2
AnnAGNPS_TXT_AA_Feedlots_(unit area).txt	13	Blank, T,或 F	A1	6	2
AnnAGNPS_TXT_AA_Field_Ponds_(mass).txt	14	Blank, T,或 F	A1	6	2
AnnAGNPS_TXT_AA_Field_Ponds_(ratio).txt	15	Blank, T,或 F	A1	6	2
AnnAGNPS_TXT_AA_Field_Ponds_(unit area).txt	16	Blank, T,或 F	A1	6	2
AnnAGNPS_TXT_AA_Gullies_(mass).txt	17	Blank, T,或 F	A1	6	2
AnnAGNPS_TXT_AA_Gullies_(ratio).txt	18	Blank, T,或 F	A1	6	2
AnnAGNPS_TXT_AA_Gullies_(unit area).txt	19	Blank, T,或 F	A1	6	2
AnnAGNPS_TXT_AA_Nitrogen_load_(mass).txt	20	Blank, T,或 F	A1	6	2
AnnAGNPS_TXT_AA_Nitrogen_load_(ratio).txt	21	Blank, T,或 F	A1	6	3
AnnAGNPS_TXT_AA_Nitrogen_load_(unit_area).txt	22	Blank, T,或 F	A1	6	3
AnnAGNPS_TXT_AA_Nitrogen_yield_(mass).txt	23	Blank, T,或 F	A1	6	3
AnnAGNPS_TXT_AA_Nitrogen_yield_(ratio).txt	24	Blank, T,或 F	A1	6	3
AnnAGNPS_TXT_AA_Nitrogen_yield _(unit_area).txt	25	Blank, T,或 F	A1	6	3
AnnAGNPS_TXT_AA_Organic_Carbon_load_(mass).txt	26	Blank, T,或 F	A1	6	3
AnnAGNPS_TXT_AA_Organic_Carbon_load_(ratio).txt	27	Blank, T,或 F	A1	6	3
AnnAGNPS_TXT_AA_Organic_Carbon_load_(unit_area).txt	28	Blank, T,或 F	A1	6	3
AnnAGNPS_TXT_AA_Organic_Carbon_yield_(mass).txt	29	Blank, T,或 F	A1	6	3
AnnAGNPS_TXT_AA_Organic_Carbon_yield_(ratio).txt	30	Blank, T,或 F	A1	6	3
AnnAGNPS_TXT_AA_Organic_Carbon_yield_(unit_area).txt	31	Blank, T,或 F	A1	6	4
AnnAGNPS_TXT_AA_Pesticides_load_(mass).txt	32	Blank, T,或 F	A1	6	4
AnnAGNPS_TXT_AA_Pesticides_load_(ratio).txt	33	Blank, T,或 F	A1	6	4
AnnAGNPS_TXT_AA_Pesticides_load_(unit_area).txt	34	Blank, T,或 F	A1	6	4
AnnAGNPS_TXT_AA_Pesticides_yield_(mass).txt	35	Blank, T,或 F	A1	6	4
AnnAGNPS_TXT_AA_Pesticides_yield_(ratio).txt	36	Blank, T,或 F	A1	6	4

续表

说明	列	域	格式	行号	字段号
AnnAGNPS_TXT_AA_Pesticides_yield_(unit_area).txt	37	Blank, T,或 F	A1	6	4
AnnAGNPS_TXT_AA_Phosphorous_load_(mass).txt	38	Blank, T,或 F	A1	6	4
AnnAGNPS_TXT_AA_Phosphorous_load_(ratio).txt	39	Blank, T,或 F	A1	6	4
AnnAGNPS_TXT_AA_Phosphorous_load _(unit_area).txt	40	Blank, T,或 F	A1	6	4
AnnAGNPS_TXT_AA_Phosphorous_yield_(mass).txt	41	Blank, T,或 F	A1	6	5
AnnAGNPS_TXT_AA_Phosphorous_yield_(ratio).txt	42	Blank, T,或 F	A1	6	5
AnnAGNPS_TXT_AA_Phosphorous_yield_(unit_area).txt	43	Blank, T,或 F	A1	6	5
AnnAGNPS_TXT_AA_Point_Sources_(mass).txt	44	Blank, T,或 F	A1	6	5
AnnAGNPS_TXT_AA_Point_Sources_(ratio).txt	45	Blank, T,或 F	A1	6	5
AnnAGNPS_TXT_AA_Point_Sources_(unit area).txt	46	Blank, T,或 F	A1	6	5
AnnAGNPS_TXT_AA_Sediment_Erosion_(mass).txt	47	Blank, T,或 F	A1	6	5
AnnAGNPS_TXT_AA_Sediment_Erosion_(ratio).txt	48	Blank, T,或 F	A1	6	5
AnnAGNPS_TXT_AA_Sediment_Erosion_(unit_area).txt	49	Blank, T,或 F	A1	6	5
AnnAGNPS_TXT_AA_Sediment_Load_(mass).txt	50	Blank, T,或 F	A1	6	5
AnnAGNPS_TXT_AA_Sediment_Load_(ratio).txt	51	Blank, T,或 F	A1	6	6
AnnAGNPS_TXT_AA_Sediment_Load_(unit_area).txt	52	Blank, T,或 F	A1	6	6
AnnAGNPS_TXT_AA_Sediment_Yield_(mass).txt	53	Blank, T,或 F	A1	6	6
AnnAGNPS_TXT_AA_Sediment_Yield_(ratio).txt	54	Blank, T,或 F	A1	6	6
AnnAGNPS_TXT_AA_Sediment_Yield_(unit_area).txt	55	Blank, T,或 F	A1	6	6
AnnAGNPS_TXT_AA_Water_load_(mass).txt	56	Blank, T,或 F	A1	6	6
AnnAGNPS_TXT_AA_Water_load_(ratio).txt	57	Blank, T,或 F	A1	6	6
AnnAGNPS_TXT_AA_Water_load_(unit_area).txt	58	Blank, T,或 F	A1	6	6
AnnAGNPS_TXT_AA_Water_yield_(mass).txt	59	Blank, T,或 F	A1	6	6
AnnAGNPS_TXT_AA_Water_yield_(ratio).txt	60	Blank, T,或 F	A1	6	6

续表

说明	列	域	格式	行号	字段号
AnnAGNPS_TXT_AA_Water_yield_(unit_area).txt	61	Blank, T,或 F	A1	6	7
AnnAGNPS_TXT_CCHE1D.txt	62	Blank, T,或 F	A1	6	7
AnnAGNPS_TXT_CONCEPTS.txt	63	Blank, T,或 F	A1	6	7
AnnAGNPS_TXT_EV_Feedlots_(mass).txt	64	Blank, T,或 F	A1	6	7
AnnAGNPS_TXT_EV_Feedlots_(ratio).txt	65	Blank, T,或 F	A1	6	7
AnnAGNPS_TXT_EV_Feedlots_(unit area).txt	66	Blank, T,或 F	A1	6	7
AnnAGNPS_TXT_EV_Field_Ponds_(mass).txt	67	Blank, T,或 F	A1	6	7
AnnAGNPS_TXT_EV_Field_Ponds_(ratio).txt	68	Blank, T,或 F	A1	6	7
AnnAGNPS_TXT_EV_Field_Ponds_(unit area).txt	69	Blank, T,或 F	A1	6	7
AnnAGNPS_TXT_EV_Gullies_(mass).txt	70	Blank, T,或 F	A1	6	7
AnnAGNPS_TXT_EV_Gullies_(ratio).txt	71	Blank, T,或 F	A1	6	8
AnnAGNPS_TXT_EV_Gullies_(unit area).txt	72	Blank, T,或 F	A1	6	8
AnnAGNPS_TXT_EV_Nitrogen_load_(mass).txt	73	Blank, T,或 F	A1	6	8
AnnAGNPS_TXT_EV_Nitrogen_load_(ratio).txt	74	Blank, T,或 F	A1	6	8
AnnAGNPS_TXT_EV_Nitrogen_load_(unit_area).txt	75	Blank, T,或 F	A1	6	8
AnnAGNPS_TXT_EV_Nitrogen_yield_(mass).txt	76	Blank, T,或 F	A1	6	8
AnnAGNPS_TXT_EV_Nitrogen_yield_(ratio).txt	77	Blank, T,或 F	A1	6	8
AnnAGNPS_TXT_EV_Nitrogen_yield_(unit_area).txt	78	Blank, T,或 F	A1	6	8
AnnAGNPS_TXT_EV_Organic_Carbon_load_(mass).txt	79	Blank, T,或 F	A1	6	8
AnnAGNPS_TXT_EV_Organic_Carbon_load_(ratio).txt	80	Blank, T,或 F	A1	6	8
数据子节名:用于版本 3 格式表文件的本地请求;默认为全程请求。	1 ~ 10	2nd *.txt	A10	7	1
AnnAGNPS_TXT_EV_Organic_Carbon_load_(unit_area).txt	11	Blank, T,或 F	A1	7	2
AnnAGNPS_TXT_EV_Organic_Carbon_yield_(mass).txt	12	Blank, T,或 F	A1	7	2
AnnAGNPS_TXT_EV_Organic_Carbon_yield_(ratio).txt	13	Blank, T,或 F	A1	7	2
AnnAGNPS_TXT_EV_Organic_Carbon_yield_(unit_area).txt	14	Blank, T,或 F	A1	7	2
AnnAGNPS_TXT_EV_Pesticides_load_(mass).txt	15	Blank, T,或 F	A1	7	2
AnnAGNPS_TXT_EV_Pesticides_load_(ratio).txt	16	Blank, T,或 F	A1	7	2

续表

说明	列	域	格式	行号	字段号
AnnAGNPS_TXT_EV_Pesticides_load_(unit_area).txt	17	Blank, T,或 F	A1	7	2
AnnAGNPS_TXT_EV_Pesticides_yield_(mass).txt	18	Blank, T,或 F	A1	7	2
AnnAGNPS_TXT_EV_Pesticides_yield_(ratio).txt	19	Blank, T,或 F	A1	7	2
AnnAGNPS_TXT_EV_Pesticides_yield_(unit_area).txt	20	Blank, T,或 F	A1	7	2
AnnAGNPS_TXT_EV_Phosphorous_load_(mass).txt	21	Blank, T,或 F	A1	7	3
AnnAGNPS_TXT_EV_Phosphorous_load_(ratio).txt	22	Blank, T,或 F	A1	7	3
AnnAGNPS_TXT_EV_Phosphorous_load_(unit_area).txt	23	Blank, T,或 F	A1	7	3
AnnAGNPS_TXT_EV_Phosphorous_yield_(mass).txt	24	Blank, T,或 F	A1	7	3
AnnAGNPS_TXT_EV_Phosphorous_yield_(ratio).txt	25	Blank, T,或 F	A1	7	3
AnnAGNPS_TXT_EV_Phosphorous_yield_(unit_area).txt	26	Blank, T,或 F	A1	7	3
AnnAGNPS_TXT_EV_Point_Sources_(mass).txt	27	Blank, T,或 F	A1	7	3
AnnAGNPS_TXT_EV_Point_Sources_(ratio).txt	28	Blank, T,或 F	A1	7	3
AnnAGNPS_TXT_EV_Point_Sources_(unit area).txt	29	Blank, T,或 F	A1	7	3
AnnAGNPS_TXT_EV_Sediment_Erosion_(mass).txt	30	Blank, T,或 F	A1	7	3
AnnAGNPS_TXT_EV_Sediment_Erosion_(ratio).txt	31	Blank, T,或 F	A1	7	4
AnnAGNPS_TXT_EV_Sediment_Erosion_(unit_area).txt	32	Blank, T,或 F	A1	7	4
AnnAGNPS_TXT_EV_Sediment_Load_(mass).txt	33	Blank, T,或 F	A1	7	4
AnnAGNPS_TXT_EV_Sediment_Load_(ratio).txt	34	Blank, T,或 F	A1	7	4
AnnAGNPS_TXT_EV_Sediment_Load_(unit_area).txt	35	Blank, T,或 F	A1	7	4
AnnAGNPS_TXT_EV_Sediment_Yield_(mass).txt	36	Blank, T,或 F	A1	7	4
AnnAGNPS_TXT_EV_Sediment_Yield_(ratio).txt	37	Blank, T,或 F	A1	7	4
AnnAGNPS_TXT_EV_Sediment_Yield_(unit_area).txt	38	Blank, T,或 F	A1	7	4

续表

说明	列	域	格式	行号	字段号
AnnAGNPS_TXT_EV_Water_load_(mass).txt	39	Blank, T,或 F	A1	7	4
AnnAGNPS_TXT_EV_Water_load_(ratio).txt	40	Blank, T,或 F	A1	7	4
AnnAGNPS_TXT_EV_Water_load_(unit_area).txt	41	Blank, T,或 F	A1	7	5
AnnAGNPS_TXT_EV_Water_yield_(mass).txt	42	Blank, T,或 F	A1	7	5
AnnAGNPS_TXT_EV_Water_yield_(ratio).txt	43	Blank, T,或 F	A1	7	5
AnnAGNPS_TXT_EV_Water_yield_(unit_area).txt	44	Blank, T,或 F	A1	7	5
AnnAGNPS_TXT_Peak_Discharges.txt	45	Blank, T,或 F	A1	7	5
AnnAGNPS_TXT_xxx_reserved.txt	46 ~ 80	Blanks only	—	7	5 ~ 8
数据子节名:用于版本 3 格式表文件的本地请求;设置某些最小/最大限度;默认为全程请求。	1 ~ 10	1st mn/mx	A10	8	1
事件最小日期:将径流数据包括到输出文件的事件最小日期(mm/dd/yyyy),默认为开始模拟的日期。	11 ~ 12/ 14 ~ 15/ 17 ~ 20	mm:1 ~ 12 dd:1 ~ 31 yyyy:1 ~ 9999	I2/I2/I4	8	2
事件最大日期:将径流数据包括到输出文件的事件最大日期(mm/dd/yyyy),默认为结束模拟的日期。	21 ~ 22/ 24 ~ 25/ 27 ~ 30	mm:1 ~ 12 dd:1 ~ 31 yyyy:1 ~ 9999	I2/I2/I4	8	3
事件最大数:将事件包括到事件输出文件的最大数,默认为 3000 个事件在出口超过最小径流。	31 ~ 40	0 ~ 100000	I10	8	4
事件输出的最小径流:流域出口的最小径流,大于此值的径流将包括在事件输出文件中。超过 1mm 的径流总是进行累积,包括在年平均数据中。默认值为 6.35mm (1/4in)。	41 ~ 50	0 ~ 508 mm (20 in)	I10	8	5
网格最小径流:网格的作为径流看待的、进行累加、参与年平均数计算的最小水流,默认值为 0.10mm (0.04in)。	51 ~ 60	0 ~ 508 mm (20 in)	I10	8	6
出口最小径流:流域出口的最小水流,作为径流事件累加,参与年平均数的计算,默认值为 0.01mm (0.004in)。	61 ~ 70	0 ~ 508 mm (20 in)	I10	8	7
专用	71 ~ 80	Blanks only	—	8	8
数据子节名:用于版本 3 格式表文件的本地请求;设置某些最小/最大限度;默认为全程请求。	1 ~ 10	2nd mn/mx	A10	9	1
最小子区域 ID:不包括在输出文件的网格 - 沟道数据中,输出文件的子区域 ID 超出了这一限度;默认为 0。只与 TopAGNPS 生成的网格和沟道数字 ID 一起工作。	11 ~ 20	1 ~ 100000	I10	9	2

续表

说明	列	域	格式	行号	字段号
最大子区域 ID:不包括在输出文件的网格 - 沟道数据中,输出文件的子区域 ID 超出了这一限度;默认为 2^{31}。只与 TopAGNPS 生成的网格和沟道数字 ID 一起工作。	21 ~ 30	1 ~ 100000	I10	9	3
网格单元位置:只包括单元位置被列出的网格;默认为无排除在外。只与 TopAGNPS 生成的网格和沟道数字 ID 一起工作:0 表示与空白相同;1 表示只是源网格; 2 表示只是左侧网格; 3 表示只是右侧网格; & 4 表示只是沟道。	31 ~ 40	空白,或 0, 1, 2, 3, & 4	I10	9	4
验证文件最大访问数:写到每个验证文件的最大数,默认为 1000。	41 ~ 50	1 ~ 4000	I10	9	5
验证文件最大字节数:写入每个验证文件的最大字节数,默认为 2^{24}。	51 ~ 60	16,777,216	I10	9	6
专用	61 ~ 80	Blanks only	—	9	7 ~ 8
数据子节名:用于单独的版本 3 格式表文件的本地请求,输出数据有限制的网格的 ID 被列出,若不存在则默认为全程请求。	1 ~ 10	网格 ID	A10	10	1
选定网格的数目:网格 ID 的数目,这些网格被读入作为该限制的一部分,该数必须位于 1 和"网格数据"节中网格数之间。	11 ~ 20	1 ~ 网格总数	I10	10	2
1st 网格 ID:被选定作为版本 3 输出的第一个网格的 ID,若选定网格的数目满足以前选定的网格 ID 字段,第一网格 ID 应留做空白字段。	21 ~ 30	必须与一个网格 ID 匹配	A10	10	3
2nd 网格 ID:被选定作为版本 3 输出的第二个网格的 ID,若选定网格的数目满足以前选定的网格 ID 字段,第二网格 ID 应留做空白字段。	31 ~ 40	必须与一个网格 ID 匹配	A10	10	4
3rd 网格 ID:被选定作为版本 3 输出的第三个网格的 ID,若选定网格的数目满足以前选定的网格 ID 字段,第三网格 ID 应留做空白字段。	41 ~ 50	必须与一个网格 ID 匹配	A10	10	5
4th 网格 ID:被选定作为版本 3 输出的第四个网格的 ID,若选定网格的数目满足以前选定的网格 ID 字段,第四网格 ID 应留做空白字段。	51 ~ 60	必须与一个网格 ID 匹配	A10	10	6
5th 网格 ID:被选定作为版本 3 输出的第五个网格的 ID,若选定网格的数目满足以前选定的网格 ID 字段,第五网格 ID 应留做空白字段。	61 ~ 70	必须与一个网格 ID 匹配	A10	10	7
6th 网格 ID:被选定作为版本 3 输出的第六个网格的 ID,若选定网格的数目满足以前选定的网格 ID 字段,第六网格 ID 应留做空白字段。	71 ~ 80	必须与一个网格 ID 匹配	A10	10	8

续表

说明	列	域	格式	行号	字段号
行 10a 的空白字段,该字段只在选定的网格数超过 7 时存在。	1 ~ 10	必须与一个网格 ID 匹配	—	10a	1
7th 网格 ID:被选定作为版本 3 输出的第七个网格的 ID,若选定网格的数目满足以前选定的网格 ID 字段,第七网格 ID 应留做空白字段。	11 ~ 20	必须与一个网格 ID 匹配	A10	10a	2
8th 网格 ID:被选定作为版本 3 输出的第八个网格的 ID,若选定网格的数目满足以前选定的网格 ID 字段,第八网格 ID 应留做空白字段。	21 ~ 30	必须与一个网格 ID 匹配	A10	10a	3
9th 网格 ID:被选定作为版本 3 输出的第九个网格的 ID,若选定网格的数目满足以前选定的网格 ID 字段,第九网格 ID 应留做空白字段。	31 ~ 40	必须与一个网格 ID 匹配	A10	10a	4
10th 网格 ID:被选定作为版本 3 输出的第十个网格的 ID,若选定网格的数目满足以前选定的网格 ID 字段,第十网格 ID 应留做空白字段。	41 ~ 50	必须与一个网格 ID 匹配	A10	10a	5
11th 网格 ID:被选定作为版本 3 输出的第十一个网格的 ID,若选定网格的数目满足以前选定的网格 ID 字段,第十一网格 ID 应留做空白字段。	51 ~ 60	必须与一个网格 ID 匹配	A10	10a	6
12th 网格 ID:被选定作为版本 3 输出的第十二个网格的 ID,若选定网格的数目满足以前选定的网格 ID 字段,第十二网格 ID 应留做空白字段。	61 ~ 70	必须与一个网格 ID 匹配	A10	10a	7
13th 网格 ID:被选定作为版本 3 输出的第十三个网格的 ID,若选定网格的数目满足以前选定的网格 ID 字段,第十三网格 ID 应留做空白字段。	71 ~ 80	必须与一个网格 ID 匹配	A10	10a	8
行 10b 的空白字段,该字段只在选定的网格数超过 13 时存在。	1 ~ 10	必须为空字段	—	10b	1
14th 网格 ID:被选定作为版本 3 输出的第十四个网格的 ID,若选定网格的数目满足以前选定的网格 ID 字段,第十四网格 ID 应留做空白字段。	11 ~ 20	必须与一个网格 ID 匹配	A10	10b	2
15th 网格 ID:被选定作为版本 3 输出的第十五个网格的 ID,若选定网格的数目满足以前选定的网格 ID 字段,第十五网格 ID 应留做空白字段。	21 ~ 30	必须与一个网格 ID 匹配	A10	10b	3

续表

说明	列	域	格式	行号	字段号
16th网格 ID:被选定作为版本 3 输出的第十六个网格的 ID,若选定网格的数目满足以前选定的网格 ID 字段,第十六网格 ID 应留做空白字段。	31～40	必须与一个网格 ID 匹配	A10	10b	4
17th网格 ID:被选定作为版本 3 输出的第十七个网格的 ID,若选定网格的数目满足以前选定的网格 ID 字段,第十七网格 ID 应留做空白字段。	41～50	必须与一个网格 ID 匹配	A10	10b	5
18th网格 ID:被选定作为版本 3 输出的第十八个网格的 ID,若选定网格的数目满足以前选定的网格 ID 字段,第十八网格 ID 应留做空白字段。	51～60	必须与一个网格 ID 匹配	A10	10b	6
19th网格 ID:被选定作为版本 3 输出的第十九个网格的 ID,若选定网格的数目满足以前选定的网格 ID 字段,第十九网格 ID 应留做空白字段。	61～70	必须与一个网格 ID 匹配	A10	10b	7
20th网格 ID:被选定作为版本 3 输出的第二十个网格的 ID,若选定网格的数目满足以前选定的网格 ID 字段,第二十网格 ID 应留做空白字段。	71～80	必须与一个网格 ID 匹配	A10	10b	8
行 10c 的空白字段,该字段只在选定的网格数超过 13 时存在。记录将不断重复直到满足选定的网格数。	1～10	必须为空字段	—	10c	1
数据子节名:用于单独的版本 3 格式表文件的本地请求,输出数据有限制的饲养场的 ID 被列出,若不存在则默认为全程请求。	1～10	饲养场 ID	A10	11	1
选定饲养场的数目:饲养场 ID 的数目,这些饲养场被读入作为该限制的一部分,该数必须位于 1 和"饲养场数据"节中饲养场数之间。	11～20	1～饲养场总数	I10	11	2
1st饲养场 ID:被选定作为版本 3 输出的第一个饲养场的 ID,若选定饲养场的数目满足以前选定的饲养场 ID 字段,第一饲养场 ID 应留做空白字段。	21～30	必须与一个饲养场 ID 匹配	A10	11	3
2nd饲养场 ID:被选定作为版本 3 输出的第二个饲养场的 ID,若选定饲养场的数目满足以前选定的饲养场 ID 字段,第二饲养场 ID 应留做空白字段。	31～40	必须与一个饲养场 ID 匹配	A10	11	4

续表

说明	列	域	格式	行号	字段号
3rd饲养场ID:被选定作为版本3输出的第三个饲养场的ID,若选定饲养场的数目满足以前选定的饲养场ID字段,第三个饲养场ID应留做空白字段。	41~50	必须与一个饲养场ID匹配	A10	11	5
4th饲养场ID:被选定作为版本3输出的第四个饲养场的ID,若选定饲养场的数目满足以前选定的饲养场ID字段,第四个饲养场ID应留做空白字段。	51~60	必须与一个饲养场ID匹配	A10	11	6
5th饲养场ID:被选定作为版本3输出的第五个饲养场的ID,若选定饲养场的数目满足以前选定的饲养场ID字段,第五个饲养场ID应留做空白字段。	61~70	必须与一个饲养场ID匹配	A10	11	7
6th饲养场ID:被选定作为版本3输出的第六个饲养场的ID,若选定饲养场的数目满足以前选定的饲养场ID字段,第六个饲养场ID应留做空白字段。	71~80	必须与一个饲养场ID匹配	A10	11	8
行11a的空白字段,该字段只在选定的饲养场数超过7时存在。	1~10	必须为空字段	—	11a	1
7th饲养场ID:被选定作为版本3输出的第七个饲养场的ID,若选定饲养场的数目满足以前选定的饲养场ID字段,第七个饲养场ID应留做空白字段。	11~20	必须与一个饲养场ID匹配	A10	11a	2
8th饲养场ID:被选定作为版本3输出的第八个饲养场的ID,若选定饲养场的数目满足以前选定的饲养场ID字段,第八个饲养场ID应留做空白字段。	21~30	必须与一个饲养场ID匹配	A10	11a	3
9th饲养场ID:被选定作为版本3输出的第九个饲养场的ID,若选定饲养场的数目满足以前选定的饲养场ID字段,第九个饲养场ID应留做空白字段。	31~40	必须与一个饲养场ID匹配	A10	11a	4
10th饲养场ID:被选定作为版本3输出的第十个饲养场的ID,若选定饲养场的数目满足以前选定的饲养场ID字段,第十个饲养场ID应留做空白字段。	41~50	必须与一个饲养场ID匹配	A10	11a	5
11th饲养场ID:被选定作为版本3输出的第十一个饲养场的ID,若选定饲养场的数目满足以前选定的饲养场ID字段,第十一个饲养场ID应留做空白字段。	51~60	必须与一个饲养场ID匹配	A10	11a	6

续表

说明	列	域	格式	行号	字段号
12th 饲养场 ID:被选定作为版本 3 输出的第十二个饲养场的 ID,若选定饲养场的数目满足以前选定的饲养场 ID 字段,第十二个饲养场 ID 应留做空白字段。	61 ~ 70	必须与一个饲养场 ID 匹配	A10	11a	7
13th 饲养场 ID:被选定作为版本 3 输出的第十三个饲养场的 ID,若选定饲养场的数目满足以前选定的饲养场 ID 字段,第十三个饲养场 ID 应留做空白字段。	71 ~ 80	必须与一个饲养场 ID 匹配	A10	11a	8
行 11b 的空白字段,该字段只在选定的饲养场数超过 13 时存在。	1 ~ 10	必须为空字段	—	11b	1
14th 饲养场 ID:被选定作为版本 3 输出的第十四个饲养场的 ID,若选定饲养场的数目满足以前选定的饲养场 ID 字段,第十四个饲养场 ID 应留做空白字段。	11 ~ 20	必须与一个饲养场 ID 匹配	A10	11b	2
15th 饲养场 ID:被选定作为版本 3 输出的第十五个饲养场的 ID,若选定饲养场的数目满足以前选定的饲养场 ID 字段,第十五个饲养场 ID 应留做空白字段。	21 ~ 30	必须与一个饲养场 ID 匹配	A10	11b	3
16th 饲养场 ID:被选定作为版本 3 输出的第十六个饲养场的 ID,若选定饲养场的数目满足以前选定的饲养场 ID 字段,第十六个饲养场 ID 应留做空白字段。	31 ~ 40	必须与一个饲养场 ID 匹配	A10	11b	4
17th 饲养场 ID:被选定作为版本 3 输出的第十七个饲养场的 ID,若选定饲养场的数目满足以前选定的饲养场 ID 字段,第十七个饲养场 ID 应留做空白字段。	41 ~ 50	必须与一个饲养场 ID 匹配	A10	11b	5
18th 饲养场 ID:被选定作为版本 3 输出的第十八个饲养场的 ID,若选定饲养场的数目满足以前选定的饲养场 ID 字段,第十八个饲养场 ID 应留做空白字段。	51 ~ 60	必须与一个饲养场 ID 匹配	A10	11b	6
19th 饲养场 ID:被选定作为版本 3 输出的第十九个饲养场的 ID,若选定饲养场的数目满足以前选定的饲养场 ID 字段,第十九个饲养场 ID 应留做空白字段。	61 ~ 70	必须与一个饲养场 ID 匹配	A10	11b	7

续表

说明	列	域	格式	行号	字段号
20th饲养场 ID:被选定作为版本 3 输出的第二十个饲养场的 ID,若选定饲养场的数目满足以前选定的饲养场 ID 字段,第二十个饲养场 ID 应留做空白字段。	71~80	必须与一个饲养场 ID 匹配	A10	11b	8
行 11c 的空白字段,该字段只在选定的饲养场数超过 13 时存在。记录将不断重复直到满足选定的饲养场。	1~10	必须为空字段	—	11c	1
数据子节名:用于单独的版本 3 格式表文件的本地请求,输出数据有限制的田间池塘的 ID 被列出,若不存在则默认为全程请求。	1~10	田间池塘 ID	A10	12	1
选定田间池塘的数目:田间池塘 ID 的数目,这些田间池塘被读入作为该限制的一部分,该数必须位于 1 和“田间池塘数据”节中田间池塘数之间。	11~20	1~田间池塘数	I10	12	2
1st田间池塘 ID:被选定作为版本 3 输出的第一个田间池塘 ID,若选定田间池塘的数目满足以前选定的田间池塘 ID 字段,第一个田间池塘 ID 应留做空白字段。	21~30	必须与一个田间池塘 ID 匹配	A10	12	3
2nd田间池塘 ID:被选定作为版本 3 输出的第二个田间池塘 ID,若选定田间池塘的数目满足以前选定的田间池塘 ID 字段,第二个田间池塘 ID 应留做空白字段。	31~40	必须与一个田间池塘 ID 匹配	A10	12	4
3rd田间池塘 ID:被选定作为版本 3 输出的第三个田间池塘 ID,若选定田间池塘的数目满足以前选定的田间池塘 ID 字段,第三个田间池塘 ID 应留做空白字段。	41~50	必须与一个田间池塘 ID 匹配	A10	12	5
4th田间池塘 ID:被选定作为版本 3 输出的第四个田间池塘 ID,若选定田间池塘的数目满足以前选定的田间池塘 ID 字段,第四个田间池塘 ID 应留做空白字段。	51~60	必须与一个田间池塘 ID 匹配	A10	12	6
5th田间池塘 ID:被选定作为版本 3 输出的第五个田间池塘 ID,若选定田间池塘的数目满足以前选定的田间池塘 ID 字段,第五个田间池塘 ID 应留做空白字段。	61~70	必须与一个田间池塘 ID 匹配	A10	12	7

续表

说明	列	域	格式	行号	字段号
6th田间池塘ID:被选定作为版本3输出的第六个田间池塘ID,若选定田间池塘的数目满足以前选定的田间池塘ID字段,第六个田间池塘ID应留做空白字段。	71~80	必须与一个田间池塘ID匹配	A10	12	8
行12a的空白字段,该字段只在选定的田间池塘数超过7时存在。	1~10	必须为空字段	—	12a	1
7th田间池塘ID:被选定作为版本3输出的第七个田间池塘ID,若选定田间池塘的数目满足以前选定的田间池塘ID字段,第七个田间池塘ID应留做空白字段。	11~20	必须与一个田间池塘ID匹配	A10	12a	2
8th田间池塘ID:被选定作为版本3输出的第八个田间池塘ID,若选定田间池塘的数目满足以前选定的田间池塘ID字段,第八个田间池塘ID应留做空白字段。	21~30	必须与一个田间池塘ID匹配	A10	12a	3
9th田间池塘ID:被选定作为版本3输出的第九个田间池塘ID,若选定田间池塘的数目满足以前选定的田间池塘ID字段,第九个田间池塘ID应留做空白字段。	31~40	必须与一个田间池塘ID匹配	A10	12a	4
10th田间池塘ID:被选定作为版本3输出的第十个田间池塘ID,若选定田间池塘的数目满足以前选定的田间池塘ID字段,第十个田间池塘ID应留做空白字段。	41~50	必须与一个田间池塘ID匹配	A10	12a	5
11th田间池塘ID:被选定作为版本3输出的第十一个田间池塘ID,若选定田间池塘的数目满足以前选定的田间池塘ID字段,第十一个田间池塘ID应留做空白字段。	51~60	必须与一个田间池塘ID匹配	A10	12a	6
12th田间池塘ID:被选定作为版本3输出的第十二个田间池塘ID,若选定田间池塘的数目满足以前选定的田间池塘ID字段,第十二个田间池塘ID应留做空白字段。	61~70	必须与一个田间池塘ID匹配	A10	12a	7
13th田间池塘ID:被选定作为版本3输出的第十三个田间池塘ID,若选定田间池塘的数目满足以前选定的田间池塘ID字段,第十三个田间池塘ID应留做空白字段。	71~80	必须与一个田间池塘ID匹配	A10	12a	8
行12b的空白字段,该字段只在选定的田间池塘数超过13时存在。	1~10	必须为空字段	—	12b	1

续表

说明	列	域	格式	行号	字段号
14th田间池塘 ID:被选定作为版本 3 输出的第十四个田间池塘 ID,若选定田间池塘的数目满足以前选定的田间池塘 ID 字段,第十四个田间池塘 ID 应留做空白字段。	11 ~ 20	必须与一个田间池塘 ID 匹配	A10	12b	2
15th田间池塘 ID:被选定作为版本 3 输出的第十五个田间池塘 ID,若选定田间池塘的数目满足以前选定的田间池塘 ID 字段,第十五个田间池塘 ID 应留做空白字段。	21 ~ 30	必须与一个田间池塘 ID 匹配	A10	12b	3
16th田间池塘 ID:被选定作为版本 3 输出的第十六个田间池塘 ID,若选定田间池塘的数目满足以前选定的田间池塘 ID 字段,第十六个田间池塘 ID 应留做空白字段。	31 ~ 40	必须与一个田间池塘 ID 匹配	A10	12b	4
17th田间池塘 ID:被选定作为版本 3 输出的第十七个田间池塘 ID,若选定田间池塘的数目满足以前选定的田间池塘 ID 字段,第十七个田间池塘 ID 应留做空白字段。	41 ~ 50	必须与一个田间池塘 ID 匹配	A10	12b	5
18th田间池塘 ID:被选定作为版本 3 输出的第十八个田间池塘 ID,若选定田间池塘的数目满足以前选定的田间池塘 ID 字段,第十八个田间池塘 ID 应留做空白字段。	51 ~ 60	必须与一个田间池塘 ID 匹配	A10	12b	6
19th田间池塘 ID:被选定作为版本 3 输出的第十九个田间池塘 ID,若选定田间池塘的数目满足以前选定的田间池塘 ID 字段,第十九个田间池塘 ID 应留做空白字段。	61 ~ 70	必须与一个田间池塘 ID 匹配	A10	12b	7
20th田间池塘 ID:被选定作为版本 3 输出的第二十个田间池塘 ID,若选定田间池塘的数目满足以前选定的田间池塘 ID 字段,第二十个田间池塘 ID 应留做空白字段。	71 ~ 80	必须与一个田间池塘 ID 匹配	A10	12b	8
行 12c 的空白字段,该字段只在选定的田间池塘数超过 13 时存在。记录将不断重复直到满足选定的田间池塘。	1 ~ 10	必须为空字段	—	12c	1
数据子节名:用于单独的版本 3 格式表文件的本地请求,输出数据有限制的切沟的 ID 被列出,若不存在则默认为全程请求。	1 ~ 10	切沟 ID	A10	13	1
选定切沟的数目:切沟 ID 的数目,这些切沟被读入作为该限制的一部分,该数必须位于 1 和“切沟数据”节中切沟数之间。	11 ~ 20	1 ~ 切沟数	I10	13	2

续表

说明	列	域	格式	行号	字段号
1st切沟 ID:被选定作为版本 3 输出的第一个切沟 ID,若选定切沟的数目满足以前选定的切沟 ID 字段,第一个切沟 ID 应留做空白字段。	21 ~ 30	必须与一个切沟 ID 匹配	A10	13	3
2nd切沟 ID:被选定作为版本 3 输出的第二个切沟 ID,若选定切沟的数目满足以前选定的切沟 ID 字段,第二个切沟 ID 应留做空白字段。	31 ~ 40	必须与一个切沟 ID 匹配	A10	13	4
3rd切沟 ID:被选定作为版本 3 输出的第三个切沟 ID,若选定切沟的数目满足以前选定的切沟 ID 字段,第三个切沟 ID 应留做空白字段。	41 ~ 50	必须与一个切沟 ID 匹配	A10	13	5
4th切沟 ID:被选定作为版本 3 输出的第四个切沟 ID,若选定切沟的数目满足以前选定的切沟 ID 字段,第四个切沟 ID 应留做空白字段。	51 ~ 60	必须与一个切沟 ID 匹配	A10	13	6
5th切沟 ID:被选定作为版本 3 输出的第五个切沟 ID,若选定切沟的数目满足以前选定的切沟 ID 字段,第五个切沟 ID 应留做空白字段。	61 ~ 70	必须与一个切沟 ID 匹配	A10	13	7
6th切沟 ID:被选定作为版本 3 输出的第六个切沟 ID,若选定切沟的数目满足以前选定的切沟 ID 字段,第六个切沟 ID 应留做空白字段。	71 ~ 80	必须与一个切沟 ID 匹配	A10	13	8
行 13a 的空白字段,该字段只在选定的切沟数超过 7 时存在。	1 ~ 10	必须为空字段	—	13a	1
7th切沟 ID:被选定作为版本 3 输出的第七个切沟 ID,若选定切沟的数目满足以前选定的切沟 ID 字段,第七个切沟 ID 应留做空白字段。	11 ~ 20	必须与一个切沟 ID 匹配	A10	13a	2
8th切沟 ID:被选定作为版本 3 输出的第八个切沟 ID,若选定切沟的数目满足以前选定的切沟 ID 字段,第八个切沟 ID 应留做空白字段。	21 ~ 30	必须与一个切沟 ID 匹配	A10	13a	3
9th切沟 ID:被选定作为版本 3 输出的第九个切沟 ID,若选定切沟的数目满足以前选定的切沟 ID 字段,第九个切沟 ID 应留做空白字段。	31 ~ 40	必须与一个切沟 ID 匹配	A10	13a	4
10th切沟 ID:被选定作为版本 3 输出的第十个切沟 ID,若选定切沟的数目满足以前选定的切沟 ID 字段,第十个切沟 ID 应留做空白字段。	41 ~ 50	必须与一个切沟 ID 匹配	A10	13a	5
11th切沟 ID:被选定作为版本 3 输出的第十一个切沟 ID,若选定切沟的数目满足以前选定的切沟 ID 字段,第十一个切沟 ID 应留做空白字段。	51 ~ 60	必须与一个切沟 ID 匹配	A10	13a	6

续表

说明	列	域	格式	行号	字段号
12th切沟ID:被选定作为版本3输出的第十二个切沟ID,若选定切沟的数目满足以前选定的切沟ID字段,第十二个切沟ID应留做空白字段。	61~70	必须与一个切沟ID匹配	A10	13a	7
13th切沟ID:被选定作为版本3输出的第十三个切沟ID,若选定切沟的数目满足以前选定的切沟ID字段,第十三个切沟ID应留做空白字段。	71~80	必须与一个切沟ID匹配	A10	13a	8
行13b的空白字段,该字段只在选定的切沟数超过13时存在。	1~10	必须为空字段	—	13b	1
14th切沟ID:被选定作为版本3输出的第十四个切沟ID,若选定切沟的数目满足以前选定的切沟ID字段,第十四个切沟ID应留做空白字段。	11~20	必须与一个切沟ID匹配	A10	13b	2
15th切沟ID:被选定作为版本3输出的第十五个切沟ID,若选定切沟的数目满足以前选定的切沟ID字段,第十五个切沟ID应留做空白字段。	21~30	必须与一个切沟ID匹配	A10	13b	3
16th切沟ID:被选定作为版本3输出的第十六个切沟ID,若选定切沟的数目满足以前选定的切沟ID字段,第十六个切沟ID应留做空白字段。	31~40	必须与一个切沟ID匹配	A10	13b	4
17th切沟ID:被选定作为版本3输出的第十七个切沟ID,若选定切沟的数目满足以前选定的切沟ID字段,第十七个切沟ID应留做空白字段。	41~50	必须与一个切沟ID匹配	A10	13b	5
18th切沟ID:被选定作为版本3输出的第十八个切沟ID,若选定切沟的数目满足以前选定的切沟ID字段,第十八个切沟ID应留做空白字段。	51~60	必须与一个切沟ID匹配	A10	13b	6
19th切沟ID:被选定作为版本3输出的第十九个切沟ID,若选定切沟的数目满足以前选定的切沟ID字段,第十九个切沟ID应留做空白字段。	61~70	必须与一个切沟ID匹配	A10	13b	7

续表

说明	列	域	格式	行号	字段号
20th切沟ID:被选定作为版本3输出的第二十个切沟ID,若选定切沟的数目满足以前选定的切沟ID字段,第二十个切沟ID应留做空白字段。	71~80	必须与一个切沟ID匹配	A10	13b	8
行13c的空白字段,该字段只在选定的切沟数超过13时存在。记录将不断重复直到满足选定的切沟。	1~10	必须为空字段	—	13c	1
数据子节名:用于单独的版本3格式表文件的本地请求,输出数据有限制的蓄水坝的ID被列出,若不存在则默认为全程请求。	1~10	蓄水坝ID	A10	14	1
选定蓄水坝的数目:蓄水坝ID的数目,这些蓄水坝被读入作为该限制的一部分,该数必须位于1和"蓄水坝数据"节中蓄水坝数之间。	11~20	1~蓄水坝数	I10	14	2
1st蓄水坝ID:被选定作为版本3输出的第一个蓄水坝ID,若选定蓄水坝的数目满足以前选定的蓄水坝ID字段,第一个蓄水坝ID应留做空白字段。	21~30	必须与一个蓄水坝ID匹配	A10	14	3
2nd蓄水坝ID:被选定作为版本3输出的第二个蓄水坝ID,若选定蓄水坝的数目满足以前选定的蓄水坝ID字段,第二个蓄水坝ID应留做空白字段。	31~40	必须与一个蓄水坝ID匹配	A10	14	4
3rd蓄水坝ID:被选定作为版本3输出的第三个蓄水坝ID,若选定蓄水坝的数目满足以前选定的蓄水坝ID字段,第三个蓄水坝ID应留做空白字段。	41~50	必须与一个蓄水坝ID匹配	A10	14	5
4th蓄水坝ID:被选定作为版本3输出的第四个蓄水坝ID,若选定蓄水坝的数目满足以前选定的蓄水坝ID字段,第四个蓄水坝ID应留做空白字段。	51~60	必须与一个蓄水坝ID匹配	A10	14	6
5th蓄水坝ID:被选定作为版本3输出的第五个蓄水坝ID,若选定蓄水坝的数目满足以前选定的蓄水坝ID字段,第五个蓄水坝ID应留做空白字段。	61~70	必须与一个蓄水坝ID匹配	A10	14	7
6th蓄水坝ID:被选定作为版本3输出的第六个蓄水坝ID,若选定蓄水坝的数目满足以前选定的蓄水坝ID字段,第六个蓄水坝ID应留做空白字段。	71~80	必须与一个蓄水坝ID匹配	A10	14	8

续表

说明	列	域	格式	行号	字段号
行 14a 的空白字段,该字段只在选定的蓄水坝数超过 7 时存在。	1 ~ 10	必须为空字段	—	14a	1
7th蓄水坝 ID:被选定作为版本 3 输出的第七个蓄水坝 ID,若选定蓄水坝的数目满足以前选定的蓄水坝 ID 字段,第七个蓄水坝 ID 应留做空白字段。	11 ~ 20	必须与一个蓄水坝 ID 匹配	A10	14a	2
8th蓄水坝 ID:被选定作为版本 3 输出的第八个蓄水坝 ID,若选定蓄水坝的数目满足以前选定的蓄水坝 ID 字段,第八个蓄水坝 ID 应留做空白字段。	21 ~ 30	必须与一个蓄水坝 ID 匹配	A10	14a	3
9th蓄水坝 ID:被选定作为版本 3 输出的第九个蓄水坝 ID,若选定蓄水坝的数目满足以前选定的蓄水坝 ID 字段,第九个蓄水坝 ID 应留做空白字段。	31 ~ 40	必须与一个蓄水坝 ID 匹配	A10	14a	4
10th蓄水坝 ID:被选定作为版本 3 输出的第十个蓄水坝 ID,若选定蓄水坝的数目满足以前选定的蓄水坝 ID 字段,第十个蓄水坝 ID 应留做空白字段。	41 ~ 50	必须与一个蓄水坝 ID 匹配	A10	14a	5
11th蓄水坝 ID:被选定作为版本 3 输出的第十一个蓄水坝 ID,若选定蓄水坝的数目满足以前选定的蓄水坝 ID 字段,第十一个蓄水坝 ID 应留做空白字段。	51 ~ 60	必须与一个蓄水坝 ID 匹配	A10	14a	6
12th蓄水坝 ID:被选定作为版本 3 输出的第十二个蓄水坝 ID,若选定蓄水坝的数目满足以前选定的蓄水坝 ID 字段,第十二个蓄水坝 ID 应留做空白字段。	61 ~ 70	必须与一个蓄水坝 ID 匹配	A10	14a	7
13th蓄水坝 ID:被选定作为版本 3 输出的第十三个蓄水坝 ID,若选定蓄水坝的数目满足以前选定的蓄水坝 ID 字段,第十三个蓄水坝 ID 应留做空白字段。	71 ~ 80	必须与一个蓄水坝 ID 匹配	A10	14a	8
行 14b 的空白字段,该字段只在选定的蓄水坝数超过 13 时存在。	1 ~ 10	必须为空字段	—	14b	1
14th蓄水坝 ID:被选定作为版本 3 输出的第十四个蓄水坝 ID,若选定蓄水坝的数目满足以前选定的蓄水坝 ID 字段,第十四个蓄水坝 ID 应留做空白字段。	11 ~ 20	必须与一个蓄水坝 ID 匹配	A10	14b	2

续表

说明	列	域	格式	行号	字段号
15th蓄水坝 ID:被选定作为版本 3 输出的第十五个蓄水坝 ID,若选定蓄水坝的数目满足以前选定的蓄水坝 ID 字段,第十五个蓄水坝 ID 应留做空白字段。	21 ~ 30	必须与一个蓄水坝 ID 匹配	A10	14b	3
16th蓄水坝 ID:被选定作为版本 3 输出的第十六个蓄水坝 ID,若选定蓄水坝的数目满足以前选定的蓄水坝 ID 字段,第十六个蓄水坝 ID 应留做空白字段。	31 ~ 40	必须与一个蓄水坝 ID 匹配	A10	14b	4
17th蓄水坝 ID:被选定作为版本 3 输出的第十七个蓄水坝 ID,若选定蓄水坝的数目满足以前选定的蓄水坝 ID 字段,第十七个蓄水坝 ID 应留做空白字段。	41 ~ 50	必须与一个蓄水坝 ID 匹配	A10	14b	5
18th蓄水坝 ID:被选定作为版本 3 输出的第十八个蓄水坝 ID,若选定切沟的数目满足以前选定的蓄水坝 ID 字段,第十八个蓄水坝 ID 应留做空白字段。	51 ~ 60	必须与一个蓄水坝 ID 匹配	A10	14b	6
19th蓄水坝 ID:被选定作为版本 3 输出的第十九个蓄水坝 ID,若选定蓄水坝的数目满足以前选定的蓄水坝 ID 字段,第十九个蓄水坝 ID 应留做空白字段。	61 ~ 70	必须与一个蓄水坝 ID 匹配	A10	14b	7
20th蓄水坝 ID:被选定作为版本 3 输出的第二十个蓄水坝 ID,若选定蓄水坝的数目满足以前选定的蓄水坝 ID 字段,第二十个蓄水坝 ID 应留做空白字段。	71 ~ 80	必须与一个蓄水坝 ID 匹配	A10	14b	8
行 14c 的空白字段,该字段只在选定的蓄水坝数超过 13 时存在。记录将不断重复直到满足选定的蓄水坝。	1 ~ 10	必须为空字段	—	14c	1
数据子节名:用于单独的版本 3 格式表文件的本地请求,输出数据有限制的点源的 ID 被列出,若不存在则默认为全程请求。	1 ~ 10	点源 ID	A10	15	1
选定点源的数目:点源 ID 的数目,这些点源被读入作为该限制的一部分,该数必须位于 1 和“点源数据”节中点源数之间。	11 ~ 20	1 ~ 点源数	I10		2
1st点源 ID:被选定作为版本 3 输出的第一个点源 ID,若选定点源的数目满足以前选定的点源 ID 字段,第一个点源 ID 应留做空白字段。	21 ~ 30	必须与一个点源 ID 匹配	A10	15	3

续表

说明	列	域	格式	行号	字段号
2nd点源ID:被选定作为版本3输出的第二个点源ID,若选定点源的数目满足以前选定的点源ID字段,第二个点源ID应留做空白字段。	31~40	必须与一个点源ID匹配	A10	15	4
3rd点源ID:被选定作为版本3输出的第三个点源ID,若选定点源的数目满足以前选定的点源ID字段,第三个点源ID应留做空白字段。	41~50	必须与一个点源ID匹配	A10	15	5
4th点源ID:被选定作为版本3输出的第四个点源ID,若选定点源的数目满足以前选定的点源ID字段,第四个点源ID应留做空白字段。	51~60	必须与一个点源ID匹配	A10	15	6
5th点源ID:被选定作为版本3输出的第五个点源ID,若选定点源的数目满足以前选定的点源ID字段,第五个点源ID应留做空白字段。	61~70	必须与一个点源ID匹配	A10	15	7
6th点源ID:被选定作为版本3输出的第六个点源ID,若选定点源的数目满足以前选定的点源ID字段,第六个点源ID应留做空白字段。	71~80	必须与一个点源ID匹配	A10	15	8
行15a的空白字段,该字段只在选定的点源数超过7时存在。	1~10	必须为空字段	—	15a	1
7th点源ID:被选定作为版本3输出的第七个点源ID,若选定点源的数目满足以前选定的点源ID字段,第七个点源ID应留做空白字段。	11~20	必须与一个点源ID匹配	A10	15a	2
8th点源ID:被选定作为版本3输出的第八个点源ID,若选定点源的数目满足以前选定的点源ID字段,第八个点源ID应留做空白字段。	21~30	必须与一个点源ID匹配	A10	15a	3
9th点源ID:被选定作为版本3输出的第九个点源ID,若选定点源的数目满足以前选定的点源ID字段,第九个点源ID应留做空白字段。	31~40	必须与一个点源ID匹配	A10	15a	4
10th点源ID:被选定作为版本3输出的第十个点源ID,若选定点源的数目满足以前选定的点源ID字段,第十个点源ID应留做空白字段。	41~50	必须与一个点源ID匹配	A10	15a	5
11th点源ID:被选定作为版本3输出的第十一个点源ID,若选定点源的数目满足以前选定的点源ID字段,第十一个点源ID应留做空白字段。	51~60	必须与一个点源ID匹配	A10	15a	6
12th点源ID:被选定作为版本3输出的第十二个点源ID,若选定点源的数目满足以前选定的点源ID字段,第十二个点源ID应留做空白字段。	61~70	必须与一个点源ID匹配	A10	15a	7

续表

说明	列	域	格式	行号	字段号
13th点源 ID:被选定作为版本 3 输出的第十三个点源 ID,若选定点源的数目满足以前选定的点源 ID 字段,第十三个点源 ID 应留做空白字段。	71 ~ 80	必须与一个点源 ID 匹配	A10	15a	8
行 15b 的空白字段,该字段只在选定的点源数超过 13 时存在。	1 ~ 10	必须为空字段	—	15b	1
14th点源 ID:被选定作为版本 3 输出的第十四个点源 ID,若选定点源的数目满足以前选定的点源 ID 字段,第十四个点源 ID 应留做空白字段。	11 ~ 20	必须与一个点源 ID 匹配	A10	15b	2
15th点源 ID:被选定作为版本 3 输出的第十五个点源 ID,若选定点源的数目满足以前选定的点源 ID 字段,第十五个点源 ID 应留做空白字段。	21 ~ 30	必须与一个点源 ID 匹配	A10	15b	3
16th点源 ID:被选定作为版本 3 输出的第十六个点源 ID,若选定点源的数目满足以前选定的点源 ID 字段,第十六个点源 ID 应留做空白字段。	31 ~ 40	必须与一个点源 ID 匹配	A10	15b	4
17th点源 ID:被选定作为版本 3 输出的第十七个点源 ID,若选定点源的数目满足以前选定的点源 ID 字段,第十七个点源 ID 应留做空白字段。	41 ~ 50	必须与一个点源 ID 匹配	A10	15b	5
18th点源 ID:被选定作为版本 3 输出的第十八个点源 ID,若选定点源的数目满足以前选定的点源 ID 字段,第十八个点源 ID 应留做空白字段。	51 ~ 60	必须与一个点源 ID 匹配	A10	15b	6
19th点源 ID:被选定作为版本 3 输出的第十九个点源 ID,若选定点源的数目满足以前选定的点源 ID 字段,第十九个点源 ID 应留做空白字段。	61 ~ 70	必须与一个点源 ID 匹配	A10	15b	7
20th点源 ID:被选定作为版本 3 输出的第二十个点源 ID,若选定点源的数目满足以前选定的点源 ID 字段,第二十个点源 ID 应留做空白字段。	71 ~ 80	必须与一个点源 ID 匹配	A10	15b	8
行 15c 的空白字段,该字段只在选定的点源数超过 13 时存在。记录将不断重复直到满足选定的点源。	1 ~ 10	必须为空字段	—	15c	1

续表

说明	列	域	格式	行号	字段号
数据子节名:用于单独的版本 3 格式表文件的本地请求,输出数据有限制的沟道的 ID 被列出,若不存在则默认为全程请求。	1 ~ 10	沟道 ID	A10	16	1
选定沟道的数目:沟道 ID 的数目,这些沟道被读入作为该限制的一部分,该数必须位于 1 和“沟道数据”节中沟道数之间。	11 ~ 20	1 ~ 沟道总数	I10	16	2
1^{st}沟道 ID:被选定作为版本 3 输出的第一个沟道 ID,若选定沟道的数目满足以前选定的沟道 ID 字段,第一个沟道 ID 应留做空白字段。	21 ~ 30	必须与一个沟道 ID 匹配	A10	16	3
2^{nd}沟道 ID:被选定作为版本 3 输出的第二个沟道 ID,若选定沟道的数目满足以前选定的沟道 ID 字段,第二个沟道 ID 应留做空白字段。	31 ~ 40	必须与一个沟道 ID 匹配	A10	16	4
3^{rd}沟道 ID:被选定作为版本 3 输出的第三个沟道 ID,若选定沟道的数目满足以前选定的沟道 ID 字段,第三个沟道 ID 应留做空白字段。	41 ~ 50	必须与一个沟道 ID 匹配	A10	16	5
4^{th}沟道 ID:被选定作为版本 3 输出的第四个沟道 ID,若选定沟道的数目满足以前选定的沟道 ID 字段,第四个沟道 ID 应留做空白字段。	51 ~ 60	必须与一个沟道 ID 匹配	A10	16	6
5^{th}沟道 ID:被选定作为版本 3 输出的第五个沟道 ID,若选定沟道的数目满足以前选定的沟道 ID 字段,第五个沟道 ID 应留做空白字段。	61 ~ 70	必须与一个沟道 ID 匹配	A10	16	7
6^{th}沟道 ID:被选定作为版本 3 输出的第六个沟道 ID,若选定沟道的数目满足以前选定的沟道 ID 字段,第六个沟道 ID 应留做空白字段。	71 ~ 80	必须与一个沟道 ID 匹配	A10	16	8
行 16a 的空白字段,该字段只在选定的沟道数超过 7 时存在。	1 ~ 10	必须为空字段	—	16a	1
7^{th}沟道 ID:被选定作为版本 3 输出的第七个沟道 ID,若选定沟道的数目满足以前选定的沟道 ID 字段,第七个沟道 ID 应留做空白字段。	11 ~ 20	必须与一个沟道 ID 匹配	A10	16a	2
8^{th}沟道 ID:被选定作为版本 3 输出的第八个沟道 ID,若选定沟道的数目满足以前选定的沟道 ID 字段,第八个沟道 ID 应留做空白字段。	21 ~ 30	必须与一个沟道 ID 匹配	A10	16a	3
9^{th}沟道 ID:被选定作为版本 3 输出的第九个沟道 ID,若选定沟道的数目满足以前选定的沟道 ID 字段,第九个沟道 ID 应留做空白字段。	31 ~ 40	必须与一个沟道 ID 匹配	A10	16a	4
10^{th}沟道 ID:被选定作为版本 3 输出的第十个沟道 ID,若选定沟道的数目满足以前选定的沟道 ID 字段,第十个沟道 ID 应留做空白字段。	41 ~ 50	必须与一个沟道 ID 匹配	A10	16a	5

续表

说明	列	域	格式	行号	字段号
11th沟道 ID:被选定作为版本 3 输出的第十一个沟道 ID,若选定沟道的数目满足以前选定的沟道 ID 字段,第十一个沟道 ID 应留做空白字段。	51~60	必须与一个沟道 ID 匹配	A10	16a	6
12th沟道 ID:被选定作为版本 3 输出的第十二个沟道 ID,若选定沟道的数目满足以前选定的沟道 ID 字段,第十二个沟道 ID 应留做空白字段。	61~70	必须与一个沟道 ID 匹配	A10	16a	7
13th沟道 ID:被选定作为版本 3 输出的第十三个沟道 ID,若选定沟道的数目满足以前选定的沟道 ID 字段,第十三个沟道 ID 应留做空白字段。	71~80	必须与一个沟道 ID 匹配	A10	16a	8
行 16b 的空白字段,该字段只在选定的沟道数超过 13 时存在。	1~10	必须为空字段	—	16b	1
14th沟道 ID:被选定作为版本 3 输出的第十四个沟道 ID,若选定沟道的数目满足以前选定的沟道 ID 字段,第十四个沟道 ID 应留做空白字段。	11~20	必须与一个沟道 ID 匹配	A10	16b	2
15th沟道 ID:被选定作为版本 3 输出的第十五个沟道 ID,若选定沟道的数目满足以前选定的沟道 ID 字段,第十五个沟道 ID 应留做空白字段。	21~30	必须与一个沟道 ID 匹配	A10	16b	3
16th沟道 ID:被选定作为版本 3 输出的第十六个沟道 ID,若选定沟道的数目满足以前选定的沟道 ID 字段,第十六个沟道 ID 应留做空白字段。	31~40	必须与一个沟道 ID 匹配	A10	16b	4
17th沟道 ID:被选定作为版本 3 输出的第十七个沟道 ID,若选定沟道的数目满足以前选定的沟道 ID 字段,第十七个沟道 ID 应留做空白字段。	41~50	必须与一个沟道 ID 匹配	A10	16b	5
18th沟道 ID:被选定作为版本 3 输出的第十八个沟道 ID,若选定沟道的数目满足以前选定的沟道 ID 字段,第十八个沟道 ID 应留做空白字段。	51~60	必须与一个沟道 ID 匹配	A10	16b	6

续表

说明	列	域	格式	行号	字段号
19th沟道 ID:被选定作为版本 3 输出的第十九个沟道 ID,若选定沟道的数目满足以前选定的沟道 ID 字段,第十九个沟道 ID 应留做空白字段。	61 ~ 70	必须与一个沟道 ID 匹配	A10	16b	7
20th沟道 ID:被选定作为版本 3 输出的第二十个沟道 ID,若选定沟道的数目满足以前选定的沟道 ID 字段,第二十个沟道 ID 应留做空白字段。	71 ~ 80	必须与一个沟道 ID 匹配	A10	16b	8
行 16c 的空白字段,该字段只在选定的沟道数超过 13 时存在。记录将不断重复直到满足选定的沟道。	1 ~ 10	必须为空字段	—	16c	1
空行				末行	

杀虫剂施用数据*

说明	单位 {英制}[公制]	域 {英制}[公制]	格式	行号	字段号
数据节名:严格编码节 ID,不区别大小写(左悬挂对齐)。		杀虫剂施用数据:	A40	1	1
杀虫剂施用数:流域内杀虫剂施用记录总数。		1 ~ 2147483647	I10	1	2
下列 2 行组复述杀虫剂施用数。					
杀虫剂施用 ID:字母数字型字符串,识别杀虫剂施用。			A10	2	1
杀虫剂 ID:字母数字型字符串,识别杀虫剂,必须与“杀虫剂参考数据”中的一个杀虫剂参考 ID 相同。			A40	2	2 ~ 5
空字段			10	3	1
杀虫剂施用量:杀虫剂活性成分的施用量。	{lb / ac} [kg / ha]	{0.0 ~ 100.0} [0.0 ~ 112.0]	F10	3	2
杀虫剂深度:杀虫剂施用深度,施用深度为零表示杀虫剂不与土壤混合。	{in} [mm]	{0.0 ~ 60.0} [0.0 ~ 1500.0]	F10	3	3
杀虫剂混合码:表示杀虫剂是否在施用深度内与土壤均匀混合。接受值为: Y 表示 yes, N 表示 no (空白表示 yes)		空白,Y,或 N	A10	3	4
叶面施用率:杀虫剂施用到叶面的比率。		0.0 ~ 1.0	F10	3	5
地下施用率:杀虫剂施用到地下土壤的比率。		0.0 ~ 1.0	I10	3	6
空行				最后	1 ~ 8

* 若“操作数据”涉及到杀虫剂施用,需要该数据。

杀虫剂参考数据*

说明	单位 {英制}[公制]	域 {英制}[公制]	格式	行号	字段号
数据节名:严格编码节 ID,不区别大小写(左悬挂对齐)。		杀虫剂参考数据:	A40	1	1
杀虫剂参考数:流域内杀虫剂参考记录组的总数。		1 ~ 2147483647	I10	1	2
下列 2 行组复述杀虫剂参考数。					
杀虫剂参考 ID:字母数字型字符串,识别杀虫剂。			A10	2	1 ~ 4
杀虫剂溶度:杀虫剂在水中的溶度,其计算为杀虫剂的重量除以溶液的总重量(水 + 杀虫剂)。	wt/wt (无量纲)	0 .0 ~ 10000000. 0	F10	2	5
杀虫剂分配:土壤杀虫剂归化到有机碳的分配系数。		0. 0 ~ 100000000.	F10	2	6
杀虫剂土壤半衰期:杀虫剂在土壤中降级一半所需要的时间,包括所有降级法,如化学的、生物的、光致的等。	d	0. 1 ~ 50000. 0	F10	2	7
杀虫剂叶面半衰期:杀虫剂在叶面上降级一半所需要的时间,包括所有降级法,如化学的、生物的、光致的等。	d	0. 1 ~ 50000. 0	F10	2	8
空字段			10	3	1
杀虫剂冲刷率:一次 0. 1 inch (2. 5 mm)的降雨或喷灌冲刷掉叶面上的杀虫剂的比率。		0. 0 ~ 1. 0	F10	3	2
代谢物 ID:杀虫剂的母化合物分解后形成的化学物质的普通科学名称,必须与“杀虫剂参考数据”中的一个杀虫剂参考 ID 相同,若不考虑代谢物,该字段留做空白。			A40	3	3 ~ 6
代谢率:杀虫剂一天中转化成代谢物的比例,若未提供代谢物 ID,该字段留做空白;若提供了代谢物 ID,空白默认为 1. 0。		空白,或 0. 0 ~ 1. 0	F10	3	7
杀虫剂半衰期 Pesticide Reach Half-life:杀虫剂在一条沟道中降级一半所需要的时间,包括所有降级法,如化学的、生物的、光致的等。空白默认为无沟道杀虫剂降级。	d	空白,或 0. 1 ~ 50000. 0	F10	3	6
空行				末行	

* 若使用了“杀虫剂施用数据”或杀虫剂数据与“模拟期数据”,需要该数据。

点源数据*

说明	单位 {英制}[公制]	域 {英制}[公制]	格式	行号	字段号
数据节名:严格编码节 ID,不区别大小写(左悬挂对齐)。		点源数据:	A40	1	1
点源数:流域点源总数。		1 ~ 2147483647	I10	1	2
下列行复述点源总数,一个网格内的数个点源在本表中应连续排列。					
点源 ID:字母数字型字符串,识别点源。			A10	2	1
点源的网格 ID:字母数字型字符串,识别有点源的网格,必须与“网格数据”节中的一个网格 ID 相同。			A10	2	2
点流:自点源的常流量。	{cfs} [m^3/s]	{0.0033 ~ 10000.0} [0.00001	F10	2	3
点源 N:点源径流溶液中元素氮的浓度。	ppm	0.0 ~ 1000.0	F10	2	4
点源 P:点源径流溶液中元素磷的浓度。	ppm	0.0 ~ 1000.0	F10	2	5
点源有机 C:点源径流溶液中有机碳的浓度。	ppm	0.0 ~ 100000.0	F10	2	6
空行				末行	

* 可选项。

沟道数据*

说明	单位 {英制}[公制]	域 {英制}[公制]	格式	行号	字段号
数据节名:严格编码节 ID,不区别大小写(左悬挂对齐)。		沟道数据:	A40	1	1 ~ 4
沟道数:流域内沟道总条数。		1 ~ 2147483647	I10	1	5
下列 3 行组复述沟道数。					
沟道 ID:字母数字型字符串,识别沟道。			A10	2	1
接收沟道 ID:字母数字型字符串,识别接收沟道,必须与“沟道数据”节或“出口”中的一个沟道 ID 相同。流域的最下游沟道看做径流的“出口”。			A10	2	2
沟道植被码:接受值: 0 为无植被 1 为有植被 2 为水淹没 若输入了沟道满宁系数,植被码可以为空白。默认值为 1。		空白, 0,1 或 2	F10	2	3

* 必需项。

续表

说明	单位 {英制}[公制]	域 {英制}[公制]	格式	行号	字段号
沟道高程:沟道下游末端的高程。	{ft} [m]	{-984.~32808.} [-300.0~10000.0]	F10	2	4
沟道坡度:沟槽平均坡度。	len-vert/len-horz (无量纲)	0.00001~10.0	F10	2	5
沟道满宁系数:沟道的代表性糙率系数。空白默认值: 0.04:(沟道植被码为1) 0.02:(沟道植被码为0或2) 若沟道植被码和沟道满宁系数为空白,该值默认为0.04。		空白,或 0.005~1.0	F10	2	6
沟道入渗率:沟底入渗率。当前未使用(空白默认为0.0)。	{in/h} [mm/h]	空白,或 {0.0~100.0} [0.0~2540.0]	F10	2	7
空字段			10	3	1
沟道几何ID:字母数字型字符串,识别沟道几何系数数据,必须与"沟道几何系数"中的一个沟道几何ID相同。如果输入了沟道长度、宽度、深度和沟谷宽度,该字段留做空白,除非某些网格要求输入,如排水口直接进入沟道的网格,未输入网格集流时间(T_c)等。空白默认为"模拟期数据"中的默认沟道几何参数。			A10	3	2
沟道长度:沟槽的长度,空白表示AnnAGNPS将根据沟道几何ID中的几何关系进行计算。	{ft} [m]	空白,或 {0.0~99999999.9} [0.0~30480000.0]	F10	3	3
沟道上宽:在沟岸最大水流时过水沟槽的上宽,空白表示AnnAGNPS将根据沟道几何ID中的几何关系进行计算。	{ft} [m]	空白,或 {0.0~984.} [0.0~300.0]	F10	3	4
沟道水流深度:在沟岸最大水流时的水深,空白表示AnnAGNPS将根据沟道几何ID中的几何关系进行计算。	{ft} [m]	空白,或 {0.0~984.} [0.0~300.0]	F10	3	5
沟谷宽度:漫滩的宽度。漫滩的宽度包括沟道上宽,AnnAGNPS中沟道上宽将减去。空白表示AnnAGNPS将根据沟道几何ID中的几何关系进行计算。	{ft} [m]	空白,或 {0.0~98425.} [0.0~30000.0]	F10	3	6

续表

说明	单位 {英制}[公制]	域 {英制}[公制]	格式	行号	字段号
沟谷满宁系数:漫滩满宁粗糙系数,空白默认为0.150。		空白,或 0.005～1.0	F10	3	7
空字段			10	4	1
开始分流:沟道流量超过该值时,水流将被引到蓄水池,进入蓄水池的水将冲流域失去,0或空白表示没有水流被引到蓄水池。当前未使用。	{cfs} [m^3/s]	空白,或 {0.0～35287552.} [0.0～1000000.0]	F10	4	2
停止分流:蓄水池的最大容量,超过蓄水池的最大容量的水流向沟道下流流去。0或空白表示没有蓄水池。当前未使用。	{cfs} [m^3/s]	空白或 {0.0～35287552.} [0.0～1000000.0]	F10	4	3
空字段			10	4	4
黏土冲刷码:编码表示是否允许黏土颗粒冲刷沟槽。接受值为:Y表示Yes,N表示No(空白默认为N)		Blank,Y,或N	A2	4	5a
粉沙冲刷码:编码表示是否允许粉沙颗粒冲刷沟槽。接受值为:Y表示Yes,N表示No(空白默认为N)		Blank,Y,或N	A2	4	5b
沙粒冲刷码:编码表示是否允许沙颗粒冲刷沟槽。接受值为:Y表示Yes,N表示No(空白默认为N)		Blank,Y,或N	A2	4	5c
小团粒冲刷码:编码表示是否允许小团粒颗粒冲刷沟槽。接受值为:Y表示Yes,N表示No(空白默认为N)		Blank,Y,或N	A2	4	5d
大团粒冲刷码:编码表示是否大粉沙颗粒冲刷沟槽。接受值为:Y表示Yes,N表示No(空白默认为N)		Blank,Y,或N	A2	4	5e
沟谷黏土冲刷码:编码表示是否允许黏土颗粒冲刷沟谷(不包括沟槽)。接受值为:Y表示Yes,N表示No(空白默认为N)		Blank,Y,或N	A2	4	6a
沟谷粉沙冲刷码:编码表示是否允许粉沙颗粒冲刷沟谷(不包括沟槽)。接受值为:Y表示Yes,N表示No(空白默认为N)		Blank,Y,或N	A2	4	6b
沟谷沙冲刷码:编码表示是否允许沙颗粒冲刷沟谷(不包括沟槽)。接受值为:Y表示Yes,N表示No(空白默认为N)		Blank,Y,或N	A2	4	6c

注:表中[1]Blank表示空白;[2]Y表示是;[3]N表示不。

续表

说明	单位 {英制}[公制]	域 {英制}[公制]	格式	行号	字段号
沟谷小团粒冲刷码:编码表示是否允许小团粒颗粒冲刷沟谷(不包括沟槽)。接受值为: Y 表示 Yes,N 表示 No (空白默认为 N)		Blank, Y,或 N	A2	4	6d
沟谷大团粒冲刷码:编码表示是否允许大团粒颗粒冲刷沟谷(不包括沟槽)。接受值为: Y 表示 Yes,N 表示 No (空白默认为 N)		Blank, Y,或 N	A2	4	6e
沟道蓄水坝 ID:字母数字型字符串,识别封锁沟道出口的蓄水坝,空白表示没有与沟道有关的蓄水坝。			A10	4	7
空行				末行	

沟道几何系数(系统内置)*

水力几何ID	代表地区	沟槽				沟谷宽度	
		宽度		深度			
		系数(m)	指数	系数(m)	指数	系数(m)	指数
曲线 A	Mediterranean climate of winter rainfall such as San Francisco region at 30 inches annual precipitation	0.5889	0.38	0.5889	0.38	0.5889	0.38
曲线 B	High-rainfall areas such as Pennsylvania, with annual accumulation precipitation of 45 inches	0.4901	0.39	0.4901	0.39	0.4901	0.39
曲线 C	Mountain areas in the Upper Green River, Wyoming	0.1878	0.45	0.1878	0.45	0.1878	0.45
曲线 D	Mountain areas in the Upper Salmon River, Idaho	0.2546	0.39	0.2546	0.39	0.2546	0.39
曲线 E	Pacific Maritime Mountains (N. Cascades, Puget Lowland, coast range, & Willamette valley)	0.3462	0.43	0.3462	0.43	0.3462	0.43
曲线 F	Western Cordillera—Klamath mountains, Cascades, eastern Cascades, Blue mountains, northern Rockies, middle Rockies, and Wasatch & Uinta mountains	0.2777	0.42	0.2777	0.42	0.2777	0.42
曲线 G	Western Interior Basin & Ranges - Columbia Basin, Snake River Basin/high Desert, northern Basin range, ands Wyoming Basin	0.0586	0.51	0.0586	0.51	0.0586	0.51

*所有内置曲线使用相同的几何长度系数(79.19)和指数(0.60)。

续表

水力几何ID	代表地区	沟槽				沟谷宽度	
		宽度		深度			
		系数(m)	指数	系数(m)	指数	系数(m)	指数
曲线H	Mission Creek, Oregon: eastern slopes of the Umatilla Mountains	0.3008	0.378	0.3008	0.378	3.1002	0.294
曲线I	Seco Creek, Texas—north of San Antonio in the Edwards Aquifer	1.4926	0.3151	1.4926	0.3151	1.4926	0.3151
曲线J	Davis Hollow Basin & Hole Basin, West Virginia—tributaries to the Greenbriar River in karst geomorphology	0.4016	0.4193	0.4016	0.4193	0.4016	0.4193
曲线K	Wrights Brook & Kiff Brook—New York City water supply watersheds in the West Branch of the Delaware River Basin, New York	0.0132	0.8033	0.0132	0.8033	0.0132	0.8033
曲线L	Cole Gully & Wikoff Bayou—subwatersheds within the Bayou Plaquemine Brule in the Mermentau River Basin, southwestern Louisiana	5.9843	0.1448	5.9843	0.1448	34.7450	0.1448
曲线M	Curve M Carneros Creek in Monterey & San Benito Counties, central coast, California	1.1985	0.7338	1.1985	0.7338	2.5476	0.5141

沟道几何系数(用户自定义)

描述	单位	域 {英制}[公制]	格式	行号	字段号
数据节名:严格编码节 ID,不区别大小写(左悬挂对齐)。		沟道几何系数:	A40	1	1-4
沟道几何系数组数:流域内沟道几何系数组总数。		1 ~ 2147483647	I10	1	5
下列 2 行组复述沟道几何系数组数。					
沟道几何 ID:字母数字型字符串,识别沟道几何系数和指数组,空白默认为“模拟期”节中确定的数值。			A10	2	1

续表

描述	单位	域 {英制}[公制]	格式	行号	字段号
几何长度系数:下式中的地貌长度系数 $length = coef * Da^{exp}$ 式中:length 为流域内水力学最远点的距离(ft 或 m);Da 为沟道出口以上的排水面积(ac或 ha)。 沟道长度用本关系的两种确定办法的差来确定,一是用沟道的下游末端,另一个是上游末端。		空白,或 {0.00000001 ~ 99999999.9} [0.00000001 ~ 99999999.9]	F10	2	2
几何长度指数:下式中的地貌长度指数 $length = coef * Da^{exp}$ 式中:length 为流域内水力学最远点的距离(ft 或 m);Da 为沟道出口以上的排水面积(ac 或 ha)。 沟道长度用本关系的两种确定办法的差来确定,一是用沟道的下游末端,另一个是上游末端。		空白,或 {0.00000001 ~ 99999999.9} [0.00000001 ~ 99999999.9]	F10	2	3
几何宽度系数:下式中的地貌宽度系数 $width = coef * Da^{exp}$ 式中:width 为沟槽最大水流时的上宽(ft 或 m);Da 为沟道出口以上的排水面积(ac 或 ha)。		{0.00000001 ~ 99999999.9} [0.00000001 ~ 99999999.9]	F10	2	4
几何宽度指数:下式中的地貌宽度指数 $width = coef * Da^{exp}$ 式中:width 为沟槽最大水流时的上宽(ft 或 m);Da 为沟道出口以上的排水面积(ac 或 ha)。		{0.0 ~ 99999999.9} [0.0 ~ 99999999.9]	F10	2	5
几何深度系数:下式中的地貌深度系数 $depth = coef * Da^{exp}$. 式中:depth 为沟槽最大水流时的水深(ft 或 m);Da 为沟道出口以上的排水面积(ac 或 ha)。		{0.00000001 ~ 99999999.9} [0.00000001 ~ 99999999.9]	F10	2	6

续表

描述	单位	域 {英制}[公制]	格式	行号	字段号
几何深度指数:下式中的地貌深度指数 $depth = coef * Da^{exp}$ 式中:depth 为沟槽最大水流时的水深(ft 或 m);Da 为沟道出口以上的排水面积(ac 或 ha)。		{0.0 ~ 99999999.9} [0.0 ~ 99999999.9]	F10	2	7
空字段			10	3	1
沟谷宽度系数:下式中的地貌沟谷宽度系数 $width = coef * Da^{exp}$ 式中:width 为沟谷宽度(ft 或 m);Da 为沟道出口以上的排水面积(ac 或 ha)。		{0.00000001 ~ 99999999.9} [0.00000001 ~ 99999999.9]	F10	3	2
沟谷宽度指数:下式中的地貌沟谷宽度指数 $width = coef * Da^{exp}$ 式中:width 为沟谷宽度(ft 或 m);Da 为沟道出口以上的排水面积(ac 或 ha)。		{0.0 ~ 99999999.9} [0.0 ~ 99999999.9]	F10	3	3
空行				末行	

径流曲线编号数据

描述	单位	域 {英制}[公制]	格式	行号	字段号
数据节名:严格编码节 ID,不区别大小写。		径流曲线编号数据:	A40	1	1
径流曲线编号记录数:流域内径流曲线编号记录总数。		1 ~ 2147483647	I10	1	2
下列 2 行组复述径流曲线编号记录总数。					
径流曲线编号 ID:字母数字型字符串,识别特定地面覆盖(覆盖类型、处理和水文条件)条件下的径流曲线编号数据。			A40	2	1 ~ 4
残留物调整码:曲线编号残留物调整编码,接受值为: Y 表示 yes, 为残留物调整曲线编号 N 表示 no, 不调整曲线编号 空白表示不调整曲线编号。当前未使用。		空白,或 {0.00000001 ~ 99999999.9} [0.00000001 ~ 99999999.9]	F10	2	5
曲线"A":土壤水文组"A"的径流曲线		30.0 ~ 100.0	F5	2	6a

续表

描述	单位	域 {英制}[公制]	格式	行号	字段号
曲线"B":土壤水文组"B"的径流曲线		30.0～100.0	F5	2	6b
曲线"C":土壤水文组"C"的径流曲线		30.0～100.0	F5	2	7a
曲线"D":土壤水文组"D"的径流曲线		30.0～100.0	F5	2	7b
空行				末行	

模拟期数据*

描述	单位 {英制}[公制]	域 {英制}[公制]	格式	行号	字段号
数据节名:严格编码节 ID,不区别大小写。(左悬挂对齐)		模拟期数据:	A40	1	1～4
初始杀虫剂数:位于该数据节末尾的初始杀虫剂记录的总数。若无初始杀虫剂数据,该字段留做空白。		1～2147483647	I10	1	5
模拟开始日期:流域模拟开始的年、月、日。	mmm ddd yyyy	mmm:1～12 ddd:1～31 yyyy:1～9999	2I3, I4	2	1a～1c
模拟结束日期:流域模拟结束的年、月、日。对于单事件模拟,该字段留做空白。	mmm ddd yyyy	空白,或 mmm:1～12 ddd:1～31 yyyy:1～9999	2I3, I4	2	2a～2c
流域暴风雨类型号:编码表示要使用的现有的综合型或用户要求的暴风雨类型之一,这些类型的暴风雨已预先用延伸的 TR－55 进行了计算。接受值为: 空白,默认为类型 II, 1 表示 I, 2 表示 Ia, 3 表示 II, 4 表示 III, 5 表示均匀, 6 表示 IIA－60, 7 表示 IIA－65, 8 表示 IIA－70, 9 表示 IIA, 10 表示 II (DMV), 11 表示 III(DMV)。 12 到 20 为用户自定义类型,要求输入降雨分布和单位峰雨量回归系数。		1～11	I10	2	3
降雨因子:USLE 年平均降雨因子,为 USLE 和 RUSLE 二者使用。	{100 ft-t-in/(ac-h y)} [兆焦耳-mm/ha-h y]	{0.0～2000.0} [0.0～34100.0]	F10	2	4
10-yr EI:RUSLE 10 年一遇降雨的能量强度。侵蚀码("模拟期数据")为 0 时要求该数据,否则,该字段留做空白。	{100 ft-t-in/(ac-h)} [兆焦耳-mm/ha-h]	空白,或 {0.000006～2000.0} [0.0001～34100.0]	F5	2	5

* 必需项。

续表

描述	单位 {英制}[公制]	域 {英制}[公制]	格式	行号	字段号
EI 分布码:能量强度(EI)分布编码,识别 EI 分布曲线。EI 编码 >400 代表冻土的作用,如太平洋西北的 Palouse 地区。对于编码 1~149,RUSLE EI 分布将自动输入。用户可以随意输入 EI 分布码代表冻土的作用,但编码值必须 >400,且必须输入 EI 分布值。若侵蚀码("模拟期数据")为 0(RUSLE),要求输入 EI 分布码,否则,留做空白。		空白,或 1~500	I10	2	6
灌溉气候码:编码表示气候分类用于灌溉,接受值为:1 表示干旱;2 表示湿润(空白默认为 2)		空白,1 或 2	I10	2	7
土壤水分计算次数:一天中土壤水分计算的次数,默认为 8 次。		空白,1~24	I10	2	8
冬回:当前未使用				3	1
年 K 因子码:编码表示年平均 USLE 土壤流失量是根据诺谟图和火山土壤方程计算,还是使用土壤数据中的 K 因子计算,接受值为:Y 表示 Yes,N 表示 No(空白默认为 Yes)		空白,Y 或 N	A10	3	2
可变 K 因子码:表示年平均土壤流失量全年是否变化,接受值为:Y 表示 Yes,N 表示 No(空白默认为 Yes)		空白,Y 或 N	A10	3	3
初始化年数:流域模拟开始前初始化变量时要执行的气候数据年数。(空白默认为 0)		空白,0~100	I10	3	4
初始化方法码:编码表示初始化方法,0 表示典型气候,1 表示重使用输入气候。(空白默认为 0)		空白,0~1	I10	3	5
当前未使用			F10	3	6
当前未使用			F10	3	7
默认沟道几何形状:字母数字型字符串,当需要几何数据且未提供其他 ID 时,识别内置(默认)的沟道几何系数和指数,空白默认为曲线 B。 曲线 A:地中海式气候(冬季降雨;30″年); 曲线 B:强降雨(如 Penn;45″年): 曲线 C:山区(如 Upper Green River Wy); 曲线 D:山区(Upper Salmon River, Idaho).		空白, Curve A, Curve B, Curve C,或 Curve D	A10	3	8

续表

描述	单位 {英制}[公制]	域 {英制}[公制]	格式	行号	字段号
下面 4 行组仅在 EI 码 > 149 时要求输入,或内置 EI 码要求替代百分数。(在 AnnAGNPS 模式中, EI 码 1 ~ 149 已内置)					
空字段			10	A	1
子标题节:严格编码的子标题 ID (左悬挂对齐)。		EI PCT:	A10	A	2
EI 百分比(周期 1 ~ 6):对于前面输入的 EI 码,一年中的六个 15 天周期的第一组的累积 EI 百分比。		0.0 ~ 100.0	6F10	A	3 ~ 8
空字段			20	B	1 ~ 2
EI 百分比(周期 7 ~ 12):对于前面输入的 EI 码,一年中的六个 15 天周期的第二组的累积 EI 百分比。		0.0 ~ 100.0	6F10	B	3 ~ 8
空字段			20	C	1 ~ 2
EI 百分比(周期 13 ~ 18):对于前面输入的 EI 码,一年中的六个 15 天周期的第三组的累积 EI 百分比。		0.0 ~ 100.0	6F10	C	3 ~ 8
空字段			20	D	1 ~ 2
EI 百分比(周期 19 ~ 24):对于前面输入的 EI 码,一年中的六个 15 天周期的第四组的累积 EI 百分比。		0.0 ~ 100.0	6F10	D	3 ~ 8
下面 3 行组仅在要求输入除"作物"外的其他全程初始化默认值时才输入。大多数参数可以用"操作数据"中的初始化记录进行设置。					
空字段			10	4	1
子标题节:严格编码的子标题 ID (左悬挂对齐)。		作物	A10	4	2
作物初始无机氮:初始土壤无机氮,用于各个作物网格。首先使用上部 8in (200mm) 土层,然后使用断面的其余土层 (空白默认为 0)。	ppm	空白,或 0.0 ~ 100000.0	2F10	4	3 ~ 4
作物初始无机磷:初始土壤无机磷,用于各个作物网格。首先使用上部 8in (200mm) 土层,然后使用断面的其余土层 (空白默认为 0)。	ppm	空白,或 0.0 ~ 100000.0	2F10	4	5 ~ 6
作物初始土壤水分:初始土壤水分,用于各个作物网格。首先使用上部 8in (200mm) 土层,然后使用断面的其余土层 (空白默认为田间持水量与凋萎系数的平均值)。	ht-H_2O/ht-soil layer (无量纲)	空白,或 0.0 ~ 1.0	2F10	4	7 ~ 8

续表

描述	单位 {英制}[公制]	域 {英制}[公制]	格式	行号	字段号
空字段			20	5	1~2
作物初始有机质:初始土壤有机质,用于各个作物网格。首先使用上部8in (200mm)土层,然后使用断面的其余土层(空白默认为0)。	有机质质量/土壤质量(无量纲)	空白,或 0.0~1.0	2F10	5	3~4
作物初始有机氮:初始土壤有机氮,用于各个作物网格。首先使用上部8in (200mm)土层,然后使用断面的其余土层(空白默认为0)。	ppm	空白,或 0.0~100000.0	2F10	5	5~6
作物初始有机磷:初始土壤有机磷,用于各个作物网格。首先使用上部8in (200mm)土层,然后使用断面的其余土层(空白默认为0)。	ppm	空白,或 0.0~100000.0	2F10	5	7~8
空字段			20	6	1~2
作物初始地表残留物:初始地表残留物,用于各个作物网格(空白默认为0)。	{lb / ac} [kg / ha]	{0.0~100000.0} [0.0~112000.0]	F10	6	3
作物初始 CN II:初始条件II径流曲线编号,用于各个作物网格,该曲线编号不定义为初始操作数据的一部分用于第一字段管理(空白默认为75)。		空白,或 30.0~100.0	F10	6	4
作物初始满宁系数 n:初始条件地表径流满宁系数,用于各个作物网格,该系数不定义为初始操作数据的一部分用于第一字段管理(空白默认为0.035)。		0.005~1.0	F10	6	5
作物初始雪深:初始条件地表雪深,用于各个作物网格(空白默认为0.0)。	{in} [mm]	空白,或 {0.0~1000.0} [0.0~25400.0]	F10	6	6
作物初始雪密度:初始条件地表雪密度,若各个网格地表有积雪。如果雪深为正值,必须有雪密度值。若无雪深值,该字段留做空白。	{lb/ft^3} [Mg/m^3]	空白,或 {0.0006~62.4} [0.00001~1.0]	F10	6	7
作物初始地表常数:初始条件地表状况常数,用于各个作物网格,该常数不定义为初始操作数据的一部分用于第一字段管理(空白默认为0.15)。		空白,或 0.0~1.0	F10	6	8
下面3行组仅在要求输入除全程“非作物”初始化默认值时才输入。					

续表

描述	单位 {英制}[公制]	域 {英制}[公制]	格式	行号	字段号
空字段			10	7	1
子标题节:严格编码的子标题 ID(左悬挂对齐)。		非作物	A10	7	2
非作物初始无机氮:初始土壤无机氮,用于各个作物网格。首先使用上部 8in (200mm)土层,然后使用断面的其余土层(空白默认为 0)。	ppm	空白,或 0.0 ~ 100000.0	2F10	7	3 ~ 4
非作物初始无机磷:初始土壤无机磷,用于各个作物网格。首先使用上部 8in (200mm)土层,然后使用断面的其余土层(空白默认为 0)。	ppm	空白,或 0.0 ~ 100000.0	2F10	7	5 ~ 6
非作物初始土壤水分:初始土壤水分,用于各个作物网格。首先使用上部 8in (200 mm)土层,然后使用断面的其余土层(空白默认为田间持水量与凋萎系数的平均值)。	ht-H_2O/ht-soil layer (无量纲)	空白,或 0.0 ~ 1.0	2F10	7	7 ~ 8
空字段			20	8	1 ~ 2
非作物初始有机质:初始土壤有机质,用于各个作物网格。首先使用上部 8in (200 mm)土层,然后使用断面的其余土层(空白默认为 0)。	有机质质量/土壤质量 (无量纲)	空白,或 0.0 ~ 1.0	2F10	8	3 ~ 4
非作物初始有机氮:初始土壤有机氮,用于各个作物网格。首先使用上部 8in (200 mm)土层,然后使用断面的其余土层(空白默认为 0)。	ppm	空白,或 0.0 ~ 100000.0	2F10	8	5 ~ 6
非作物初始有机磷:初始土壤有机磷,用于各个作物网格。首先使用上部 8in (200mm)土层,然后使用断面的其余土层(空白默认为 0)。	ppm	空白,或 0.0 ~ 100000.0	2F10	8	7 ~ 8
空字段			20	9	1 ~ 2
非作物初始地表残留物:初始地表残留物,用于各个作物网格(空白默认为 0)。	{lb/ac} [kg/ha]	{0.0 ~ 100000.0} [0.0 ~ 112000.0]	F10	9	3
非作物初始 CN Ⅱ:初始条件Ⅱ径流曲线编号,用于各个作物网格,该曲线编号不定义为初始操作数据的一部分用于第一字段管理(空白默认为 75)。		空白,或 30.0 ~ 100.0	F10	9	4

续表

描述	单位 {英制}[公制]	域 {英制}[公制]	格式	行号	字段号
非作物初始满宁系数 n:初始条件地表径流满宁系数,用于各个作物网格,该系数不定义为初始操作数据的一部分用于第一字段管理(空白默认为0.035)。		0.005~1.0	F10	9	5
非作物初始雪深:初始条件地表雪深,用于各个作物网格(空白默认为0)。	{in} [mm]	空白,或 {0.0~1000.0} [0.0~25400.0]	F10	9	6
非作物初始雪密度:初始条件地表雪密度,若各个网格地表有积雪。如果雪深为正值,必须有雪密度值。若无雪深值,该字段留做空白。	{lb/ft^3} [Mg/m^3]	空白,或 {0.0006~62.4} [0.00001~1.0]	F10	9	7
非作物初始地表常数:初始条件地表状况常数,用于各个作物网格,该常数不定义为初始操作数据的一部分用于第一字段管理(空白默认0.30)。		空白,或 0.0~1.0	F10	9	8
系统为上述标题记录指出的杀虫剂数重复下面的记录。仅输入杀虫剂要求的除全程初始化默认值以外的值。					
初始杀虫剂 ID:字母数字型字符串,识别土壤断面的初始杀虫剂。			A40	10	1~4
作物初始杀虫剂量:初始杀虫剂量,用于各个作物网格。首先使用上部8in(200mm)土层,然后使用断面的其余土层(空白默认为0)。	杀虫剂质量/土壤质量 (无量纲)	空白,或 0.0~1.0	2F10	10	5~6
非作物初始杀虫剂量:初始杀虫剂量,用于各个作物网格。首先使用上部8in(200mm)土层,然后使用断面的其余土层(空白默认为0)。	杀虫剂质量/土壤质量 (无量纲)	空白,或 0.0~1.0	2F10	10	7~8
空行				末行	

土壤数据

描述	单位 {英制}[公制]	域 {英制}[公制]	格式	行号	字段号
数据节名:严格编码节 ID,不区别大小写(左悬挂对齐)。		土壤数据:	A40	1	1~4
土壤数:流域内土壤总数。		1~ 2147483647	I10	1	5

* 必需项。

续表

描述	单位 {英制}[公制]	域 {英制}[公制]	格式	行号	字段号
土层数:所有土壤记录中土层总数。		1 ~ 2147483647	I10	1	6
下面两行组复述土壤数,之后是土壤断面中各土层的三行组。					
土壤 ID:土壤调查面积 ID 结合土壤调查制图单位符号(例如 013Mbac)。			A10	2	1
土壤水文组:土壤水文组 (见 TR-55)。接受值为: A, B, C, D。		A, B, C, 或 D	A10	2	2
K 因子:土壤的 USLE & RUSLE K 因子。该因子已进行了调整:土壤颗粒增加了 >2mm 的部分。	{(t ac h)/(100 ac ft tonf in)}[(met. ton ha-h)/(ha MJ mm)]	{0.0 ~ 1.0} [0.0 ~ .1317]	F10	2	3
反射率:裸露土壤表面对太阳辐射的反射率。	反射量/辐射总量	空白,或 0.0 ~ 1.0	F10	2	4
固结时间:土壤固结作用使土壤扰动影响的 95% 消失所需的时间。	年	0.0 ~ 100.0	F10	2	5
不透水层深度:土壤剖面中不透水层的深度,空白默认为该深度大于土壤断面,即无不透水层。注:RUSLE 假定残留物的混合不能发生在 2in 土层内。	{in} [mm]	空白,或 {2.0 ~ 10000.0} {51.0 ~ 254000.0]	F10	2	6
比重:土壤剖面中总质量的平均比重,空白默认为 2.65。	土壤质量/水质量(无量纲)	空白,或 0.0 ~ 4.0	F10	2	7
土壤名称:土壤的全名。			A40	3	1 ~ 4
土壤质地:非缩写土壤质地(如黏壤土)。			A40	3	5 ~ 8
下面三行组陈述土壤断面中的各土壤层。对于每一种土壤,这些记录紧接上面的两行组综合数据。					
空字段			10	4	1
土层深度:土壤表面到该土层底的深度。	{in} [mm]	{1.0 ~ 120.0} [1.0 ~ 3000.0]	F10	4	2
容重:土层的干容重(对作物地土壤表层,假设土壤处于已固结阶段)。	{lb/ft^3} [Mg/m^3]	{60.0 ~ 168.0} [0.96 ~ 2.70]	F10	4	3
黏土比率:土层中黏土质量与土壤矿物总质量(沙、粉沙和黏土,不包括石块)之比。	黏土质量/土壤矿物质量(无量纲)		F10	4	4
粉沙比率:土层中粉沙质量与土壤矿物总质量(沙、粉沙和黏土,不包括石块)之比。	粉沙质量/土壤矿物质量(无量纲)	0.0 ~ 1.0	F10	4	5

续表

描述	单位 {英制}[公制]	域 {英制}[公制]	格式	行号	字段号
沙粒比率:土层中沙质量与土壤矿物总质量(沙、粉沙和黏土,不包括石块)之比。	沙质量/土壤矿物质量(无量纲)	0.0~1.0	F10	4	6
石块比率:土层中>2mm石块质量与土壤矿物总质量(沙、粉沙、黏土和石块)之比。默认值为0.0。	石块质量/土壤矿物质量(无量纲)	空白,或0.0~1.0	F10	4	7
极细沙比率:土层中极细沙质量(0.05~0.1mm)与土壤矿物总质量(沙、粉沙和黏土,不包括石块)之比。默认值为0.0。	极细沙质量/土壤矿物质量(无量纲)	空白,或0.0~1.0	F10	4	8
空字段			10	5	1
$CaCO_3$:土层中的$CaCO_3$含量。	$CaCO_3$重量/小于2mm土壤重量(无量纲)	空白,或0.0~1.0	F10	5	2
饱和传导率:土层的饱和水力传导率。	{in/h} [mm/h]	{0.0~10000.0} [0.0~254000.0]	F10	5	3
田间持水量:在田间持水量时(300kPa),水的体积与土层(包括石块)土壤体积之比。	水体积/土层体积(无量纲)	凋萎点~1.0	F10	5	4
凋萎点:在凋萎点时(1500kPa),水的体积与土层(包括石块)土壤体积之比。	水体积/土层体积(无量纲)	0.0~1.0	F10	5	5
火山土码:编码表示土层是否源于火山岩。Y表示火山岩,N表示非火山岩(空白默认为No)		Blank, Y或N	A10	5	6
盐基饱和度:火山土土层的盐基饱和度。仅在“火山土码”为Yes和“模拟期数据”节中的“年K因子”为Yes时使用该参数。只有在土壤与夏威夷土壤相似时,才考虑使用该参数(见Equation 3-2 in the RUSLE Handbook, Renard et al., 1997)。	%	空白,或0.0~100.0	F10	5	7
不稳定团粒比率:不稳定团粒(<0.25mm)质量与土层土壤总质量(沙、粉沙、黏土、石块和有机质)之比。若土层不是源于火山物质,该字段留做空白。	不稳定团粒质量/土壤质量(无量纲)	空白,或0.0~1.0	F10	5	8
空字段			10	6	1
pH:土层氢离子浓度的表述。pH是酸/碱度的测量标准,其值是氢离子浓度倒数的对数。		1.0~14.0	F10	6	2
有机质比率:土层中有机质质量与土壤总质量(沙、粉沙、黏土、石块和有机质)之比。	有机质质量/土壤质量(无量纲)	0.0~1.0	F10	6	3

续表

描述	单位 {英制}[公制]	域 {英制}[公制]	格式	行号	字段号
有机氮比率:模拟开始时土层中有机氮的初始含量。若数据暂不存在,表层土壤可输入500ppm,表层以下土层可输入50ppm。	ppm	0.0～100000.0	F10	6	4
无机氮比率:模拟开始时土层中无机氮的初始含量。若数据暂不存在,表层土壤可输入5ppm,表层以下土层可输入0.5ppm。	ppm	0.0～100000.0	F10	6	5
有机磷比率:模拟开始时土层中有机磷的初始含量。若数据暂不存在,表层土壤可输入500ppm,表层以下土层可输入250ppm。	ppm	0.0～10000.0	F10	6	6
无机磷比率:模拟开始时土层中无机磷的初始含量。若数据暂不存在,表层土壤可输入500ppm,表层以下土层可输入250ppm。	ppm	0.0～10000.0	F10	6	7
土壤结构码:编码表示土层的团粒土壤结构的平均尺度。接受值为: 1 表示极细粒（<1mm） 2 表示细粒(1～2mm) 3 表示中粒或粗粒（2～5mm） 4 表示块状，板状或大块（>5mm）		1～4	I10	6	8
空行				末行	

条带作物数据*

描述	单位 {英制}[公制]	域 {英制}[公制]	格式	行号	字段号
数据节名:严格编码节 ID,不区别大小写。(左悬挂对齐)		条带作物数据:	A40	1	1
条带作物数:流域内条带作物记录总数。		1～2147483647	I10	1	2
下面的行复述条带作物数					
条带作物 ID:字母数字型字符串,识别条带作物数据。			A10	2	1
覆盖码:编码表示覆盖类型。接受值为: 1 = C1）已建立草皮草地 2 = C2）第一年草地或割草地 3 = C3）浓密覆盖,地表非常粗糙 4 = C4）中度覆盖,地表粗糙 5 = C5）轻度覆盖,地表粗糙 6 = C6）无覆盖,低限粗糙 7 = C7）完全犁耕,地表光滑,休闲		1～7	I10	2	2

* AnnAGNPS 模式;若操作数据中有引用,要求该数据。

续表

描述	单位 {英制}[公制]	域 {英制}[公制]	格式	行号	字段号
带间距:相对距离,坡面上部至条带下部的距离与坡面总长度相比较。	%	0.0~100.0	F10	2	3
空行				末行	

瓦沟排水数据*

描述	单位 {英制}[公制]	域 {英制}[公制]	格式	行号	字段号
数据节名:严格编码节 ID,不区别大小写。(左悬挂对齐)		瓦沟排水数据:	A40	1	1
瓦沟排水系统数:流域内瓦沟排水系统总数。		1~2147483647	I10	1	2
下面的行复述瓦沟排水数					
瓦沟排水 ID:字母数字型字符串,识别瓦沟排水数据。			A10	2	1
排水速率:日水位降低的高度。若为用户所输入,该值将用于所有瓦沟排水的计算。默认值为 0.5in 或 12.5mm。	{in/d} [mm/d]	1~7	I10	2	2
瓦沟排水渠间距:相邻瓦沟排水渠中线间的距离。	{ft} [m]	0.0~999999.9	F10	2	3
瓦沟排水渠深度:瓦沟排水渠地表以下的深度。	{ft} [m]	0.0~999999.9	F10	2	4
瓦沟排水渠直径:瓦沟排水渠的直径。	{in} [mm]	0.0~999999.9	F10	2	5
空行				末行	

* AnnAGNPS 模式;若"田间管理数据"中有引用,要求该数据。

流域数据*

描述	单位 {英制}[公制]	域 {英制}[公制]	格式	行号	字段号
数据节名:严格编码节 ID,不区别大小写(左悬挂对齐)。		流域数据:	A40	1	1~4
流域名称:流域的名称。		1~2147483647	A80	2	1~8
流域描述:流域的描述。当前未使用。			A80	3	1~8
流域位置:流域的位置。可选项。			A60	4	1~6
流域纬度:流域重心的纬度。	度	空白,或-90.~90.	F10	4	7
流域经度:流域重心的经度。当前未使用。	度	空白,或-180.~180.	F10	4	8
空行				末行	

* 必需数据。

冬回数据*

描述	单位 {英制}[公制]	域 {英制}[公制]	格式	行号	字段号
数据节名:严格编码节 ID,不区别大小写。(左悬挂对齐)		冬回数据:	A40	1	1～4
冬回数:流域的冬回总数。		1～999	I10	1	5
下面三行组复述冬回数					
空字段			A10	2	1
开始日期:冬回开始的日期。	mmm ddd yyyy	mmm:1～12 ddd:1～31 yyyy:1～9999	2I3,I4	2	2a～2c
空字段			A 10	2	3
结束日期:冬回结束的日期。	mmm ddd yyyy	mmm:1～12 ddd:1～31 yyyy:1～9999	2I3,I4	2	4a～4c
使用码:编码表示是否使用冬回。接受值为: Y 表示 Yes,N 表示 No (空白默认为 No)		空白, Y 或 N	A1	2	5
空行				末行	

*可选项。

输出文件布局阵列

ANNAGNPSID

数据字段 1	数据字段 2	数据字段 3	数据字段 4	数据字段 5	数据字段 6	数据字段 7	数据字段 8
AnnAGNPS：V 3.5				输入单位码	输出单位码	CCHE1D 输出单位码	屏幕输出码

水产养殖塘数据

数据字段 1	数据字段 2	数据字段 3	数据字段 4	数据字段 5	数据字段 6	数据字段 7	数据字段 8
水产养殖塘数据：				养殖塘数			
水产养殖塘 ID	水产养殖塘网格 ID	水产养殖塘面积	水产养殖塘深度	渗流率	泥沙输移率	相对轮作年	水产养殖塘管理 ID

水产养殖塘管理进程数据

数据字段 1	数据字段 2	数据字段 3	数据字段 4	数据字段 5	数据字段 6	数据字段 7	数据字段 8
水产养殖塘管理进程数据：				养殖塘事件数			
水产养殖塘管理进程 ID	事件日期	水操作码	养殖塘 ID	作物 ID	种植类型码	闸门开启/关闭	最大池塘深度
	最小池塘深度	充水/排水体积	充水/排水时间	充水/排水速率	充水/排水 全部	泥沙中黏土浓度	泥沙中粉沙浓度
	泥沙中沙浓度	泥沙中小团粒浓度	泥沙中大团粒浓度				
	全氮浓度	溶解氮浓度	全磷浓度	溶解磷浓度	杀虫剂施用	季节性浓度码	
	泥沙浓度-冬季	全氮浓度-冬季	全磷浓度-冬季	溶解氮浓度-冬季	溶解磷浓度-冬季	泥沙浓度-春季	全氮浓度-春季
	全磷浓度-春季	溶解氮浓度-春季	溶解磷浓度-春季	泥沙浓度-夏季	全氮浓度-夏季	全磷浓度-夏季	溶解氮浓度-夏季
	溶解磷浓度-夏季	泥沙浓度-秋季	全氮浓度-秋季	全磷浓度-秋季	溶解氮浓度-秋季	溶解磷浓度-秋季	

网格数据

数据字段 1	数据字段 2	数据字段 3	数据字段 4	数据字段 5	数据字段 6	数据字段 7	数据字段 8
网格数据：				网格数			
网格 ID	土壤 ID	田间管理 ID	沟道 ID	沟道位置码	网格面积	网格集流时间	网格平均高程
	网格平均地面坡度	网格方位	RUSLE/USLE LS 因子		气候文件数	层流满宁系数 n	
	集线流坡度	集线流长度			集线流水力深度	集线流满宁系数 n	
	层流坡度	层流长度	浅集线流坡度	浅集线流长度			

典型切沟数据

数据字段 1	数据字段 2	数据字段 3	数据字段 4	数据字段 5	数据字段 6	数据字段 7	数据字段 8
典型切沟数据：				切沟数			
典型切沟 ID	网格(1st)ID	土壤 ID	网格(1st)排水面积	沟头下切深度	侵蚀系数	侵蚀指数	输移率
田间管理 ID	沟道 ID	网格(1st)子网格排水面积	2^{nd}贡献网格 ID	2^{nd}贡献网格排水面积	校正因子	降雨/径流指示器	单位指示器

等高线数据

数据字段 1	数据字段 2	数据字段 3	数据字段 4	数据字段 5	数据字段 6	数据字段 7	数据字段 8
等高线数据：				等高线数			
等高线 ID	脊高度码	犁沟坡度	扰动覆盖码	固结覆盖码			

作物数据*

数据字段 1	数据字段 2	数据字段 3	数据字段 4	数据字段 5	数据字段 6	数据字段 7	数据字段 8
作物数据:				作物数			
作物 ID	收获单位	残留物重量比例	地表分解	地下分解		水分损耗	作物 ID
	残留物调整量	作物残留物(30%覆盖)	作物残留物(60%覆盖)	作物残留物(90%覆盖)	年作物,豆类,衰老码*	产出单位名称	产出单位重量
	收获 C/N 比	收获前 C/N 比	收获水分	N 摄取	P 摄取	收获 C/P 比	收获前 C/P 比
	生长时间(幼苗期)	生长时间(生长期)	生长时间(成熟期)	生长时间(衰老期)			
	生长 N 摄取(幼苗期)	生长 N 摄取(生长期)	生长 N 摄取(成熟期)	生长 N 摄取(衰老期)			
	生长 P 摄取(幼苗期)	生长 P 摄取(生长期)	生长 P 摄取(成熟期)	生长 P 摄取(衰老期)			
		生物量	冠层覆盖	降雨高度			

* Y/N 或空白在 51 ~ 52 栏用于年作物码,在 53 ~ 54 栏用于豆类,在 55 ~ 56 栏用于衰老期,57 ~ 60 栏为空白。

临时性切沟(浅沟)数据

数据字段 1	数据字段 2	数据字段 3	数据字段 4	数据字段 5	数据字段 6	数据字段 7	数据字段 8
临时性切沟数据:				临时性切沟数			
临时性切沟 ID	网格(1st)ID	土壤 ID	网格(1st)排水面积	坡度	临界剪切应力	可蚀性因子	输移率
田间管理 ID	沟道 ID	网格(1st)子网格排水面积	2nd贡献网格 ID	2nd贡献网格排水面积	校正因子	满宁系数 n	补种期

饲养场数据

数据字段 1	数据字段 2	数据字段 3	数据字段 4	数据字段 5	数据字段 6	数据字段 7	数据字段 8
饲养场数据：				饲养场数	饲养场网格		
饲养场 ID	饲养场管理 ID	露天面积	铺面比例	屋顶覆盖面积	上坡面积		
	饲养场初始 N	饲养场初始 P	饲养场初始有机 C	N 增量	P 增量	有机 C 增量	
	饲养场最大 N	饲养场最大 P	饲养场最大有机 C	饲养场厩肥 N	饲养场厩肥 P	饲养场厩肥有机 C	
		饲养场网格 ID	网格露天比例	网格上坡比例	网格缓冲长度		

饲养场管理数据

数据字段 1	数据字段 2	数据字段 3	数据字段 4	数据字段 5	数据字段 6	数据字段 7	数据字段 8
饲养场管理数据：				饲养场管理数	饲养场操作数		
饲养场管理 ID							
	饲养场操作日期	厩肥移除率	厩肥开始 N	厩肥开始 P	厩肥开始有机 C		
	厩肥 N 增量	厩肥 P 增量	厩肥有机 C 增量				

肥料施用数据

数据字段 1	数据字段 2	数据字段 3	数据字段 4	数据字段 5	数据字段 6	数据字段 7	数据字段 8
肥料施用数据：				肥料施用数			
肥料施用 ID	肥料名称 ID		肥料施用率	肥料施用深度	肥料施用混合码		

肥料参考数据

数据字段 1	数据字段 2	数据字段 3	数据字段 4	数据字段 5	数据字段 6	数据字段 7	数据字段 8
肥料参考数据：				肥料参考数	最大闸门操作	闸门操作总数	
肥料参考 ID	肥料 N	肥料硝态 N	肥料无机 N	肥料有机 N	肥料氨	肥料矿化氨	肥料 N
	肥料 P	肥料可溶性 P	肥料无机 P	肥料有机 P	肥料有机质	肥料一致性码	

田间池塘数据

数据字段 1	数据字段 2	数据字段 3	数据字段 4	数据字段 5	数据字段 6	数据字段 7	数据字段 8
田间池塘数据：				田间池塘数			
田间池塘 ID	池塘网格 ID	池塘面积	轮作年数	闸门操作			
	容积	排泄时间	排水速率	泥沙浓度	黏土含量	粉沙含量	N 浓度
	P 浓度	有机 C 浓度	杀虫剂 ID				杀虫剂浓度
	“开启”/“关闭”	日期 [mm/dd/yyyy]*					

* 开启或关闭闸门操作的日期，21 ~ 22 栏为两位数月，23 栏不可读，24 ~ 25 栏为两位数日，26 栏不可读，27 ~ 30 栏为四位数轮作年。

蓄水坝数据

数据字段 1	数据字段 2	数据字段 3	数据字段 4	数据字段 5	数据字段 6	数据字段 7	数据字段 8
蓄水坝数据：				蓄水坝数			
蓄水坝 ID	蓄水坝渗透	蓄水坝渗流	永久池深度	蓄水量系数	蓄水量指数	蓄水排泄系数	蓄水排泄指数
	泥沙冲刷深度	泥沙冲刷年					

灌溉运用数据

数据字段 1	数据字段 2	数据字段 3	数据字段 4	数据字段 5	数据字段 6	数据字段 7	数据字段 8
灌溉运用数据:				灌溉运用数			
灌溉运用 ID	灌溉结束日期	灌溉类型码	灌溉持续时间	灌溉损失	灌溉速率	尾水恢复	灌溉触发器
		已灌溉面积比例	间隔数	间隔天数	化学倍数	灌溉泥沙速率	

滑坡数据

数据字段 1	数据字段 2	数据字段 3	数据字段 4	数据字段 5	数据字段 6	数据字段 7	数据字段 8
滑坡数据:				滑坡数			
滑坡沟谷 ID	网格 ID	土壤 ID	排水面积	深度	侵蚀系数	侵蚀指数	输移率
田间管理 ID					校正因子	降雨/径流指示器	单位指示器

田间管理数据

数据字段 1	数据字段 2	数据字段 3	数据字段 4	数据字段 5	数据字段 6	数据字段 7	数据字段 8
田间管理数据:				田块数			
田间管理 ID	田间非作物 ID	田块管理 ID	相对轮作年	USLE P 因子	岩石覆盖比例	USLE P 子因子	细沟间侵蚀码
	随机糙率	梯田水平距离	梯田坡度	瓦沟排水渠 ID			

管理操作数据

数据字段 1	数据字段 2	数据字段 3	数据字段 4	数据字段 5	数据字段 6	数据字段 7	数据字段 8
管理操作数据:				操作数			
管理操作 ID	效果码		残留物覆盖保持率	残留物重量保持率	扰动面积	初始随机糙率	
	最终随机糙率	操作犁耕深度	增加的地表残留物	地表分解	地下分解		
	地表糙率（30% 覆盖）	地表糙率（60% 覆盖）	地表糙率（90% 覆盖）				

管理顺序数据

数据字段 1	数据字段 2	数据字段 3	数据字段 4	数据字段 5	数据字段 6	数据字段 7	数据字段 8
管理顺序数据：				灌溉数			
灌溉顺序 ID	灌溉进程 ID						

管理进程数据

数据字段 1	数据字段 2	数据字段 3	数据字段 4	数据字段 5	数据字段 6	数据字段 7	数据字段 8
管理进程数据：				管理进程数	杀虫剂施用		
管理进程 ID	事件日期	事件等高线 ID	事件新作物 ID	事件条带作物 ID	事件新非作物 ID		
	事件曲线编号 ID						时间残留物变化
	事件肥料施用 ID	事件灌溉运用 ID	管理操作 ID	瓦沟排水状态变化			
		杀虫剂施用 ID					

非作物数据

数据字段 1	数据字段 2	数据字段 3	数据字段 4	数据字段 5	数据字段 6	数据字段 7	数据字段 8
非作物数据：				非作物数			
非作物 ID		非作物描述					
	年根系生物量	年覆盖率	年降雨高度	地表残留物覆盖	USLE C 因子		

输出选项数据

数据字段1	数据字段2	数据字段3	数据字段4	数据字段5					数据字段6					数据字段7					数据字段8				
0栏 1数	1 1	2 1	3 1	4 1	3	5	7	9	5 1	3	5	7	9	6 1	3	5	7	9	7 1	3	5	7	9
输出选项数据:[1]				[2]	[3]	[4]	[5]	[6]	[7]	[8]	[9]	[10]	[11]	[12]	[13]	[14]	[15]	[16]	[17]	[18]	[19]	[20]	[21]
				[22]	[23]	[24]	[25]	[26]	[27]	[28]	[29]	[30]	[31]	[32]	[33]	[34]	[35]	[36]	[37]	[38]	[39]	[40]	[41]
*.csv[42]	11~80栏的数据库输出文件(AnnAGNPS_*.csv) 001~070[43]																						
*.dpp	11~80栏的数据准备验证输出文件(AnnAGNPS_*.dpp) 071~140[44]																						
*.npt	11~80栏的输入验证输出文件(AnnAGNPS_ *.npt) 141~210[45]																						
*.sim	11~80栏的模拟验证输出文件(AnnAGNPS_*.sim) 211~280[46]																						
1st *.txt[47]	11~80栏的70个标准化文本输出文件的第一批(AnnAGNPS_*.txt) 281~350[48]																						
2nd *.txt[49]	11~80栏的70个标准化文本输出文件的第二批(AnnAGNPS_*.txt) 351~420[50]																						
1^{st}最小/最大[51]	最小事件日期[52] mm/dd/yyyy	最大事件日期[53] mm/dd/yyyy	最大数事件[54]	事件输出最小径流[55]					网格最小径流[56]					出口最小径流[57]									
2^{nd}最小/最大[58]	最小子面积ID[59]	最大子面积ID[60]	网格单位位置[61]	验证文件最大访问数[62]					验证文件最大字节数[63]														
网格ID[64]	所选网格数[65]	第一个网格ID	第二个网格ID	第三个网格ID					第四个网格ID					第五个网格ID					第六个网格ID				
	第七个网格ID	第八个网格ID	第九个网格ID	第十个网格ID					第十一个网格ID					等等									
饲养场ID[66]	所选饲养场数[67]	第一个饲养场ID	第二个饲养场ID	第三个饲养场ID					第四个饲养场ID					第五个饲养场ID					第六个饲养场ID				

续表

数据字段1	数据字段2	数据字段3	数据字段4	数据字段5					数据字段6					数据字段7					数据字段8				
0栏 1数	1 1	2 1	3 1	4 1	3	5	7	9	5 1	3	5	7	9	6 1	3	5	7	9	7 1	3	5	7	9
	第七个饲养场ID	第八个饲养场ID	第九个饲养场ID	第十个饲养场ID					第十一个饲养场ID					等等									
田间池塘ID[68]	所选田间池塘数[69]	第一个田间池塘ID	第二个田间池塘ID	第三个田间池塘ID					第四个田间池塘ID					第五个田间池塘ID					第六个田间池塘ID				
	第七个田间池塘ID	第八个田间池塘ID	第九个田间池塘ID	第十个田间池塘ID					第十一个田间池塘ID					等等									
切沟ID[70]	所选切沟数[71]	第一个切沟ID	第二个切沟ID	第三个切沟ID					第四个切沟ID					第五个切沟ID					第六个切沟ID				
	第七个切沟ID	第八个切沟ID	第九个切沟ID	第十个切沟ID					第十一个切沟ID					等等									
蓄水坝ID[72]	所选蓄水坝数[73]	第一个蓄水坝ID	第二个蓄水坝ID	第三个蓄水坝ID					第四个蓄水坝ID					第五个蓄水坝ID					第六个蓄水坝ID				
	第七个蓄水坝ID	第八个蓄水坝ID	第九个蓄水坝ID	第十个蓄水坝ID					第十一个蓄水坝ID					等等									
点源ID[74]	所选点源数[75]	第一个点源ID	第二个点源ID	第三个点源ID					第四个点源ID					第五个点源ID					第六个点源ID				

续表

数据字段1	数据字段2	数据字段3	数据字段4	数据字段5					数据字段6					数据字段7					数据字段8				
0栏 1数	1 1	2 1	3 1	4 1	3	5	7	9	5 1	3	5	7	9	6 1	3	5	7	9	7 1	3	5	7	9
	第七个点源ID	第八个点源ID	第九个点源ID	第十个点源ID					第十一个点源ID					等等									
沟道ID[76]	所选沟道数[77]	第一个沟道ID	第二个沟道ID	第三个沟道ID					第四个沟道ID					第五个沟道ID					第六个沟道ID				
	第七个沟道ID	第八个沟道ID	第九个沟道ID	第十个沟道ID					第十一个沟道ID					等等									

注:[1]“输出选项数据”节标题(左悬挂对齐)——若该数据节存在,只有这些输出请求被认可,老“全程输出规范”、“沟道输出规范”和“源计算输出规范”数据节将被忽略,“CONCEPTS 输出单位码”空白默认将被解释为请求英制单位,这与输入/输出单位码请求一致。

[2]全程输出文件选项(41 栏):“T”(true),“F”(false), or blank (默认为 false)——用于所有数据库文件(AnnAGNPS_ * . csv)。

[3]全程输出文件选项(43 栏):“T”(true),“F”(false), or blank (默认为 false)——用于所有输入数据验证文件(AnnAGNPS_ * . npt)。

[4]全程输出文件选项(45 栏):“T”(true),“F” (false), or blank (默认为 false)——用于所有表格文件(AnnAGNPS_ * . txt)。

[5]全程输出文件选项(47 栏):“T” (true),“F” (false), or blank (默认为 true)——用于程序执行日志屏幕输出。

[6]全程输出文件选项(49 栏):“T” (true),“F” (false), or blank (默认为 false)——用于 V 1&2 表格输出文件。

[7]全程输出文件选项(51 栏):“T” (true),“F” (false), or blank (默认为 true)——用于所有网格。

[8]全程输出文件选项(53 栏):“T” (true),“F” (false), or blank (默认为 false)——用于所有田间池塘。

[9]全程输出文件选项(55 栏):“T” (true),“F” (false), or blank (默认为 false)——用于所有点源。

[10] 保留 (57 栏)。

[11]全程输出文件选项(59 栏):“T” (true),“F” (false), or blank (默认为 true)——若有养分,用于养分输出,包括在年平均输出文件中。

[12]保留 (61 栏)。

[13]全程输出文件选项(63 栏):“T” (true),“F”(false), or blank (默认为 true)——若有泥沙,用于泥沙输出,包括在年平均输出文件中。

[14]全程输出文件选项(65 栏):“T”(true),“F” (false), or blank (默认为 true)——若有养分,用于养分输出,包括在年平均输出文件中。

[15]全程输出文件选项(67 栏):“T” (true),“F” (false), or blank (默认为 true)——若有泥沙,用于泥沙输出,包括在年平均输出文件中。

[16]保留 (69 栏)。

[17]单位操作(71 栏):“T” (true),“F” (false), or blank (默认为 false)——用于以总量单位输出[水和泥沙用 t 或 mg,化学物用 lbs 或 kg]。

[18]格式化的输出单位选项(73 栏)："T"(true),"F"(false), or blank (默认为 true)——用于单位面积总量输出,总量除以贡献面积[水和泥沙用 t/ac 或 mg/ha,化学物用 lbs/ac 或 kg/ha].

[19]版本 2 CCHE1D 输出数据的局地请求(75 栏)："T"(true),"F"(false), or blank (默认为 false)

[20]版本 2 年平均格式化表格的局地请求(77 栏)："T"(true),"F"(false), or blank (默认为 true)——"AnnAGNPS_AA. dat"或"(用户自定义)_AA. dat""文件。

[21]版本 1 累积数据的局地请求(79 栏)："T"(true),"F"(false), or blank (默认为 false)——"AnnAGNPS. acc"文件。

[22]全程输出文件选项(42 栏)："T"(true),"F"(false), or blank (默认为 false)——用于所有数据准备验证文件(AnnAGNPS_ *. dpp)。

[23]全程输出文件选项(44 栏)："T"(true),"F"(false), or blank (默认为 false)——用于所有模拟验证文件(AnnAGNPS_ *. sim)。

[24]全程输出文件选项(46 栏)："T"(true),"F"(false), or blank (默认为 true)——用于程序执行日志文件输出(AnnAGNPS. log)。

[25]全程输出文件选项(48 栏))："T"(true),"F"(false), or blank (默认为 true)——用于警告文件(AnnAGNPS. wrn)。

[26]保留 (50 栏)。

[27]全程输出文件选项(52 栏)："T"(true),"F"(false), or blank (默认为 false)——用于所有饲养场。

[28]全程输出文件选项(54 栏)："T"(true),"F"(false), or blank (默认为 false)——用于所有切沟。

[29]全程输出文件选项(56 栏)："T"(true),"F"(false), or blank (默认仅是出口)——用于所有沟道。

[30]保留(57 栏)。

[31]全程输出文件选项(60 栏)："T"(true),"F"(false), or blank (默认为 true)——若有杀虫剂,用于杀虫剂输出,包括在年平均输出文件中。

[32]保留(61 栏)。

[33]全程输出文件选项(64 栏)："T"(true),"F"(false), or blank (默认为 true)——用于水输出(总要有地面径流发生),包括在年平均输出文件中。

[34]全程输出文件选项(66 栏)："T"(true),"F"(false), or blank (默认为 true)——若有杀虫剂,用于杀虫剂输出,包括在年平均输出文件中。

[35]全程输出文件选项(68 栏)："T"(true),"F"(false), or blank (默认为 true)——用于水输出(总要有地面径流发生),包括在年平均输出文件中。

[36]保留(70 栏)。

[37]格式化的输出单位选项(72 栏)："T"(true),"F"(false), or blank (默认为 false)-用于以比率单位输出(贡献的量除以沟道位置的总量),无量纲。

[38]保留(74 栏)。

[39]保留(76 栏)。

[40]版本 2 事件格式化表格的局地请求(78 栏)："T"(true),"F"(false), or blank (默认为 false)——"AnnAGNPS_EV. dat"或"(用户自定义)_EV. dat"文件。

[41]版本 1 事件数据的局地请求(80 栏)："T"(true),"F"(false), or blank (默认为 false)——"AnnAGNPS. evn"文件。

[42]局地输出文件后缀字符关键词在 3 ~ 8 栏中,包括任何记录名称的首数字,"*","·"和三个字母后缀。

[43]局地单独的逗号分隔值文件选项(11 ~ 80 栏)："T"(true),"F"(false), or blank (默认为全程选项,但若不为空白,取代任何全程选项)——数据库文件(AnnAGNPS_ *. csv),以字母为序。

[44]局地单独的数据准备文件选项(11 ~ 80 栏)："T"(true),"F"(false), or blank (默认为全程选项,但若不为空白,取代任何全程选项)——数据准备验证文件(AnnAGNPS_ *. dpp),以字母为序。

[45]局地单独的输入验证文件选项(11 ~ 80 栏)："T"(true),"F"(false), or blank (默认为全程选项,但若不为空白,取代任何全程选项)——输入验证文件(AnnAGNPS_ *. npt) 以字母为序。

[46]局地单独的模拟验证文件选项(11 ~ 80 栏)："T"（true），"F"（false），or blank（默认为全程选项，但若不为空白，取代任何全程选项）——模拟验证文件(AnnAGNPS_ *. sim)，以字母为序。

[47]第一组文本文件" *. txt"关键词(2 ~ 10 栏)，只能是" *. txt"，没有"1st"开头——若该记录缺失，局地输出请求将使用默认值，否则，由该记录控制。

[48]70 个局地单独格式化文件第一组选项(11 ~ 80 栏)："T"（true），"F"（false），or blank（默认为全程选项，但若不为空白，取代任何全程选项）——格式化文件(AnnAGNPS_ *. txt)，以字母为序。

[49]第二组文本文件" *. txt"关键词(2 ~ 10 栏)，必须以"2nd"开头——若该记录缺失，局地输出请求将使用默认值，否则，由该记录控制。

[50]70 个局地单独格式化文件第二组选项(11 ~ 80 栏)："T"（true），"F"（false），or blank（默认为全程选项，但若不为空白，取代任何全程选项）——格式化文件(AnnAGNPS_ *. txt)，以字母为序。

[51]最小/最大关键词第一组(2 ~ 10 栏)，只能是" *. txt"，没有"1st"开头——若该记录不存在，将使用默认值。

[52]一个事件写入事件输出文件的最小日期，日期为标准格式 mm/dd/yyyy（11 ~ 20 栏）——若三个中任一个为空白，将使用 AnnAGNPS 默认的模拟期开始日期。

[53]一个事件写入事件输出文件的最大日期，日期为标准格式 mm/dd/yyyy（21 ~ 30 栏）——若三个中任一个为空白，将使用 AnnAGNPS 默认的模拟期结束日期。

[54]包括在任何事件有关的输出文件中的最大事件数(31 ~ 40 栏)——当该事件数被写到一个选定的输出文件，不再有事件输出写到该选定的文件。若为空白，AnnAGNPS 默认为 3000。

[55]写到输出事件文件的最小量(41 ~ 50 栏)——若为空白，默认为 6.35mm（1/4in）。

[56]作为径流包括在事件中，进行累加，包括在年平均数据中的网格最小水流，默认为 0.10 mm（0.04in）。

[57]作为径流包括在事件中，进行累加，包括在年平均数据中的流域出口最小水流，默认为 0.01 mm（0.004in）。

[58]最小/最大关键词第二组(4 ~ 10 栏)——若记录不存在，将使用默认值。

[59]最小子区域 ID 仅对数字 ID 有效(11 ~ 20 栏)——若为空白，AnnAGNPS 默认为与最小数字网格 ID 关联的子区域(设计为与 TopAGNPS 生成的网格和沟道 ID 一起使用)。

[60]最大子区域 ID 仅对数字 ID 有效(21 ~ 30 栏)——若为空白，AnnAGNPS 默认为与最大数字网格 ID 关联的子区域(设计为与 TopAGNPS 生成的网格和沟道 ID 一起使用)。

[61]网格包括在输出中的控制数——若为空白，AnnAGNPS 默认为所有网格，否则，1 为源网格，2 为左侧网格，3 为右侧网格，4 为沟道网格，只对数字网格 ID 有效(31 ~ 40 栏)（设计为与 TopAGNPS 生成的网格和沟道 ID 一起使用）。

[62]只与验证文件一起使用，在验证文件，临时输出能够淹没文件大小的限制(32 位操作系统限制为 2^{32} 字节)（41 ~ 50 栏），实际最大文件的容量随文件而变化，若为空白，AnnAGNPS 默认为 1000。

[63]只与验证文件一起使用，在验证文件，临时输出能够淹没文件大小的限制(32 位操作系统限制为 2^{32} 字节) 51 ~ 60 栏)，实际最大文件的容量随文件而变化，若为空白，AnnAGNPS 2^{24} 字节。

[64]网格 ID 关键词(4 ~ 10 栏)——若记录不存在，AnnAGNPS 将包括所有网格，最小/最大记录中不包括的网格除外。

[65]默认为包括所有网格，最小/最大记录中不包括的网格除外，若任意网格被选定，只有选定的网格将包括在输出文件中，先以数字后以字母顺序排列。

[66]饲养场 ID 关键词(3 ~ 9 栏)——若记录不存在，AnnAGNPS 将包括所有饲养场到任何请求的饲养场输出文件。

[67]默认为全程饲养场字段，若任意饲养场被选定，只有选定的饲养场将包括在请求的饲养场输出文件中，先以数字后以字母顺序排列。

[68]田间池塘 ID 关键词(1 ~ 10 栏)——若记录不存在，AnnAGNPS 将包括所有田间池塘到任何请求的田间池塘输出文件。

[69]默认为全程田间池塘字段,若任意田间池塘被选定,只有选定的田间池塘将包括在请求的田间池塘输出文件中,先以数字后以字母顺序排列。

[70]切沟 ID 关键词(3~10 栏)——若记录不存在,AnnAGNPS 将包括所有切沟到任何请求的切沟输出文件。

[71]默认为全程切沟字段,若任意切沟被选定,只有选定的切沟将包括在请求的切沟输出文件中,先以数字后以字母顺序排列。

[72]蓄水坝 ID 关键词(3~10 栏)——若记录不存在,AnnAGNPS 将包括所有蓄水坝到任何请求的蓄水坝输出文件。

[73]默认为全程蓄水坝字段,若任意蓄水坝被选定,只有选定的蓄水坝将包括在请求的蓄水坝输出文件中,先以数字后以字母顺序排列。

[74]点源 ID 关键词(2~10 栏)——若记录不存在,AnnAGNPS 将包括所有点源到任何请求的点源输出文件。

[75]默认为全程点源字段,若任意点源被选定,只有选定的点源将包括在请求的点源输出文件中,先以数字后以字母顺序排列。

[76]沟道 ID 关键词(3~10 栏)——若记录不存在,AnnAGNPS 仅包括出口。

[77]默认仅是出口,若任意沟道被选定,所有被选定的沟道与出口一起将包括在所有输出文件中,先以数字后以字母顺序排列。

杀虫剂施用数据

数据字段 1	数据字段 2	数据字段 3	数据字段 4	数据字段 5	数据字段 6	数据字段 7	数据字段 8
杀虫剂施用数据:				杀虫剂施用数			
杀虫剂施用 ID	杀虫剂 ID						
	杀虫剂施用率	杀虫剂施用深度	杀虫剂混合码	杀虫剂叶面比例	杀虫剂土壤比例		

杀虫剂参考数据

数据字段 1	数据字段 2	数据字段 3	数据字段 4	数据字段 5	数据字段 6	数据字段 7	数据字段 8
杀虫剂参考数据:				杀虫剂参考数			
杀虫剂参考 ID				杀虫剂溶度	杀虫剂分配	杀虫剂土壤半衰期	杀虫剂叶面半衰期
	杀虫剂冲洗	代谢物 ID				杀虫剂沟道半衰期	

点源数据

数据字段 1	数据字段 2	数据字段 3	数据字段 4	数据字段 5	数据字段 6	数据字段 7	数据字段 8
点源数据:				点源数			
点源 ID	点源网格 ID	点源流	点源 N	点源 P	点源有机 C		

沟道数据

数据字段 1	数据字段 2	数据字段 3	数据字段 4	数据字段 5	数据字段 6	数据字段 7	数据字段 8
沟道数据：				沟道几何记录数			
沟道几何 ID	几何长度系数	几何长度指数	几何宽度系数	几何宽度指数	几何深度系数	几何深度指数	
	沟谷宽度系数	沟谷宽度指数					

沟道几何系数

数据字段 1	数据字段 2	数据字段 3	数据字段 4	数据字段 5	数据字段 6	数据字段 7	数据字段 8
沟道几何系数：				沟道数			
沟道 ID	接收沟道 ID	沟道植被码	沟道高程	沟道坡度	沟槽满宁系数 n	沟道入渗率	
	沟槽几何 ID	沟道长度	沟道上宽	沟道水流深度	沟谷宽度	沟谷满宁系数 n	
	开始改道	停止改道		沟槽冲刷码	沟谷冲刷码	沟道蓄水 ID	

沟道养分半衰期

数据字段 1	数据字段 2	数据字段 3	数据字段 4	数据字段 5	数据字段 6	数据字段 7	数据字段 8
沟道养分半衰期：							
	沟道 N 半衰期	沟道 P 半衰期	沟道有机 C 半衰期				

径流曲线编号数据

数据字段 1	数据字段 2	数据字段 3	数据字段 4	数据字段 5	数据字段 6	数据字段 7	数据字段 8
径流曲线编号数据：				径流曲线总数			
曲线编号 ID				残留物调整码	按水文土壤分组的径流曲线编号		

模拟期数据

数据字段 1	数据字段 2	数据字段 3	数据字段 4	数据字段 5	数据字段 6	数据字段 7	数据字段 8
模拟期数据：				初始杀虫剂数			
模拟开始日期	模拟结束日期	流域暴雨类型号	降雨因子	10yr EI	EI 数	灌溉气候码	日土壤湿度次数
侵蚀模式码	年 K 因子码	可变 K 因子码	初始化年数	初始化方法码	降雨 N	日降雨	默认沟道几何
	EI PCT：	EI 百分比	EI 百分比	EI 百分比	EI 百分比	EI 百分比	EI 百分比
		EI 百分比	EI 百分比	EI 百分比	EI 百分比	EI 百分比	EI 百分比
		EI 百分比	EI 百分比	EI 百分比	EI 百分比	EI 百分比	EI 百分比
		EI 百分比	EI 百分比	EI 百分比	EI 百分比	EI 百分比	EI 百分比
	作物地：	作物初始无机 N（土层 1）	作物初始无机 N（土层 2）	作物初始无机 P（土层 1）	作物初始无机 P（土层 2）	作物初始土壤水分（土层 1）	作物初始土壤水分（土层 2）
		作物初始有机质（土层 1）	作物初始有机质（土层 2）	作物初始有机 N（土层 1）	作物初始有机 N（土层 2）	作物初始有机 P（土层 1）	作物初始有机 P（土层 2）
		作物初始生物量	作物初始 CN Ⅱ	作物初始满宁系数 n	作物初始雪深	作物初始雪密度	作物初始地表常数
	非作物地：	非作物初始无机 N（土层 1）	非作物初始无机 N（土层 2）	非作物初始无机 P（土层 1）	非作物初始无机 P（土层 2）	非作物初始土壤水分（土层 1）	非作物初始土壤水分（土层 2）
		非作物初始有机质（土层 1）	非作物初始有机质（土层 2）	非作物初始有机 N(土层 1)	非作物初始有机 N(土层 2)	非作物初始有机 P(土层 1)	非作物初始有机 P(土层 2)
		非作物初始生物量	非作物初始 CN Ⅱ	非作物初始满宁系数 n	非作物初始雪深	非作物初始雪密度	非作物初始地表常数
初始杀虫剂 ID				作物初始杀虫剂含量（土层 1）	作物初始杀虫剂含量（土层 2）	非作物初始杀虫剂含量（土层 1）	非作物初始杀虫剂含量（土层 2）

土壤数据

数据字段 1	数据字段 2	数据字段 3	数据字段 4	数据字段 5	数据字段 6	数据字段 7	数据字段 8
土壤数据：				土壤数			
土壤 ID	水文土壤组	K 因子	反射率	固结时间	不透水层深度	比重	
土壤名称				土壤质地			
	土层深度	容重	黏土比例	沙比	粉沙比例	石块比例	细沙比例
	$CaCO_3$	饱和传导率	田间持水量	凋萎系数	火山码	盐基饱和度	不稳定团粒比例
	pH	有机质含量	有机 N 含量	无机 N 含量	有机 P 含量	无机 P 含量	土壤结构码

条带作物数据

数据字段 1	数据字段 2	数据字段 3	数据字段 4	数据字段 5	数据字段 6	数据字段 7	数据字段 8
条带作物数据：				条带作物数			
条带作物 ID	覆盖码	条带间距					

瓦沟排水数据

数据字段 1	数据字段 2	数据字段 3	数据字段 4	数据字段 5	数据字段 6	数据字段 7	数据字段 8
瓦沟排水数据：				瓦沟排水渠数			
瓦沟排水渠 ID	排水速率	排水渠间距	排水渠深度	排水渠直径			

流域数据

数据字段 1	数据字段 2	数据字段 3	数据字段 4	数据字段 5	数据字段 6	数据字段 7	数据字段 8
流域数据：							
流域名称							
流域描述							
流域位置						纬度	经度

冬季日期

数据字段 1	数据字段 2	数据字段 3	数据字段 4	数据字段 5	数据字段 6	数据字段 7	数据字段 8
冬季日期：				冬回数			
	开始日期		结束日期	使用码			

七、日气候数据

日气候数据是一个来自其他输入的单独文件,用做 AnnAGNPS 的输入。其文件名可以在 AnnAGNPS 输入文件名文件中任意指定,或默认为“DayClim. inp”。所有数据必须完整,具有连续日记录。数据来源可以是一个实际存在的气象站,气象站数据与人工生成数据的结合,也可以是气象站数据与人工生成数据的合成(注:经度、纬度和风向用十进制度表示,而不是用度和分表示)。

输入参数定义*

描述	单位 {英制}[公制]	域 {英制}[公制]	格式	行号	字段号
气象站名称:字母数字型字符串,识别代表性气象站名称和 ID。		允许 Fortran 字符	A80	1	1
气象站纬度:代表性气象站的纬度。	度	-90 ~ 90.	F10	2	1
气象站经度:代表性气象站的经度。	度	-180 ~ 180.	F10	2	2
气象站高程:代表性气象站的高程。	{ft} [m]	{-1500.0 ~ 30000.0} [-500.0 ~ 10000.0]	F10	2	3
温度变化:对于某个代表性气象站的气温变化。默认值是海拔高程每增加 1000ft,气温下降 2°F (-0.002 °F/ft)。	{°F / ft} [°C / m]	空白,或 {-0.002 ~ 0.002} [-0.0032 ~ 0.0032]	F10	2	4
降水 N:降水中的 N 浓度。空白默认为 0.0。	mass - N / massprecip (无量纲)	空白,或 0.0 ~ 10.0	F10	2	5
气候输入单位码:编码气候输入使用的单位:0 表示英制,1 表示公制 (空白默认为 0)		空白,0 或 1	I10	2	6
冬季暴雨类型:季月份(12 月 ~ 次年 2 月)的暴雨类型,一种预置的人工暴雨或用户请求的暴雨类型,这些暴雨已用延伸的 TR-55 进行了计算。接受值为:空白,默认为流域暴雨类型,1 表示 I, 2 表示 Ia, 3 表示 II, 4 表示 III, 5 表示 Uniform, 6 表示 IIA - 60, 7 表示 IIA - 65, 8 表示 IIA - 70, 9 表示 IIA, 10 表示 II(DMV), 11 表示 III(DMV),12 ~ 20 要求用户输入降雨分布和单位峰雨量回归系数。		对人工暴雨类型:空白, 1 ~ 11 用户请求输入: 12 ~ 20	I5	2	7a

* AnnAGNPS 必需项。

续表

描 述	单位 {英制}[公制]	域 {英制}[公制]	格式	行号	字段号
春季暴雨类型:春季月份(3~5月)的暴雨类型,一种预置的人工暴雨或用户请求的暴雨类型,这些暴雨已用延伸的TR-55进行了计算。接受值为:空白,默认为流域暴雨类型,1表示I,2表示Ia,3表示II,4表示III,5表示Uniform,6表示IIA-60,7表示IIA-65,8表示IIA-70,9表示IIA,10表示II(DMV),11表示III(DMV),12~20要求用户输入降雨分布和单位峰雨量回归系数。		对人工暴雨类型:空白,1~11 用户请求输入:12~20	I5	2	7b
夏季暴雨类型:夏季月份(6~8月)的暴雨类型,一种预置的人工暴雨或用户请求的暴雨类型,这些暴雨已用延伸的TR-55进行了计算。接受值为:空白,默认为流域暴雨类型,1表示I,2表示Ia,3表示II,4表示III,5表示Uniform,6表示IIA-60,7表示IIA-65,8表示IIA-70,9表示IIA,10表示II(DMV),11表示III(DMV),12~20要求用户输入降雨分布和单位峰雨量回归系数。		对人工暴雨类型:空白,1~11 用户请求输入:12~20	I5	2	8a
秋季暴雨类型:秋季月份(9~11月)的暴雨类型,一种预置的人工暴雨或用户请求的暴雨类型,这些暴雨已用延伸的TR-55进行了计算。接受值为:空白,默认为流域暴雨类型,1表示I,2表示Ia,3表示II,4表示III,5表示Uniform,6表示IIA-60,7表示IIA-65,8表示IIA-70,9表示IIA,10表示II(DMV),11表示III(DMV),12~20要求用户输入降雨分布和单位峰雨量回归系数。		对人工暴雨类型:空白,1~11 用户请求输入:12~20	I5	2	8b
气候开始日期:气候数据开始的月、日和年。年可以是指定的公历年,也可以是模拟年,模拟年必须为第一年。	mm/dd/yyyy	mm:1~12 dd:1~31 yyyy:1~9999	A10	3	1
高差(1):对于代表性气象站高程,第一高程,用于降雨修正,与第一空间降雨因子成对。若不要求降雨随高程变化,该字段可以为空白;若为空白,高程雨因子(1)、高差(2)和高程雨因子(2)必须为空白。	{ft} [m]	空白,或 {-1500.0~30000.0} [-500.0~10000.0]	F10	3	2

续表

描　述	单位 {英制}[公制]	域 {英制}[公制]	格式	行号	字段号
高程雨因子(1):对于代表性气象站降水,第一年平均降雨因子,用于降雨修正,与第一空间降雨高程成对。若不要求降雨随高程变化,该字段可以为空白,若为空白,高差(1)、高差(2)和高程雨因子(2)必须为空白。	第一高程年降雨/气象站年降雨(无量纲)	空白,或 0.00001 ~ 10.0	F10	3	3
高差(2):对于代表性气象站高程,第二高程,用于降雨修正,与第二空间降雨因子成对。若不要求降雨随高程变化,该字段可以为空白,若为空白,高差(1)、高程雨因子(1)和高程雨因子(2)必须为空白。	{ft} [m]	空白,或 {-1500.0 ~ 30000.0} [-500.0 ~ 10000.0]	F10	3	4
高程雨因子(2):对于代表性气象站降水,第二年平均降雨因子,用于降雨修正,与第二空间降雨高程成对。若不要求降雨随高程变化,该字段可以为空白,若为空白,高差(1)、高程雨因子(1)和高差(2)必须为空白。	第二高程年降雨/气象站年降雨(无量纲)	空白,或 0.00001 ~ 10.0	F10	3	5
2 a24 h 降水量:两年一遇 24 小时最大降水量。	{in} [mm]	{0.04 ~ 12.0} [1.0 ~ 305.0]	F10	3	6
气候结束日期:气候数据结束的月、日和年。年可以是指定的公历年,也可以是模拟年,模拟年必须为模拟总年数。	mm/dd/yyyy	mm:1 ~ 12 dd:1 ~ 31 yyyy:1 ~ 9999	A10	4	1
跳跃年年数:当使用模拟年时第一个跳跃后的年份。对于历史数据,使用 0 值,空白默认为 4。			I10	4	2
对于每天的气候记录,下列行重复出现。					
每日气候日期:特定日期气候数据的月、日和年,年可以是指定的公历年,也可以是模拟年,模拟年必须从 1 开始。	mm/dd/yyyy	mm:1 ~ 12 dd:1 ~ 31 yyyy:1 ~ 9999	A10	5	1

续表

描 述	单位 {英制}[公制]	域 {英制}[公制]	格式	行号	字段号
每日最高温度:该日的最高气温。	{°F} [°C]	{－100.0～150.0} [－75.0～65.0]	F10	5	2
每日最低温度:该日的最低气温。	{°F} [°C]	{－100.0～150.0} [－75.0～65.0]	F10	5	3
每日降水量:该日的总降水量。	{in} [mm]	{0.0～30.0} [0.0～750.]	F10	5	4
每日露点温度:该日 24h 平均露点温度。	{°F} [°C]	{－100.0～150.0} [－75.0～65.0]	F10	5	5
每日天空覆盖:该日 24h 平均不透光天空覆盖。	%	0.0～100.0	F10	5	6
每日风速:该日 24h 平均风速。	{mph} [m / s]	{0.0～200.0} [0.0～90.0]	F10	5	7
每日风向:该日 24h 平均风向,北为起点顺时针方向计。	十进制度	0.0～360.0	F10	5	8
每日地面太阳辐射:到达地表面的太阳辐射。	(J/s/ac) [$J/s/m^2$]	0.0～360.0	F10	5	9
每日暴雨类型:确定日的暴雨类型,一种预置的人工暴雨或用户请求的暴雨类型,这些暴雨已用延伸的 TR-55 进行了计算。接受值为:空白,默认为流域暴雨类型,1 表示 I,2 表示 Ia,3 表示 II,4 表示 III,5 表示 Uniform,6 表示 IIA－60,7 表示 IIA－65,8 表示 IIA－70,9 表示 IIA,10 表示 II(DMV),11 表示 III(DMV),12～20 要求用户输入降雨分布和单位峰雨量回归系数。			I5	5	10a

气候输入文件布局阵列

数据字段 1	数据字段 2	数据字段 3	数据字段 4	数据字段 5	数据字段 6	数据字段 7	数据字段 8	数据字段 9	数据字段 10
列 1 ~ 10	列 11 ~ 20	列 21 ~ 30	列 31 ~ 40	列 41 ~ 50	列 51 ~ 60	列 61 ~ 70	列 71 ~ 80	列 81 ~ 90	列 91 ~ 95
气象站名									
站纬度	站经度	站高程	温度变化	降水 N	气候输入单位码	冬-春季暴雨类型	夏-秋季暴雨类型		
气候开始日期	第一高差	第一高程雨因子	第二高差	第二高程雨因子	2 a 24 h 降水				
气候结束日期									
每日气候数据	最高气温	最低气温	降水量	露点温度	天空覆盖	风速	风向	地表太阳辐射	暴雨类型

八、暴雨类型数据

暴雨类型数据是一个来自其他输入的单独文件,用做 AnnAGNPS 的输入。其文件名可以在 AnnAGNPS 输入文件名文件中任意指定,或默认为"Storm_Type. inp"。所有数据必须完整,使用固定的格式。数据可以来源于实际存在的暴雨类型,实际暴雨与人工生成暴雨的结合,也可以是实际暴雨与人工生成暴雨的合成。

输入参数定义

描 述	单位	域 {英制}[公制]	格式	行号	字段号
下面的行为暴雨类型输入,每个类型重复一次。					
暴雨类型数据节名:严格编码节 ID,不区分大小写,左悬挂对齐。每个暴雨类型重复一次。		暴雨类型数据	A20	1	1
暴雨类型编号:唯一的暴雨类型号。		1~20	I 5	1	2
暴雨类型名:暴雨类型名,仅作为资料用。		1~20	A75	1	3
下面的行为暴雨类型降雨分布而输入。					
降雨分布:关键词,表示其后的数据是所确定的暴雨类型要求的降雨分布。		"降雨分布"	A40	2	1
降雨分布信息:表示暴雨持续时间必须为一个 24 小时时段,时间间隔必须为常数 0.100 小时。		字母数字型字符串		2	2
小数时间行:仅是描述性行,除用做顺序读入检查外不做为内部使用。表示整小时外的小数部分。		字母数字型字符串	A93	3	1
小时:降雨量的整小时间隔。		0~24	A4	4~28	1
累积降雨量:单向增加累积降雨量,表示为时间 t_i 时累积雨量与 24h 总雨量之比。	$(mm-t_i)$/$(mm-t_{24})$	0.0~1.0	F9	4~28	2~10

续表

描 述	单位	域 {英制}[公制]	格式	行号	字段号
下面的行为单位峰雨量而输入。					
单位峰雨量回归系数:关键词,表示之后的数据为特定暴雨类型的回归系数。回归系数必须为一个合理的多项式,具有二次方分子和三次方分母。		"UNIT PEAK DISCHARGE REGRESSION COEFFICIE"	A40	29	1
描述性信息:完整的关键词句子为了阅读。		"NTS: for qup [mm/h] & tc [h]"	A30	29	2
回归方程:AnnAGNPS 中使用的回归方程的描述,用做顺序读入检查。		字母数字型字符串	A95	30	1
回归系数 ID:指示回归方程中的系数。		字母数字型字符串	A95	31	1
Ia/P 值:对于特定回归,初始提取值除以 24h 雨量。		"Ia/P"	A5	32 ~ 51	1
回归系数:回归方程中使用的真正的回归系数,为回归系数 ID 所指引。		$-\infty \sim +\infty$	E15	32 ~ 51	2 ~ 7
空行				52	1
重复上述第一行"暴雨类型数据节名"直到第 52 行"空行",可以包括更多的暴雨类型。					
结束数据:文件结束器的末尾。		"END DATA:"	A40	末行	1

暴雨类型输入文件布局阵列

数据字段 1	数据字段 2	数据字段 2
列 1 ~ 20	列 21 ~ 25	列 26 ~ 95
暴雨类型数据：	暴雨类型编号	暴雨类型名

数据字段 1	数据字段 2
列 1 ~ 40	列 41 ~ 93
降雨分布：	降雨历时 = 24[h]，时间增量 = 0.100[h]

数据字段 1	数据字段 2	数据字段 3	数据字段 4	数据字段 5	数据字段 6	数据字段 7	数据字段 8	数据字段 9	数据字段 10	数据字段 11
列 1 ~ 4	列 4 ~ 12	列 13 ~ 20	列 21 ~ 30	列 31 ~ 39	列 40 ~ 48	列 49 ~ 57	列 58 ~ 66	列 67 ~ 75	列 76 ~ 84	列 85 ~ 95
时间	0.0	0.1	0.2	0.3	0.4	0.5	0.6	0.7	0.8	0.9
0	t = 0 雨量	t = 0.1 雨量	t = 0.2 雨量	t = 0.3 雨量	t = 0.4 雨量	t = 0.5 雨量	t = 0.6 雨量	t = 0.7 雨量	t = 0.8 雨量	t = 0.9 雨量
1	t = 1.0 雨量	t = 1.1 雨量	t = 1.2 雨量	t = 1.3 雨量	t = 1.4 雨量	t = 1.5 雨量	t = 1.6 雨量	t = 1.7 雨量	t = 1.8 雨量	t = 1.9 雨量
t_i · ·	t_i 雨量	t_i 雨量	t_i 雨量	t_i 雨量	t_i 雨量	t_i 雨量	t_i 雨量	t_i 雨量	t_i 雨量	t_i 雨量
23	t = 23.0 雨量	t = 23.1 雨量	t = 23.2 雨量	t = 23.3 雨量	t = 23.4 雨量	t = 23.5 雨量	t = 23.6 雨量	t = 23.7 雨量	t = 23.8 雨量	t = 23.9 雨量
24	t = 24.0 雨量 = 1.0									

续表

<table>
<tr><td colspan="3">数据字段 1</td><td colspan="4">数据字段 2</td></tr>
<tr><td colspan="3">列 1 ~ 40</td><td colspan="4">列 41 ~ 93</td></tr>
<tr><td colspan="3">单位峰雨量回归系数</td><td colspan="4">注：用于 qup [mm/h] & tc [h]</td></tr>
<tr><td colspan="7">数据字段 1</td></tr>
<tr><td colspan="7">列 1 ~ 95</td></tr>
<tr><td colspan="7">qup = {a + [c * tc] + [e * (tc * * 2)]}/{1 + [b * tc] + [d * (tc * * 2)] + [f * (tc * * 3)]}</td></tr>
<tr><td>数据字段 1</td><td>数据字段 2</td><td>数据字段 3</td><td>数据字段 4</td><td>数据字段 5</td><td>数据字段 6</td><td>数据字段 7</td></tr>
<tr><td>列 1 ~ 5</td><td>列 6 ~ 20</td><td>列 21 ~ 35</td><td>列 36 ~ 50</td><td>列 51 ~ 65</td><td>列 66 ~ 80</td><td>列 81 ~ 95</td></tr>
<tr><td>Ia/P</td><td>Co(1) = a</td><td>Co(2) = b</td><td>Co(3) = c</td><td>Co(4) = d</td><td>Co(5) = e</td><td>Co(6) = f</td></tr>
<tr><td>0.00</td><td>Ia/P = 0.00 系数 a</td><td>Ia/P = 0.00 系数 b</td><td>Ia/P = 0.00 系数 c</td><td>Ia/P = 0.00 系数 d</td><td>Ia/P = 0.00 系数 e</td><td>Ia/P = 0.00 系数 f</td></tr>
<tr><td>0.05</td><td>Ia/P = 0.05 系数 a</td><td>Ia/P = 0.05 系数 b</td><td>Ia/P = 0.05 系数 c</td><td>Ia/P = 0.05 系数 d</td><td>Ia/P = 0.05 系数 e</td><td>Ia/P = 0.05 系数 f</td></tr>
<tr><td>Ia/P = 0.10</td><td>Ia/P = 0.10 系数 a</td><td>Ia/P = 0.10 系数 b</td><td>Ia/P = 0.10 系数 c</td><td>Ia/P = 0.10 系数 d</td><td>Ia/P = 0.10 系数 e</td><td>Ia/P = 0.10 系数 f</td></tr>
<tr><td>Ia/P = 0.95</td><td>Ia/P = 0.95 系数 a</td><td>Ia/P = 0.95 系数 b</td><td>Ia/P = 0.95 系数 c</td><td>Ia/P = 0.95 系数 d</td><td>Ia/P = 0.95 系数 e</td><td>Ia/P = 0.95 系数 f</td></tr>
<tr><td colspan="7">空行</td></tr>
<tr><td colspan="3">数据字段 1</td><td colspan="4">数据字段 2</td></tr>
<tr><td colspan="3">列 1 ~ 40</td><td colspan="4">列 41 ~ 93</td></tr>
<tr><td colspan="3">结束数据：</td><td colspan="4"></td></tr>
</table>

附录 A　输出文件

适合于 AnnAGNPS 的输出已彻底进行了重新设计，该变化也要求对编辑器进行重新设计。版本 1&2 中的四个输出有关的编辑菜单被删除：①全程输出规范，②沟道输出规范，③源计算输出规范，④验证数据。一个单一的重新构造的输出选项将代替老选项，新的选项菜单包含一组子菜单。

版本 1&2 输出有关选项

虽然四个输出有关数据节将在 AnnAGNPS 中保留一段时间，但不再提供进一步的编码支持。实际上，如果新输出选项特征的任何部分被输入激活，AnnAGNPS 在执行期间将忽略版本 1&2 输出有关数据节；也就是说，一但新的"输出选项数据"节被激活，只有与新输出选项有逻辑关系的选项才能得到执行。

老版本的输出有关节难以使用，各种验证输出数据被强制放在同一文件，这导致验证数据几乎无法使用，特别是当只需要个别验证文件时。此外，一些选项并不能像编辑器所说的那样被激活（这是由于创建验证输出时不用程序员的不能控制的方式造成）。

新版本编辑器的第一步是隐藏四个老菜单和来自"流域数据"节的 CONCEPTS 输出请求（该请求用于屏幕输出的最初的输出有关编辑器规范），但保留它们内部关联的逻辑关系，以便使老版本的输出请求数据节能够被激活，直至用户使用一个保存命令激活新输出选项菜单（注：版本 1&2 CONCEPTS 输出实际上是为"CCHE1D"而输出，因而在版本 3 中这样称呼）。

新输出文件结构

所有当前和将来输出的文件都将置于用户绝对控制之下，通过一个新的单一数据节（"输出选项数据"）来实现，该数据节已经加到了流域输入文件 AnnAGNPS. inp 中，因而该节可以通过编辑器或文本编辑器访问。具有下拉菜单的单一编辑菜单将替换以前复杂的、易混淆的、庞杂的版本 1&2 输出有关选项。

新数据节将称做"输出选项数据"，包括适当的下拉式菜单以方便使用。作为一般常识，AnnAGNPS 相容的默认值以空字段来实现。有三类文件，共五个不同的后缀：①70 个潜在标准格式文件（ *. csv），它们可以为 ArcView 和数据库管理器读入；②分三个子类别，每个子类 70 个潜在的验证文件，分别是输入文件（ *. npt），准备文件（ *. dpp）和模拟文件（ *. sim）；③140 个潜在格式化、用户友好、容易阅读的文本文件（ *. txt），为文本编辑器或 MSWORD 使用。三类文件中，有几个输入文件已经激活，在三类和它们的子类中另有几个文件位置被预定，但仍有一些验证文件没有很好地格式化，难以解读。

依照典型的 AnnAGNPS 全程、局地字段选项的 T（真）、F（假）或空白，所有输出将置于用户控制之下。

数据库、文本和验证文件

所有文件为 ASCII 格式。一些文件为数据库管理器使用，使用标准逗号分隔变量格式（ *. csv）；其他的文件用栏标题、页和行计数器进行了格式化，可以目视阅读和为 MSWORD 及文本编辑器（ *. txt）解读，一些为程序师和科学家验证与分析内部计算，达到验证与确认(*. dpp, *. npt, & *. sim)的目的。

一些输出限制具有一定的规则,这些限制都有默认值。在验证和格式化的文本文件中,用户能够限制装载(水域、泥沙、养分、杀虫剂等),允许进一步的限制以减少包括在这些输出文件中的网格数量或沟道数量。这些限制可以通过用户明确指定来实现:①指定沟道,除沟口外,沟道将作为参考位置用于源计算;②指定要包括的网格,默认情况是包括所有网格;③对于网格或沟道 ID 是数字的,如 TopAGNPS 生成的 ID,指定要包括的子区域;④通过指定事件一定落入期间的最小/最大日期,指定要包括的事件输出;⑤在特定事件被包括在事件输出前,设定出口的最小径流。

沟道规则

沟道默认情况是只有出口包括在输出文件中,若另外指定了沟道,这些沟道连同出口一起包括在输出文件中。

网格规则

网格默认情况是所有网格都包括在输出文件中,但若甚至只有一个网格被指定,只有被指定的网格包括在输出文件中,其他未指定的网格将不出现在输出文件中。

子区域规则

子区域默认情况是所有子区域包括在格式化输出文件和验证输出文件中。子区域的限制通过设定最小和最大整数子区域 ID 来进行,任何落入最小和最大区间的整数子区域 ID,以及任何非数字 ID,将包括在输出文件中。进一步的详细情况是,对于只处于所包括在子区域的网格/沟道 ID,子区域输出能够限制到只包括源网格、左岸网格、右岸网格或沟道。也就是说,通过剔除最小与最大整数规范以外的整数子区域,来限制子区域输出,除非默认情况保留活动状态,不特别请求特定整数子区域的所有网格和沟道。

最小/最大事件日期规则

最小/最大事件日期的默认情况适用整个模拟期的所有事件。

最小事件径流规则

最小事件径流默认为出口径流 1/4in。

数据库文件(*. CSV)

标准格式化数据库文件(*. csv) 将包含完整的输入和所有输出生成事件有关的侵蚀、产出和内流装载网格/沟道数据,因为使用的数据库管理器有自己的宏,进行算术运算、摘录、生成硬拷贝报告和辅助性文件,用于其他软件如 ArcView 。

文本文件(*. TXT)

文本文件(*. txt)是老式的设计表格,在 Fortran 中进行了严格编码,有固定的格式显示行列标题、与输出统计有关的尺度单位等。这些文件对从事分析的正常而非模型开发的使用者有兴趣,易为文本编辑器或 MSWORD 读入。

验证文件(*. DPP, *. NPT, & *. SIM)

验证文件(*. dpp, *. npt, & *. sim)是为科学家和程序师而设计的,用于验证和确认模型,也可以用于校准输出。并不是所有过程都能够验证输出,阅读现有的特定验证文件取决于原编码以及其后的修改。任何一个验证文件的特定格式当需要时也可以改变。

输出文件名与索引

所有文件名都遵循一个正规的一致的规范，以确保在它们的目录中有一个逻辑性的列表顺序。来自 AnnAGNPS 的所有输出文件都以“AnnAGNPS”开始，紧接着是输出分组类型——数据库、格式化的、输入、准备和模拟。后缀表示它们的功能，“ *. csv”文件设计为用于标准数据库文件，可以被大多数数据库管理器和 ArcView 读入；“ *. txt”文件设计为用户友好、硬拷贝和输出表格，可为文本编辑器和 MSWORD 读入；验证文件设计为富有经验的用户（程序开发人员、科学家、程序员）使用，分析内部计算，可以为文本编辑器读入，能够用于校准输出。

一些大数据组能够超过 32 位操作系统的能力，不能够完成验证文件，系统内部的安全控制装置限制使用写入文件。

第六章 AnnAGNPS V 2 输出文件规范

原作者:美国农业部农业研究局国家泥沙实验室
编 者:郑粉莉 高学田 汪晓勇

一、CONCEPTS 文件描述规范

CONCEPTS 文件由两个表组成,第一个表为所分析的流域和模拟期确定文件,即 AnnAGNPS CONCEPTS 文件,第二个表包含非沟道组分侵蚀事件数据,表中的数据量取决于产生径流组分的数量和产生径流侵蚀事件的数量。

CONCEPTS 文件描述

描 述	单 位	域	格式	行号	字段号
程序名称:用来产生文件的程序		AnnAGNPS:	A10	1	1
程序版本:产生输出文件的程序版本		vx. xx. y. zz[1]	A 5	1	2a
空字段			5	1	2b
文件类型:文件内容的严格编码名称		CONCEPTS 文件	A20	1	3 ~ 4
空字段			20	1	5 ~ 6
文件日期:创建文件的日期	mm/dd/yyyy		A10	1	7
文件时间:创建文件的时间	hh:mm		A10	1	8
流域名称:流域的名称			A80	2	1 ~ 8
记录标识:严格编码的记录标签		模拟期	A20	3	1 ~ 2
模拟开始日期:流域模拟开始的月、日、年	mmm ddd yyyy	mmm:1 ~ 12 ddd:1 ~ 31 yyyy :1 ~ 1000	2I3, I4	3	3
模拟结束日期:流域模拟结束的月、日、年	mmm ddd yyyy	空白,或 mmm:1 ~ 12 ddd:1 ~ 31 yyyy:1 ~ 1000	2I3, I4	3	4
空行				4	

[1]版本号标志是 10 位字符字段,包括"v"和".",以及任何行迹空白,因为版本号是动态的,当有修改或更新时就要改变。v 代表版本,x 是主版本标志,总是数字字符,y 和 z 二级标志,通常是内部唯一版本标志,y 总是字母字符,z 总是数字字符,例如,一个完整的版本标志可以是"v2. 20. b. 10";复合字符总以递增顺序说明。

CONCEPTS 组分数据

描 述	单位 {英制} [公制][1]	域 {英制}[公制]	格式	行号	字段号
侵蚀事件组分标识:字母数字型字符串,识别侵蚀事件的组分			A10	1	1
侵蚀事件日期:径流侵蚀事件的月、日、年	mmm ddd yyyy	mmm:1 ~12 ddd:1 ~31 yyyy:1 ~1000	2I3, I4	1	2
输出单位码:编码表示以英制单位输出或公制单位输出。Y 表示英制;N 表示公制		Y 或 N	A10	1	3
组分类型:字母数字型字符串,识别组分类型,接受的组分类型为网格 (Cell),饲养场 (Feedlot),点源 (Point Srce),切沟 (Gully)			A10	1	4
下游沟道 ID:字母数字型字符串,识别组分影响的第一沟道,如果组分的输出加在沟道的上游末端,该沟道为接收沟道;如果组分的输出加在沟道的下游末端,该沟道为组分接收沟道的沟道下游,即"出口"			A10	1	5
网格面积:网格排水面积 (只用于网格组分)	{ac} [ha]	> 0.0	F10.3	1	6
网格 Tc:网格集流(只用于网格组分)	h	> 0.0	F10.3	1	7
网格 ID:与侵蚀事件组分相关的网格标识			A10	1	8
空字段			10	2	1
记录标识:严格编码记录标签		水	A10	2	2
空字段			10	2	3
网格侵蚀事件降雨:网格侵蚀事件的降雨 (降水,降雪较少)	{ac-ft} {hm^3}	≥0.0	F10.3	2	4
网格侵蚀事件均衡水量:均衡时间网格侵蚀事件分配的水量 (融雪和灌溉)	{ac-ft} {hm^3}	≥0.0	F10.3	2	5
网格侵蚀事件水量:网格侵蚀事件总水量 (降雨、融雪和灌溉)	{ac-ft} {hm^3}	≥0.00	F10.3	2	6
网格峰降水	{ac-ft/s} {m^3/s}	> 0.00	F10.3	2	7

续表

描 述	单位 {英制} [公制][1]	域 {英制}[公制]	格式	行号	字段号
峰降水时间	h	> 0.00	F10.3	2	8
空字段			10	3	1
记录标识:严格编码记录标签		泥沙	A10	3	2
空字段			10	3	3
网格侵蚀事件层流和细沟流沙:来自网格的侵蚀事件层流和细沟流沙总重量	{tons} * [metric tons] **	0.0	F10.3	3	4
网格侵蚀事件层流和细沟流粉沙:来自网格的侵蚀事件层流和细沟流粉沙总重量	{tons} [metric tons]	0.0	F10.3	3	5
网格侵蚀事件层流和细沟流黏土:来自网格的侵蚀事件层流和细沟流泥黏土总重量	{tons} [metric tons]	0.0	F10.3	3	6
空字段			10	3	7
空字段			10	3	8
空字段			10	4	1
记录标识:严格编码记录标签		N	A10	4	2
空字段			10	4	3
网格侵蚀事件吸附 N:来自网格的吸附在泥沙上的 N 总重量	{tons} [metric tons]	0.0	F10.3	4	4
网格侵蚀事件溶解 N:来自网格的侵蚀事件溶解 N 总重量	{tons} [metric tons]	0.0	F10.3	4	5
空字段			A30	4	6 ~ 8
空字段			10	5	1
记录标识:严格编码记录标签		有机 C	A10	5	2
空字段			10	5	3
网格侵蚀事件吸附有机 C:来自网格的吸附在泥沙上的有机 C 总重量	{tons} [metric tons]	0.0	F10.3	5	4
网格侵蚀事件溶解有机 C:来自网格的侵蚀事件溶解有机 C 总重量	{tons} [metric tons]	0.0	F10.3	5	5
空字段			A30	5	6 ~ 8
空字段			10	6	1

[1]输出单位取决于 CONCEPTS 单位码,该栏显示英制和公制两种单位。 * Tons 为吨; * * netric tons 为公吨,后表同。

续表

描 述	单位 {英制} [公制]	域 {英制}[公制]	格式	行号	字段号
记录标识:严格编码记录标签		P	A10	6	2
空字段			10	6	3
网格侵蚀事件吸附 P:来自网格的吸附在泥沙上的总重量	{tons} [metric tons]	0.0	F10.3	6	4
网格侵蚀事件溶解 P:来自网格的侵蚀事件溶解 P 总重量	{tons} [metric tons]	0.0	F10.3	6	5
空字段			A30	6	6~8
下面各行是各种杀虫剂的输出,杀虫剂溶解在径流中或吸附在泥沙上。					
空字段			10	7	1
记录标识:严格编码记录标签		杀虫剂	A10	7	2
杀虫剂名称:字母数字型字符串,杀虫剂普通名称			A40	7	3~6
网格侵蚀事件吸附杀虫剂:来自网格的吸附在泥沙上的杀虫剂总重量	{tons} [metric tons]	0.0	F10.3	7	7
侵蚀事件溶解杀虫剂:来自网格的侵蚀事件杀虫剂总重量	{tons} [metric tons]	0.0	F10.3	7	8
空行				4	

二、CONCEPTS 文件布局阵列

数据字段 1	数据字段 2	数据字段 3	数据字段 4	数据字段 5	数据字段 6	数据字段 7	数据字段 8
AnnAGNPS	vLxx	CONCEPTS 文件				文件日期	文件时间
流域名称							
模拟期		开始日期	结束日期				

对于流域的各个组分,将出现下面的阵列。在特定的时间,流域各组分为河流系统提供水、泥沙、养分和(或)杀虫剂,因此在特定时间这些组分被放在一起。对于各个组分来说,并不是所有记录都存在,若记录中的所有数据都为零,该记录将不列在其中。若来自一个组分的输出中包含一种以上的杀虫剂,则杀虫剂记录可多次出现。

数据字段 1	数据字段 2	数据字段 3	数据字段 4	数据字段 5	数据字段 6	数据字段 7	数据字段 8
组分身份	侵蚀事件日期	输出单位	组分类型	下游沟道身份	网格面积	网格 T_c	网格身份
	水		降雨	融雪、点源、灌溉	水量	峰雨量	峰雨量持续时间
	泥沙		沙	粉沙	黏土		
	N		吸附 N	溶解 N			
	有机 C		吸附有机 C	溶解有机 C			
	P		吸附 P	溶解 P			
	杀虫剂	杀虫剂身份				吸附杀虫剂	溶解杀虫剂

三、侵蚀事件文件描述规范

侵蚀事件文件由三个表组成,第一个表为所分析的流域和模拟期确定文件,即 AnnAGNPS 侵蚀事件文件,第二个表描述要包括在侵蚀事件文件的沟道,第三个表包含沟道侵蚀事件数据。文件中包含的数据量由用户控制。

侵蚀事件文件描述

描 述	单 位	域	格式	行号	字段号
程序名称:用来产生文件的程序		AnnAGNPS:	A10	1	1
程序版本:产生输出文件的程序版本		vx. xx. y. zz	A 5	1	2a
空字段			5	1	2b
文件类型:文件内容的严格编码名称		侵蚀事件文件	A10	1	3
空字段			30	1	4 ~ 6
文件日期:创建文件的日期	mm/dd/yyyy		A10	1	7
文件时间:创建文件的时间	hh:mm		A10	1	8
流域名称:流域的名称			A80	2	1 ~ 8
记录标识:严格编码的记录标签		模拟期	A20	3	1 ~ 2
模拟开始日期:流域模拟开始的月、日、年	mm dd yyyy	mm :1 ~ 12 dd:1 ~ 31 yyyy:1 ~ 1000	2I3, I4	3	3

续表

描 述	单 位	域	格式	行号	字段号
模拟结束日期:流域模拟结束的月、日、年	mmm ddd yyyy	空白,或 mmm:1 ~12 ddd:1 ~31 yyyy:1 ~1000	2I3, I4	3	4
空行				4	

沟道描述数据

描 述	单位	域	格式	行号	字段号
对于侵蚀事件输出中指定的各条沟道,重复下面两行。					
侵蚀事件沟道标识:字符数字型字符串,为侵蚀事件识别沟道。流域出口所在的沟道不需指定,自动包括在输出中。标识必须是流域中一条沟道的相同名字			A10	1	1
侵蚀事件水编码:编码表示沟道的侵蚀事件洪峰和流量输出。接受值:Y 为 yes,N 为 no		Y 或 N	A2	1	2a
侵蚀事件水温编码:编码表示沟道的侵蚀事件水温输出。接受值:Y 为 yes,N 为 no		Y 或 N	A2	1	2b
侵蚀事件泥沙分级编码:编码表示沟道的侵蚀事件泥沙按颗粒分级输出。接受值:Y 为 yes,N 为 no		Y 或 N	A2	1	2c
侵蚀事件泥沙分级/来源编码:编码表示沟道的侵蚀事件泥沙按颗粒分级(黏土、粉沙、沙、小团粒和大团粒)和来源(层流与细沟、切沟、沟床和沟岸)输出。接受值:Y 为 yes,N 为 no		Y 或 N	A2	1	2d
侵蚀事件泥沙来源编码:编码表示沟道的侵蚀事件泥沙按来源(层流与细沟、切沟、沟床和沟岸)输出。接受值:Y 为 yes,N 为 no		Y 或 N	A2	1	2e
侵蚀事件 N 编码:编码表示沟道的侵蚀事件 N 输出。接受值:Y 为 yes,N 为 no		Y 或 N	A2	1	3a
侵蚀事件 P 编码:编码表示沟道的侵蚀事件 P 输出。接受值:Y 为 yes,N 为 no		Y 或 N	A2	1	3b
侵蚀事件有机 C 编码:编码表示沟道的侵蚀事件有机 C 输出。接受值:Y 为 yes,N 为 no		Y 或 N	A2	1	3c

续表

描 述	单位	域	格式	行号	字段号
侵蚀事件杀虫剂编码:编码表示沟道的侵蚀事件杀虫剂输出。接受值:Y 为 yes,N 为 no		Y 或 N	A2	1	3d
空字段			10	2	1
侵蚀事件位置描述:为侵蚀事件指定的沟道的位置的描述(可选项)			A60	2	2~7
空行				3	
出口标识:严格编码标识		出口	A10	1	1
出口水编码:出口流量输出编码。接受值:Y 为 yes,N 为 no		Y 或 N	A2	1	2a
出口水温编码:编码表示出口的水温输出。接受值:Y 为 yes,N 为 no		Y 或 N	A2	1	2b
出口泥沙分级编码:编码表示出口的泥沙按颗粒分级输出。接受值:Y 为 yes,N 为 no		Y 或 N	A2	1	2c
出口泥沙分级/来源编码:编码表示出口的泥沙按颗粒分级(黏土、粉沙、沙、小团粒和大团粒)和来源(层流与细沟、切沟、沟床和沟岸)输出。接受值:Y 为 yes,N 为 no		Y 或 N	A2	1	2d
出口泥沙来源编码:编码表示出口的泥沙按来源(层流与细沟、切沟、沟床和沟岸)输出。接受值:Y 为 yes,N 为 no		Y 或 N	A2	1	2e
出口 N 编码:编码表示出口的 N 输出。接受值:Y 为 yes,N 为 no		Y 或 N	A2	1	3a
出口 P 编码:编码表示出口的 P 输出。接受值:Y 为 yes,N 为 no		Y 或 N	A2	1	3b
出口有机 C 编码:编码表示出口的有机 C 输出。接受值:Y 为 yes,N 为 no		Y 或 N	A2	1	3c
出口杀虫剂编码:编码表示出口的杀虫剂输出。接受值:Y 为 yes,N 为 no		Y 或 N	A2	1	3d
空行				3	

侵蚀事件沟道数据

描 述	单位 {英制}[公制]	域 {英制}[公制]	格式	行号	字段号
侵蚀事件沟道标识:字母数字型字符串,为侵蚀事件识别沟道			A10	1	1
侵蚀事件日期:月、日、年,或径流侵蚀事件	mmm ddd yyyy	mmm:1 ~ 12 ddd:1 ~ 31 yyyy:1 ~ 1000	2I3, I4	1	2
输出单位码:编码表示以英制单位输出或公制单位输出:Y 为英制,N 为公制		Y 或 N	A10	1	3
若选择了侵蚀事件水编码,下面两行为其输出。					
空字段			10	2	1
记录标识:严格编码记录标签		水	A10	2	2
沟道末端:与沟道末端相关的数据的严格编码记录标签		下游末端	A 10	2	3
侵蚀事件降雨(下游末端):降雨(降水,降雪较少),应用于沟道下游末端	{ac-ft} {hm^3}	≥0.0	F10.3	2	4
侵蚀事件均衡水量(下游末端):均衡时间分配的水量(融雪和灌溉),应用于沟道下游末端。	{ac-ft} {hm^3}	≥0.0	F10.3	2	5
侵蚀事件总水量(下游末端):沟道下游末端至当前日的累计水量。	{ac-ft} {hm^3}	≥0.00	F10.3	2	6
侵蚀事件洪峰(下游末端):沟道下游末端当前日洪峰流量	{ac-ft/s} {m^3/s}	≥0.0	F10.3	2	7
空字段			10	3	1
记录标识:严格编码记录标签		水	A10	3	2
沟道末端:与沟道末端相关的数据的严格编码记录标签		上游末端	A 10	3	3
侵蚀事件降雨(上游末端):降雨(降水,降雪较少),应用于沟道上游末端	{ac-ft} {hm^3}	≥0.0	F10.3	3	4
侵蚀事件均衡水量(上游末端):均衡时间分配的水量(融雪和灌溉),应用于沟道上游末端	{ac-ft} {hm^3}	≥0.0	F10.3	3	5
侵蚀事件总水量(上游末端):沟道上游末端至当前日的累计水量	{ac-ft} {hm^3}	≥0.00	F10.3	3	6

续表

描 述	单位 {英制}[公制]	域 {英制}[公制]	格式	行号	字段号
侵蚀事件洪峰(上游末端):沟道上游末端当前日洪峰流量	{ac-ft/s} {m^3/s}	≥0.0	F10.3	3	7
若选择了侵蚀事件泥沙分级/来源编码,下面六行为其输出。					
空字段			10	4	1
记录标识:严格编码记录标签		沟床与沟岸	A10	4	2
沟道末端:与沟道末端相关的数据的严格编码记录标签		下游末端	A10	4	3
侵蚀事件中沟床沟岸侵蚀黏土(下游末端):在沟道下游末端至当前日沟床沟岸泥沙中黏土累计总重量	{tons} [metric tons]	≥0.0	F10.3	4	4
侵蚀事件中沟床沟岸侵蚀粉沙(下游末端):在沟道下游末端至当前日沟床沟岸泥沙中粉沙累计总重量	{tons} [metric tons]	≥0.0	F10.3	4	5
侵蚀事件中沟床沟岸侵蚀沙粒(下游末端):在沟道下游末端至当前日沟床沟岸泥沙中沙累计总重量	{tons} [metric tons]	≥0.0	F10.3	4	6
侵蚀事件中沟床沟岸侵蚀小团粒(下游末端):在沟道下游末端至当前日沟床沟岸泥沙中小团粒累计总重量	{tons} [metric tons]	≥0.0	F10.3	4	7
侵蚀事件中沟床沟岸侵蚀大团粒(下游末端):在沟道下游末端至当前日沟床沟岸泥沙中大团粒累计总重量	{tons} [metric tons]	≥0.0	F10.3	4	8
空字段			10	5	1
记录标识:严格编码记录标签		沟床与沟岸	A10	5	2
沟道末端:沟道末端相关的数据的严格编码记录标签		上游末端	A10	5	3
侵蚀事件中沟床沟岸侵蚀黏土(上游末端):在沟道上游末端至当前日沟床沟岸泥沙中黏土累计总重量	{tons} [metric tons]	≥0.0	F10.3	5	4

续表

描 述	单位 {英制}[公制]	域 {英制}[公制]	格式	行号	字段号
侵蚀事件中沟床沟岸侵蚀粉沙(上游末端)：在沟道上游末端至当前日沟床沟岸泥沙中粉沙累计总重量	{tons} [metric tons]	≥0.0	F10.3	5	5
侵蚀事件中沟床沟岸侵蚀沙粒(上游末端)：在沟道上游末端至当前日沟床沟岸泥沙中沙累计总重量	{tons} [metric tons]	≥0.0	F10.3	5	6
侵蚀事件中沟床沟岸侵蚀小团粒(上游末端)：在沟道上游末端至当前日沟床沟岸泥沙中小团粒累计总重量	{tons} [metric tons]	≥0.0	F10.3	5	7
侵蚀事件中沟床沟岸侵蚀大团粒(上游末端)：在沟道上游末端至当前日沟床沟岸泥沙中大团粒累计总重量	{tons} [metric tons]	≥0.0	F10.3	5	8
空字段			10	6	1
记录标识：严格编码记录标签		切沟	A10	6	2
沟道末端：与沟道末端相关的数据的严格编码记录标签		下游末端	A10	6	3
侵蚀事件中切沟侵蚀黏土(下游末端)：在沟道下游末端至当前日切沟泥沙中黏土累计总重量	{tons} [metric tons]	≥0.0	F10.3	6	4
侵蚀事件中切沟侵蚀粉沙(下游末端)：在沟道下游末端至当前日切沟泥沙中粉沙累计总重量	{tons} [metric tons]	≥0.0	F10.3	6	5
侵蚀事件中切沟侵蚀沙粒(下游末端)：在沟道下游末端至当前日切沟中沙累计总重量	{tons} [metric tons]	≥0.0	F10.3	6	6
侵蚀事件中切沟侵蚀小团粒(下游末端)：在沟道下游末端至当前日切沟泥沙中小团粒累计总重量	{tons} [metric tons]	≥0.0	F10.3	6	7
侵蚀事件中切沟侵蚀大团粒(下游末端)：在沟道下游末端至当前日切沟泥沙中大团粒累计总重量	{tons} [metric tons]	≥0.0	F10.3	6	8
空字段			10	7	1
记录标识：严格编码记录标签		切沟	A10	7	2

续表

描 述	单位 {英制}[公制]	域 {英制}[公制]	格式	行号	字段号
沟道末端:与沟道末端相关的数据的严格编码记录标签		上游末端	A10	7	3
侵蚀事件中切沟侵蚀黏土(上游末端):在沟道上游末端至当前日切沟泥沙中黏土累计总重量	{tons} [metric tons]	≥0.0	F10.3	7	4
侵蚀事件中切沟侵蚀粉沙(上游末端):在沟道上游末端至当前日切沟泥沙中粉沙累计总重量	{tons} [metric tons]	≥0.0	F10.3	7	5
侵蚀事件中切沟侵蚀沙粒(上游末端):在沟道上游末端至当前日切沟中沙累计总重量	{tons} [metric tons]	≥0.0	F10.3	7	6
侵蚀事件中切沟侵蚀小团粒(上游末端):在沟道上游末端至当前日切沟泥沙中小团粒累计总重量	{tons} [metric tons]	≥0.0	F10.3	7	7
侵蚀事件中切沟侵蚀大团粒(上游末端):在沟道上游末端至当前日切沟泥沙中大团粒累计总重量	{tons} [metric tons]	≥0.0	F10.3	7	8
空字段			10	8	1
记录标识:严格编码记录标签		片蚀与细沟	A10	8	2
沟道末端:沟道末端相关的数据的严格编码记录标签		下游末端	A10	8	3
侵蚀事件中片蚀细沟侵蚀黏土(下游末端):在沟道下游末端至当前日片蚀细沟泥沙中黏土累计总重量	{tons} [metric tons]	≥0.0	F10.3	8	4
侵蚀事件中片蚀细沟侵蚀粉沙(下游末端):在沟道下游末端至当前日片蚀细沟泥沙中粉沙累计总重量	{tons} [metric tons]	≥0.0	F10.3	8	5
侵蚀事件中片蚀细沟侵蚀沙粒(下游末端):在沟道下游末端至当前日片蚀细沟中沙累计总重量	{tons} [metric tons]	≥0.0	F10.3	8	6

续表

描 述	单位 {英制}[公制]	域 {英制}[公制]	格式	行号	字段号
侵蚀事件中片蚀细沟侵蚀小团粒(下游末端):在沟道下游末端至当前日片蚀细沟泥沙中小团粒累计总重量	{tons} [metric tons]	≥0.0	F10.3	8	7
侵蚀事件中片蚀细沟侵蚀大团粒(下游末端):在沟道下游末端至当前日片蚀细沟泥沙中大团粒累计总重量	{tons} [metric tons]	≥0.0	F10.3	8	8
空字段			10	9	1
记录标识:严格编码记录标签		片蚀与细沟	A10	9	2
沟道末端:沟道末端相关的数据的严格编码记录标签		上游末端	A10	9	3
侵蚀事件中片蚀细沟侵蚀黏土(上游末端):在沟道上游末端至当前日片蚀细沟泥沙中黏土累计总重量	{tons} [metric tons]	≥0.0	F10.3	9	4
侵蚀事件中片蚀细沟侵蚀粉沙(上游末端):在沟道上游末端至当前日片蚀细沟泥沙中粉沙累计总重量	{tons} [metric tons]	≥0.0	F10.3	9	5
侵蚀事件中片蚀细沟侵蚀沙粒(上游末端):在沟道上游末端至当前日片蚀细沟中沙累计总重量	{tons} [metric tons]	≥0.0	F10.3	9	6
侵蚀事件中片蚀细沟侵蚀小团粒(上游末端):在沟道上游末端至当前日片蚀细沟泥沙中小团粒累计总重量	{tons} [metric tons]	≥0.0	F10.3	9	7
侵蚀事件中片蚀细沟侵蚀大团粒(上游末端):在沟道上游末端至当前日片蚀细沟泥沙中大团粒累计总重量	{tons} [metric tons]	≥0.0	F10.3	9	8
若选择了侵蚀事件泥沙分级编码,下面两行为其输出。					
空字段			10	10	1
记录标识:严格编码记录标签		泥沙颗粒总量	A10	10	2
沟道末端:与沟道末端相关的数据的严格编码记录标签		下游末端	A10	10	3

续表

描 述	单位 {英制}[公制]	域 {英制}[公制]	格式	行号	字段号
侵蚀事件泥沙中的黏土(下游末端):在沟道下游末端至当前日泥沙中黏土累计总重量	{tons} [metric tons]	≥0.0	F10.3	10	4
侵蚀事件泥沙中的粉沙(下游末端):在沟道下游末端至当前日泥沙中粉沙累计总重量	{tons} [metric tons]	≥0.0	F10.3	10	5
侵蚀事件泥沙中的沙粒(下游末端):在沟道下游末端至当前日泥沙中沙累计总重量	{tons} [metric tons]	≥0.0	F10.3	10	6
侵蚀事件泥沙中的小团粒(下游末端):在沟道下游末端至当前日泥沙中小团粒累计总重量	{tons} [metric tons]	≥0.0	F10.3	10	7
侵蚀事件泥沙中的大团粒(下游末端):在沟道下游末端至当前日泥沙中大团粒累计总重量	{tons} [metric tons]	≥0.0	F10.3	10	8
空字段			10	11	1
记录标识:严格编码记录标签		泥沙颗粒总量	A10	11	2
沟道末端:与沟道末端相关的数据的严格编码记录标签		上游末端	A10	11	3
侵蚀事件泥沙中的黏土(上游末端):在沟道上游末端至当前日泥沙中黏土累计总重量	{tons} [metric tons]	≥0.0	F10.3	11	4
侵蚀事件泥沙中的粉沙(上游末端):在沟道上游末端至当前日泥沙中粉沙累计总重量	{tons} [metric tons]	≥0.0	F10.3	11	5
侵蚀事件泥沙中的沙粒(上游末端):在沟道上游末端至当前日泥沙中沙累计总重量	{tons} [metric tons]	≥0.0	F10.3	11	6
侵蚀事件泥沙中的小团粒(上游末端):在沟道上游末端至当前日泥沙中小团粒累计总重量	{tons} [metric tons]	≥0.0	F10.3	11	7
侵蚀事件泥沙中的大团粒(上游末端):在沟道上游末端至当前日泥沙中大团粒累计总重量	{tons} [metric tons]	≥0.0	F10.3	11	8

续表

描 述	单位 {英制}[公制]	域 {英制}[公制]	格式	行号	字段号
若选择了侵蚀事件泥沙来源编码,下面两行为其输出。					
空字段			10	12	1
记录标识:严格编码记录标签		泥沙来源总量	A10	12	2
沟道末端:与沟道末端相关的数据的严格编码记录标签		下游末端	A10	12	3
侵蚀事件中沟床沟岸侵蚀(下游末端):在沟道下游末端至当前日沟床沟岸泥沙累计总重量	{tons} [metric tons]	≥0.0	F10.3	12	4
侵蚀事件中的切沟侵蚀(下游末端):在沟道下游末端至当前日切沟泥沙累计总重量	{tons} [metric tons]	≥0.0	F10.3	12	5
侵蚀事件中的片蚀细沟侵蚀(下游末端):在沟道下游末端至当前日片蚀细沟泥沙累计总重量	{tons} [metric tons]	≥0.0	F10.3	12	6
侵蚀事件中的泥沙总量(下游末端):在沟道下游末端至当前日泥沙累计总重量	{tons} [metric tons]	≥0.0	F10.3	12	7
空字段			10	13	1
记录标识:严格编码记录标签		泥沙来源总量	A10	13	2
沟道末端:沟道末端相关的数据的严格编码记录标签		上游末端	A10	13	3
侵蚀事件中的沟床沟岸侵蚀(上游末端):在沟道上游末端至当前日沟床沟岸泥沙累计总重量	{tons} [metric tons]	≥0.0	F10.3	13	4
侵蚀事件中的切沟侵蚀(上游末端):在沟道上游末端至当前日切沟泥沙累计总重量	{tons} [metric tons]	≥0.0	F10.3	13	5
侵蚀事件中的片蚀细沟侵蚀(上游末端):在沟道上游末端至当前日片蚀细沟泥沙累计总重量	{tons} [metric tons]	≥0.0	F10.3	13	6
侵蚀事件中的泥沙总量(上游末端):在沟道上游末端至当前日泥沙累计总重量	{tons} [metric tons]	≥0.0	F10.3	13	7
若选择了侵蚀事件 N 编码,下面行为其输出。					

续表

描述	单位 {英制}[公制]	域 {英制}[公制]	格式	行号	字段号
空字段			10	14	1
记录标识:严格编码记录标签		N	A10	14	2
空字段			10	14	3
侵蚀事件中的吸附 N(上游末端):在沟道上游末端至当前日吸附在泥沙上的 N 累计总重量	{tons} [metric tons]	≥0.0	F10.3	14	4
侵蚀事件中的溶解 N(上游末端):在沟道上游末端至当前日溶解 N 累计总重量	{tons} [metric tons]	≥0.0	F10.3	14	5
侵蚀事件中的吸附 N(下游末端):在沟道下游末端至当前日吸附在泥沙上的 N 累计总重量	{tons} [metric tons]	≥0.0	F10.3	14	6
侵蚀事件中的溶解 N(下游末端):在沟道下游末端至当前日溶解 N 累计总重量	{tons} [metric tons]	≥0.0	F10.3	14	7
若选择了侵蚀事件有机 C 编码,下面行为其输出。					
空字段			10	15	1
记录标识:严格编码记录标签		有机 C	A10	15	2
空字段			10	15	3
侵蚀事件中的吸附有机 C(上游末端):在沟道上游末端至当前日吸附在泥沙上的有机 C 累计总重量	{tons} [metric tons]	≥0.0	F10.3	15	4
侵蚀事件中的溶解有机 C(上游末端):在沟道上游末端至当前日溶解有机 C 累计总重量	{tons} [metric tons]	≥0.0	F10.3	15	5
侵蚀事件中吸附有机 C(下游末端):在沟道下游末端至当前日吸附在泥沙上的有机 C 累计总重量	{tons} [metric tons]	≥0.0	F10.3	15	6
侵蚀事件中的溶解有机 C(下游末端):在沟道下游末端至当前日溶解有机 C 累计总重量	{tons} [metric tons]	≥0.0	F10.3	15	7
若选择了侵蚀事件 P 编码,下面行为其输出。					

续表

描 述	单位 {英制}[公制]	域 {英制}[公制]	格式	行号	字段号
空字段			10	16	1
记录标识:严格编码记录标签		P	A10	16	2
空字段			10	16	3
侵蚀事件中的吸附 P(上游末端):在沟道上游末端至当前日吸附在泥沙上的 P 累计总重量	{tons} [metric tons]	≥0.0	F10.3	16	4
侵蚀事件中的溶解 P(上游末端):在沟道上游末端至当前日溶解 P 累计总重量	{tons} [metric tons]	≥0.0	F10.3	16	5
侵蚀事件吸附 P(下游末端):在沟道下游末端至当前日吸附在泥沙上的 P 累计总重量	{tons} [metric tons]	≥0.0	F10.3	16	6
侵蚀事件中的溶解 P(下游末端):在沟道下游末端至当前日溶解 P 累计总重量	{tons} [metric tons]	≥0.0	F10.3	16	7
若选择了侵蚀事件杀虫剂编码,下面两行为每种杀虫剂的输出。					
空字段			10	17	1
记录标识:严格编码记录标签		杀虫剂	A10	17	2
杀虫剂名称:字母数字型字符串,杀虫剂的普通名称			A 40	17	3~6
侵蚀事件中的吸附杀虫剂(下游末端):在沟道下游末端至当前日吸附在泥沙上的杀虫剂累计总重量		≥0.0	F10.3	17	7
侵蚀事件中的溶解杀虫剂(下游末端):在沟道下游末端至当前日溶解杀虫剂累计总重量		≥0.0	F10.3	17	8
六个空字段			60	18	1~6
侵蚀事件中的吸附杀虫剂(下游末端):在沟道下游末端至当前日吸附在泥沙上的杀虫剂累计总重量		≥0.0	F10.3	18	7
侵蚀事件中的溶解杀虫剂(下游末端):在沟道下游末端至当前日溶解杀虫剂累计总重量		≥0.0	F10.3	18	8

侵蚀事件出口数据

描 述	单位 {英制}[公制]	域 {英制}[公制]	格式	行号	字段号
出口标识:出口的严格编码标签		出口	A10	1	1
侵蚀事件日期:月、日、年,或径流侵蚀事件	mmm ddd yyyy	mmm:1 ~ 12 ddd:1 ~ 31 yyyy:1 ~ 1000 1 ~ 12	2I3, I4 I3	1	2
输出单位码:编码表示以英制单位输出或公制单位输出:Y 为英制, N 为公制		Y 或 N	A10	1	3
若选择了出口水编码,下面两行为其输出。					
空字段			10	2	1
记录标识:严格编码记录标签		水	A10	2	2
空字段			10	2	3
侵蚀事件降雨:降雨(降水,降雪较少),应用于出口	{ac-ft} {hm^3}	≥0.0	F10.3	2	4
侵蚀事件均衡水量:均衡时间分配的水量(融雪和灌溉),应用于出口	{ac-ft} {hm^3}	≥0.0	F10.3	2	5
侵蚀事件总水量(下游末端):在出口至当前日的累计水量	{ac-ft} {hm^3}	≥0.00	F10.3	2	6
空字段			20	2	7 ~ 8
若选择了出口泥沙分级/来源编码,下面三行为其输出。					
空字段			10	3	1
记录标识:严格编码记录标签		沟床与沟岸	A10	3	2
空字段			10	3	3
侵蚀事件中的沟床沟岸侵蚀黏土:在出口至当前日沟床沟岸泥沙中黏土累计总重量	{tons} [metric tons]	≥0.0	F10.3	3	4
侵蚀事件中沟床沟岸侵蚀粉沙:在出口至当前日沟床沟岸泥沙中粉沙累计总重量	{tons} [metric tons]	≥0.0	F10.3	3	5
侵蚀事件中沟床沟岸侵蚀沙粒:在出口至当前日沟床沟岸泥沙中沙累计总重量	{tons} [metric tons]	≥0.0	F10.3	3	6

续表

描 述	单位 {英制}[公制]	域 {英制}[公制]	格式	行号	字段号
侵蚀事件中沟床沟岸侵蚀小团粒:在出口至当前日沟床沟岸泥沙中小团粒累计总重量	{tons} [metric tons]	≥0.0	F10.3	3	7
侵蚀事件中沟床沟岸侵蚀大团粒:在出口至当前日沟床沟岸泥沙中大团粒累计总重量	{tons} [metric tons]	≥0.0	F10.3	3	8
空字段			10	4	1
记录标识:严格编码记录标签		切沟	A10	4	2
空字段			10	4	3
侵蚀事件中切沟侵蚀黏土:在出口至当前日切沟泥沙中黏土累计总重量	{tons} [metric tons]	≥0.0	F10.3	4	4
侵蚀事件中切沟侵蚀粉沙:在出口至当前日切沟泥沙中粉沙累计总重量	{tons} [metric tons]	≥0.0	F10.3	4	5
侵蚀事件中切沟侵蚀沙粒:在出口至当前日切沟中沙累计总重量	{tons} [metric tons]	≥0.0	F10.3	4	6
侵蚀事件中切沟侵蚀小团粒:在出口至当前日切沟泥沙中小团粒累计总重量	{tons} [metric tons]	≥0.0	F10.3	4	7
侵蚀事件中切沟侵蚀大团粒:在出口至当前日切沟泥沙中大团粒累计总重量	{tons} [metric tons]	≥0.0	F10.3	4	8
空字段			10	5	1
记录标识:严格编码记录标签		片蚀与细沟	A10	5	2
空字段			10	5	3
侵蚀事件中片蚀细沟侵蚀黏土:在出口至当前日片蚀细沟泥沙中黏土累计总重量	{tons} [metric tons]	≥0.0	F10.3	5	4
侵蚀事件中片蚀细沟侵蚀粉沙:在出口至当前日片蚀细沟泥沙中粉沙累计总重量	{tons} [metric tons]	≥0.0	F10.3	5	5
侵蚀事件中片蚀细沟侵蚀泥沙:在出口至当前日片蚀细沟中沙累计总重量	{tons} [metric tons]	≥0.0	F10.3	5	6
侵蚀事件中片蚀细沟侵蚀小团粒:在出口至当前日片蚀细沟泥沙中小团粒累计总重量	{tons} [metric tons]	≥0.0	F10.3	5	7
侵蚀事件中片蚀细沟侵蚀大团粒:在出口至当前日片蚀细沟泥沙中大团粒累计总重量	{tons} [metric tons]	≥0.0	F10.3	5	8

续表

描 述	单位 {英制}[公制]	域 {英制}[公制]	格式	行号	字段号
若选择了出口泥沙颗粒分级编码,下面行为其输出。					
空字段			10	6	1
记录标识:严格编码记录标签		泥沙颗粒总量	A10	6	2
空字段			10	6	3
侵蚀事件中泥沙黏土:在出口至当前日泥沙中黏土累计总重量	{tons} [metric tons]	≥0.0	F10.3	6	4
侵蚀事件中的泥沙粉沙:在出口至当前日泥沙中粉沙累计总重量	{tons} [metric tons]	≥0.0	F10.3	6	5
侵蚀事件中的泥沙:在出口至当前日泥沙中沙累计总重量	{tons} [metric tons]	≥0.0	F10.3	6	6
侵蚀事件中泥沙小团粒:在出口至当前日泥沙中小团粒累计总重量	{tons} [metric tons]	≥0.0	F10.3	6	7
侵蚀事件中泥沙大团粒:在出口至当前日泥沙中大团粒累计总重量。	{tons} [metric tons]	≥0.0	F10.3	6	8
若选择了出口泥沙来源编码,下面行为其输出。					
空字段			10	7	1
记录标识:严格编码记录标签		泥沙来源总量	A10	7	2
空字段			10	7	3
侵蚀事件中沟床沟岸侵蚀:在出口至当前日沟床沟岸泥沙累计总重量	{tons} [metric tons]	≥0.0	F10.3	7	4
侵蚀事件中切沟侵蚀:在出口至当前日切沟泥沙累计总重量	{tons} [metric tons]	≥0.0	F10.3	7	5
侵蚀事件中片蚀细沟侵蚀:在出口至当前日片蚀细沟泥沙累计总重量	{tons} [metric tons]	≥0.0	F10.3	7	6
侵蚀事件中的泥沙总量:在出口至当前日泥沙累计总重量。	{tons} [metric tons]	≥0.0	F10.3	7	7
若选择了出口 N 编码,下面行为其输出。					
空字段			10	8	1
记录标识:严格编码记录标签		N	A10	8	2
空字段			10	8	3

续表

描 述	单位 {英制}[公制]	域 {英制}[公制]	格式	行号	字段号
侵蚀事件中的吸附 N:在出口至当前日吸附在泥沙上的 N 累计总重量	{tons} [metric tons]	≥0.0	F10.3	8	4
侵蚀事件中的溶解 N:在出口至当前日溶解 N 累计总重量	{tons} [metric tons]	≥0.0	F10.3	8	5
空字段			10	8	6~8
若选择了出口有机 C 编码,下面行为其输出。					
空字段			10	9	1
记录标识:严格编码记录标签		有机 C	A10	9	2
空字段			10	9	3
侵蚀事件中的吸附有机 C:在出口至当前日吸附在泥沙上的有机 C 累计总重量	{tons} [metric tons]	≥0.0	F10.3	9	4
侵蚀事件中的溶解有机 C:在出口至当前日溶解有机 C 累计总重量	{tons} [metric tons]	≥0.0	F10.3	9	5
空字段			10	9	6~8
若选择了出口 P 编码,下面行为其输出。					
空字段			10	10	1
记录标识:严格编码记录标签		P	A10	10	2
空字段			10	10	3
侵蚀事件中的吸附 P:在出口至当前日吸附在泥沙上的 P 累计总重量	{tons} [metric tons]	≥0.0	F10.3	10	4
侵蚀事件中的溶解 P:在出口至当前日溶解 P 累计总重量	{tons} [metric tons]	≥0.0	F10.3	10	5
空字段			10	10	6~8
若选择了出口杀虫剂编码,下面行为当前出口存在的每种杀虫剂的输出。					
空字段			10	11	1
记录标识:严格编码记录标签。		杀虫剂	A10	11	2
杀虫剂名称:字母数字型字符串,杀虫剂的普通名称			A 40	11	3~6
侵蚀事件中的吸附杀虫剂:在出口至当前日吸附在泥沙上的杀虫剂累计总重量		≥0.0	F10.3	11	7
侵蚀事件中的溶解杀虫剂:在出口至当前日溶解杀虫剂累计总重量		≥0.0	F10.3	11	8

四、侵蚀事件文件布局阵列

数据字段 1	数据字段 2	数据字段 3	数据字段 4	数据字段 5	数据字段 6	数据字段 7	数据字段 8
AnnAGNPS	v1xx	侵蚀事件文件				文件日期	文件时间
流域名称							
模拟期		开始日期	结束日期				

对于流域内选择的每个沟道身份,下面的阵列重复出现。

数据字段 1	数据字段 2	数据字段 3	数据字段 4	数据字段 5	数据字段 6	数据字段 7	数据字段 8
沟道身份	输出编码						
	沟道描述						

数据字段 1	数据字段 2	数据字段 3	数据字段 4	数据字段 5	数据字段 6	数据字段 7	数据字段 8
出口	出口编码						

若流域内有径流,下面两个阵列每天出现一次,并不是阵列中的所有记录都存在,取决于用户选择的出口编码。杀虫剂记录可出现多次。对于选择的各个沟道身份,若有径流,第一个阵列每条沟出现一次,第二个阵列只出现一次。

数据字段 1	数据字段 2	数据字段 3	数据字段 4	数据字段 5	数据字段 6	数据字段 7	数据字段 8
沟道身份	侵蚀事件日期	输出单位					
	水	下游末端	降雨	融雪、点源和灌溉	水量	洪峰流量	
	水	上游末端	降雨	融雪、点源和灌溉	水量	洪峰流量	
	沟床沟岸	下游末端	黏土累计	粉沙累计	沙累计	小团粒累计	大团粒累计
	沟床沟岸	上游末端	黏土累计	粉沙累计	沙累计	小团粒累计	大团粒累计
	切沟	下游末端	黏土累计	粉沙累计	沙累计	小团粒累计	大团粒累计
	切沟	上游末端	粘土累计	粉沙累计	沙累计	小团粒累计	大团粒累计
	片蚀细沟	下游末端	黏土累计	粉沙累计	沙累计	小团粒累计	大团粒累计
	片蚀细沟	上游末端	黏土累计	粉沙累计	沙累计	小团粒累计	大团粒累计

续表

数据字段 1	数据字段 2	数据字段 3	数据字段 4	数据字段 5	数据字段 6	数据字段 7	数据字段 8
	泥沙总量颗粒	下游末端	黏土累计	粉沙累计	沙累计	小团粒累计	大团粒累计
	泥沙总量颗粒	上游末端	黏土累计	粉沙累计	沙累计	小团粒累计	大团粒累计
	泥沙总量来源	下游末端	沟床沟岸累计	切沟累计	片蚀细沟累计	泥沙总量累计	
	泥沙总量来源	上游末端	沟床沟岸累计	切沟累计	片蚀细沟累计	泥沙总量累计	
	N		下游末端吸附 N 累计	下游末端溶解 N 累计	上游末端吸附 N 累计	上游末端溶解 N 累计	
	有机 C		下游末端吸附有机 C 累计	下游末端溶解有机 C 累计	上游末端吸附有机 C 累计	上游末端溶解有机 C 累计	
	P		下游末端吸附 P 累计	下游末端溶解 P 累计	上游末端吸附 P 累计	上游末端溶解 P 累计	
	杀虫剂	杀虫剂身份				下游末端吸附杀虫剂累计	下游末端溶解杀虫剂累计
						上游末端吸附杀虫剂累计	上游末端溶解杀虫剂累计

数据字段 1	数据字段 2	数据字段 3	数据字段 4	数据字段 5	数据字段 6	数据字段 7	数据字段 8
出口	侵蚀事件日期	输出单位					
	水		降雨	融雪、点源和灌溉	水量	洪峰流量	
	沟床沟岸		黏土累计	粉沙累计	沙累计	小团粒累计	大团粒累计
	切沟		黏土累计	粉沙累计	沙累计	小团粒累计	大团粒累计
	片蚀细沟		黏土累计	粉沙累计	沙累计	小团粒累计	大团粒累计
	泥沙总量颗粒		黏土累计	粉沙累计	沙累计	小团粒累计	大团粒累计

续表

数据字段 1	数据字段 2	数据字段 3	数据字段 4	数据字段 5	数据字段 6	数据字段 7	数据字段 8
	泥沙总量来源		沟床沟岸累计	切沟累计	片蚀细沟累计	泥沙总量累计	
	N		吸附 N 累计	溶解 N 累计			
	有机 C		吸附有机 C 累计	溶解有机 C 累计			
	P		吸附 P 累计	溶解 P 累计			
	杀虫剂	杀虫剂身份				吸附杀虫剂累计	溶解杀虫剂累计

五、来源计算文件规范

该文件包括三个表格，第一个表为所分析的流域和模拟期确定文件，第二个表是沟道累积数据，包括侵蚀事件文件和流域出口中包含的所有沟道的累积数据，第三个表包含来源比率数据。

来源计算文件描述

描 述	单 位	域	格式	行号	字段号
程序名称：用来产生文件的程序		AnnAGNPS：	A10	1	1
程序版本：产生输出文件的程序版本		vx. xx. y. zz	A 5	1	2a
文件类型：文件内容的严格编码名称		侵蚀事件文件	A25	1	2b ~ 4
空字段(2)			20	1	5 ~ 6
文件日期：创建文件的日期	mm/dd/yyyy		A10	1	7
文件时间：创建文件的时间	hh：mm		A10	1	8
流域名称：流域的名称			A80	2	1 ~ 8
记录标识：严格编码的记录标签		模拟期	A20	3	1 ~ 2
模拟开始日期：流域模拟开始的月、日、年	mmm ddd yyyy	mmm：1 ~ 12 ddd：1 ~ 31 yyyy：1 ~ 1000	2I3，I4	3	3
模拟结束日期：流域模拟结束的月、日、年。空白表示单次侵蚀事件模拟	mmm ddd yyyy	空白，或 mmm：1 ~ 12 ddd：1 ~ 31 yyyy：1 ~ 1000	2I3，I4	3	4
空行				4	

基准沟道和流域出口累积数据

描　述	单位 {英制}[公制]	域 {英制}[公制]	格式	行号	字段号
节标题名称:严格编码节名称(左悬挂对齐)		模拟累积	A10	1	1-4
累积位置数:出口和收来源计算影响的所有侵蚀事件文件沟道位置数的总数			I10	1	5
基准或出口标识:字母数字型字符串,为模拟数据识别基准沟道或出口			A10	2	1
基准沟道位置:字母数字型字符串,识别数据应用于那个末端。接受值为“Upstream”,若为流域出口,留做空白			A10	2	2
基准或出口水编码:编码表示出口总量输出。接受值为:Y 为 yes,N 为 no		Y 或 N	A2	2	3a
基准或出口泥沙颗粒分级编码:编码表示出口泥沙按颗粒分级输出。接受值为:Y 为 yes,N 为 no		Y 或 N	A2	2	3b
基准或出口泥沙颗粒分级/来源编码:编码表示出口泥沙按颗粒分级(黏土、粉沙、沙、小团粒和大团粒)和来源(片蚀和细沟、切沟、沟床和沟岸)输出。接受值为:Y 为 yes,N 为 no		Y 或 N	A2	2	3c
基准或出口泥沙来源编码:编码表示出口泥沙按来源(片蚀和细沟、切沟、沟床和沟岸)输出。接受值为:Y 为 yes,N 为 no		Y 或 N	A2	2	3d
基准或出口养分编码:编码表示出口的养分输出。接受值为:Y 为 yes,N 为 no		Y 或 N	A2	2	3e
基准或出口杀虫剂编码:编码表示出口杀虫剂输出。接受值为:Y 为 yes,N 为 no		Y 或 N	A2	2	4a
空字段			8	2	4b～4e
输出单位编码:编码表示输出以英制单位或公制单位输出:Y 为英制,N 为公制			A10	2	5
若选择了出口水编码,下面行为其输出。					
空字段			10	3	1

续表

描 述	单位 {英制}[公制]	域 {英制}[公制]	格式	行号	字段号
记录标识:严格编码记录标签		水	A10	3	2
空字段			10	3	3~5
模拟水量:通过沟道或出口的模拟期累积水量	{ac-ft} {hm^3}	≥0.00	F10.3	3	6
空字段			20	3	7~8
若选择了泥沙颗粒分级/来源编码,下面三行为其输出。					
空字段			10	4	1
记录标识:严格编码记录标签		沟床与沟岸	A10	4	2
模拟沟床沟岸侵蚀黏土:在出口模拟期沟床沟岸泥沙中黏土累计总重量	{tons} [metric tons]	≥0.0	F10.3	4	3
模拟沟床沟岸侵蚀粉沙:在出口模拟期沟床沟岸泥沙中粉沙累计总重量	{tons} [metric tons]	≥0.0	F10.3	4	4
模拟沟床沟岸侵蚀沙粒:在出口模拟期沟床沟岸泥沙中沙累计总重量	{tons} [metric tons]	≥0.0	F10.3	4	5
模拟沟床沟岸侵蚀小团粒:在出口模拟期沟床沟岸泥沙中小团粒累计总重量	{tons} [metric tons]	≥0.0	F10.3	4	6
模拟沟床沟岸侵蚀大团粒:在出口模拟期沟床沟岸泥沙中大团粒累计总重量	{tons} [metric tons]	≥0.0	F10.3	4	7
空字段			10	5	1
记录标识:严格编码记录标签		切沟	A10	5	2
模拟切沟侵蚀黏土:在出口模拟期切沟泥沙中黏土累计总重量	{tons} [metric tons]	≥0.0	10	5	3
模拟切沟侵蚀粉沙:在出口模拟期切沟泥沙中粉沙累计总重量	{tons} [metric tons]	≥0.0	F10.3	5	4
模拟切沟侵蚀沙粒:在出口模拟期切沟泥沙中沙累计总重量。	{tons} [metric tons]	≥0.0	F10.3	5	4
模拟切沟侵蚀小团粒:在出口模拟期切沟泥沙中小团粒累计总重量	{tons} [metric tons]	≥0.0	F10.3	5	4
模拟切沟侵蚀大团粒:在出口模拟期切沟泥沙中大团粒累计总重量	{tons} [metric tons]	≥0.0	F10.3	5	5

续表

描 述	单位 {英制}[公制]	域 {英制}[公制]	格式	行号	字段号
空字段			10	6	1
记录标识:严格编码记录标签		片蚀与细沟	A10	6	2
模拟片蚀细沟侵蚀黏土:在出口模拟期片蚀细沟泥沙中黏土累计总重量	{tons} [metric tons]	≥0.0	F10.3	6	3
模拟片蚀细沟侵蚀粉沙:在出口模拟期片蚀细沟泥沙中粉沙累计总重量	{tons} [metric tons]	≥0.0	F10.3	6	4
模拟片蚀细沟侵蚀沙粒:在出口模拟期片蚀细沟泥沙中沙累计总重量	{tons} [metric tons]	≥0.0	F10.3	6	5
模拟片蚀细沟侵蚀小团粒:在出口模拟期片蚀细沟泥沙中小团粒累计总重量	{tons} [metric tons]	≥0.0	F10.3	6	6
模拟片蚀细沟侵蚀大团粒:在出口模拟期片蚀细沟泥沙中大团粒累计总重量	{tons} [metric tons]	≥0.0	F10.3	6	7
若选择了出口泥沙颗粒分级编码,下面行为其输出。					
空字段			10	7	1
记录标识:严格编码记录标签		泥沙颗粒总量	A10	7	2
模拟黏土:在基准沟道的上游末端或出口,模拟期泥沙中黏土累计总重量	{tons} [metric tons]	≥0.0	F10.3	7	3
模拟粉沙:在基准沟道的上游末端或出口,模拟期泥沙中粉沙累计总重量	{tons} [metric tons]	≥0.0	F10.3	7	4
模拟沙:在基准沟道的上游末端或出口,模拟期泥沙中沙累计总重量	{tons} [metric tons]	≥0.0	F10.3	7	5
模拟小团粒:在基准沟道的上游末端或出口,模拟期泥沙中小团粒累计总重量	{tons} [metric tons]	≥0.0	F10.3	7	6
模拟大团粒:在基准沟道的上游末端或出口,模拟期泥沙中大团粒累计总重量	{tons} [metric tons]	≥0.0	F10.3	7	7
若选择了出口泥沙来源编码,下面行为其输出。					
空字段			10	8	1
记录标识:严格编码记录标签		泥沙来源总量	A10	8	2
模拟沟床沟岸侵蚀:在基准沟道的上游末端或出口,模拟期沟床沟岸泥沙累计总重量	{tons} [metric tons]	≥0.0	F10.3	8	3

续表

描 述	单位 {英制}[公制]	域 {英制}[公制]	格式	行号	字段号
模拟切沟侵蚀:在基准沟道的上游末端或出口,模拟期切沟泥沙累计总重量	{tons} [metric tons]	≥0.0	F10.3	8	4
模拟片蚀细沟侵蚀:在基准沟道的上游末端或出口,模拟期片蚀细沟泥沙累计总重量	{tons} [metric tons]	≥0.0	F10.3	8	5
模拟泥沙总量:在基准沟道的上游末端或出口,模拟期泥沙累计总重量	{tons} [metric tons]	≥0.0	F10.3	8	6
若选择了出口养分编码,下面行为其输出。					
空字段			10	9	1
记录标识:严格编码记录标签		养分	A10	9	2
模拟吸附 N:在基准沟道的上游末端或出口,模拟期泥沙吸附 N 累计总重量	{tons} [metric tons]	≥0.0	F10.3	9	3
模拟溶解 N:在基准沟道的上游末端或出口,模拟期溶解 N 累计总重量	{tons} [metric tons]	≥0.0	F10.3	9	4
模拟吸附有机 C:在基准沟道的上游末端或出口,模拟期泥沙吸附有机 C 累计总重量	{tons} [metric tons]	≥0.0	F10.3	9	5
模拟溶解有机 C:在基准沟道的上游末端或出口,模拟期溶解有机 C 累计总重量	{tons} [metric tons]	≥0.0	F10.3	9	6
模拟吸附 P:在基准沟道的上游末端或出口,模拟期泥沙吸附 P 累计总重量	{tons} [metric tons]	≥0.0	F10.3	9	7
模拟溶解 P:在基准沟道的上游末端或出口,模拟期溶解 P 累计总重量	{tons} [metric tons]	≥0.0	F10.3	9	9
若选择了出口杀虫剂编码,下面行是在出口累积的每种杀虫剂的输出。					
空字段			10	10	1
记录标识:严格编码记录标签		杀虫剂	A10	10	2
杀虫剂名称:字母数字型字符串,杀虫剂的普通名称			A 40	10	3 ~ 6
模拟吸附杀虫剂:在基准沟道的上游末端或出口,模拟期泥沙吸附杀虫剂累计总重量		≥0.0	F10.3	10	7
模拟溶解杀虫剂:在基准沟道的上游末端或出口,模拟期溶解杀虫剂累计总重量		≥0.0	F10.3	10	8
空行				末行	

来源计算比率输出数据

描 述	单位 {英制}[公制]	域 {英制}[公制]	格式	行号	字段号
节标题名称:严格编码节名称(左悬挂对齐)		来源比率	A10	1	1~4
来源比率数:相随的来源比率组分的总数			I10	1	5
源计算标识:字母数字型字符串,识别用户要求的源计算输出组分,标识必须是流域内的网格或其他组分的同一名称			A10	1	1
组分类型:字母数字型字符串,识别源计算标识指定的源计算面积(对于网格,为土地利用类型)。接受的组分类型是:饲养场(Feedlot),点源(Point Srce),切沟(Gully),阶地(Terrace),沟道(Reach);对于网格接受的土地利用类型为:作物地(Cropland),牧场(Pasture),放牧地(Rangeland),林地(Forest),城镇(Urban),水域(Water)			A10	1	2
源计算描述:识别源计算标识指定的源计算面积位置描述(可选项)			A60	1	3~8
空字段			10	2	1
参考标识:流域身份,确定源计算比率的有效点			A10	2	2
田间标识:只用于网格和饲养场组分			A10	2	3
度量变量:组分类型的度量方法,对于网格为网格排水面积,对于沟道为沟道长度,其他组分皆为1.0	None,或 {ac-ft} [ha-m]	1.0 或 > 0.0	F10.3	2	4
源计算水编码:编码表示源计算面积的水输出。接受值为:Y 为 yes,N 为 no		Y 或 N	A2	2	5a
源计算泥沙总量编码:编码表示来自源计算面积的泥沙总量按颗粒分级输出。接受值为:Y 为 yes,N 为 no		Y 或 N	A2	2	5b
源计算泥沙分级/来源编码:编码表示来自源计算面积的泥沙总量按颗粒分级(黏土、粉沙、沙、小团粒和大团粒)和来源(片蚀和细沟、切沟、沟床和沟岸)分别输出。接受值为:Y 为 yes,N 为 no		Y 或 N	A2	2	5c

续表

描 述	单位 {英制}[公制]	域 {英制}[公制]	格式	行号	字段号
源计算泥沙来源编码:编码表示来自源计算面积的泥沙总量按来源(片蚀和细沟、切沟、沟床和沟岸)输出。接受值为:Y 为 yes,N 为 no		Y 或 N	A2	2	5d
源计算养分编码:编码表示来自源计算面积的养分(N,有机 C,P)输出。接受值为:Y 为 yes,N 为 no		Y 或 N	A2	2	5e
源计算杀虫剂编码:编码表示来自源计算面积的杀虫剂输出。接受值为:Y 为 yes,N 为 no		Y 或 N	A2	2	6a
空字段			8	2	6b ~ 6e
沟道末端:编码表示沟道的参考末端,其值为:1 为上游末端,2 为下游末端。只对沟道组分有效		空白, 1 或 2	I10	2	7
输出单位码:编码表示以英制单位输出或以公制单位输出。接受值为:Y 为英制,N 为公制			A10	2	8
若选择了源计算水编码,下面的行为其输出。					
空字段			10	3	1
记录标识:严格编码的记录标签		水	A10	3	2
模拟水:模拟期源计算组分累计水量。	{ac-ft} [hm^3]	≥0.00	F10.3	3	3
比率水:模拟期来自源计算组分的累计水量与基准沟道上游末端或出口水量之比		≥0.00	F10.5	3	4
若选择了源计算泥沙分级/来源编码且组分类型为沟道,下面的行为其输出。					
空字段			10	4	1
记录标识:严格编码的记录标签		沟床沟岸	A10	4	2
沟床沟岸侵蚀黏土比率:模拟期沟床沟岸泥沙中的黏土累计量与基准沟道上游末端或出口相应量之比		≥0.0	F10.5	4	3
沟床沟岸侵蚀粉沙比率:模拟期沟床沟岸泥沙中的粉沙累计量与基准沟道上游末端或出口相应量之比		≥0.0	F10.5	4	4

续表

描 述	单位 {英制}[公制]	域 {英制}[公制]	格式	行号	字段号
沟床沟岸侵蚀沙粒比率:模拟期沟床沟岸泥沙中的沙累计量与基准沟道上游末端或出口相应量之比		≥0.0	F10.5	4	5
沟床沟岸侵蚀小团粒比率:模拟期沟床沟岸泥沙中的小团粒累计量与基准沟道上游末端或出口相应量之比		≥0.0	F10.5	4	6
沟床沟岸侵蚀大团粒比率:模拟期沟床沟岸泥沙中的大团粒累计量与基准沟道上游末端或出口相应量之比		≥0.0	F10.5	4	7
若选择了源计算泥沙分级/来源编码,下面两行为其输出。					
空字段			10	5	1
记录标识:严格编码的记录标签		切沟	A10	5	2
切沟侵蚀黏土比率:模拟期切沟泥沙中的黏土累计量与流域出口相应量之比		≥0.0	F10.5	5	3
切沟侵蚀粉沙比率:模拟期切沟泥沙中的粉沙累计量与基准沟道上游末端或出口相应量之比		≥0.0	F10.5	5	4
切沟侵蚀沙粒比率:模拟期切沟泥沙中的沙累计量与基准沟道上游末端或出口相应量之比		≥0.0	F10.5	5	4
切沟侵蚀小团粒比率:模拟期切沟泥沙中的小团粒累计量与基准沟道上游末端或出口相应量之比		≥0.0	F10.5	5	4
切沟侵蚀大团粒比率:模拟期切沟泥沙中的大团粒累计量与基准沟道上游末端或出口相应量之比		≥0.0	F10.5	5	5
空字段			10	6	1
记录标识:严格编码记录标签		片蚀细沟	A10	6	2
片蚀细沟侵蚀黏土比率:模拟期片蚀细沟泥沙中的黏土累计量与基准沟道上游末端或出口相应量之比		≥0.0	F10.5	6	3
片蚀细沟侵蚀粉沙比率:模拟期片蚀细沟泥沙中的粉沙累计量与基准沟道上游末端或出口相应量之比		≥0.0	F10.5	6	4

续表

描 述	单位 {英制}[公制]	域 {英制}[公制]	格式	行号	字段号
片蚀细沟侵蚀沙粒比率:模拟期片蚀细沟泥沙中的沙累计量与基准沟道上游末端或出口相应量之比		≥0.0	F10.5	6	5
片蚀细沟侵蚀小团粒比率:模拟期片蚀细沟泥沙中的小团粒累计量与基准沟道上游末端或出口相应量之比		≥0.0	F10.5	6	6
片蚀细沟侵蚀大团粒比率:模拟期片蚀细沟泥沙中的大团粒累计量与基准沟道上游末端或出口相应量之比		≥0.0	F10.5	6	7
若选择了源计算泥沙分级编码,下面行为其输出。					
空字段			10	7	1
记录标识:严格编码的记录标签		泥沙颗粒总量	A10	7	2
黏土比率:模拟期泥沙中的黏土累计量与基准沟道上游末端或出口相应量之比		≥0.0	F10.5	7	3
粉沙比率:模拟期泥沙中的粉沙累计量与基准沟道上游末端或出口相应量之比		≥0.0	F10.5	7	4
沙粒比率:模拟期泥沙中的沙累计量与基准沟道上游末端或出口相应量之比		≥0.0	F10.5	7	5
小团粒比率:模拟期泥沙中的小团粒累计量与基准沟道上游末端或出口相应量之比		≥0.0	F10.5	7	6
大团粒比率:模拟期泥沙中的大团粒累计量与基准沟道上游末端或出口相应量之比		≥0.0	F10.5	7	7
若选择了源计算泥沙来源编码,下面行为其输出。					
空字段			10	8	1
记录标识:严格编码的记录标签。		泥沙来源总量	A10	8	2
沟床沟岸侵蚀比率:在基准沟道上游末端或出口,沟床沟岸泥沙模拟期累计量的比率		≥0.0	F10.5	8	4
切沟侵蚀比率:在基准沟道上游末端或出口,切沟泥沙模拟期累计量的比率		≥0.0	F10.5	8	5
片蚀细沟侵蚀比率:在基准沟道上游末端或出口,片蚀细沟侵蚀泥沙与模拟期累计泥沙量的比率		≥0.0	F10.5	8	6

续表

描 述	单位 {英制}[公制]	域 {英制}[公制]	格式	行号	字段号
泥沙比率:在基准沟道上游末端或出口,模拟期泥沙量与累计泥沙总量的比率		≥0.0	F10.5	8	7
若选择了源计算养分编码,下面行为其输出。					
空字段			10	9	1
记录标识:严格编码记录标签		养分	A10	9	2
吸附N比率:模拟期泥沙吸附N累计量与流域出口相应量之比		≥0.0	F10.5	9	3
溶解N比率:模拟期溶解N累计量与基准沟道的上游末端或出口相应量之比		≥0.0	F10.5	9	4
吸附有机C比率:模拟期泥沙吸附有机C累计量与基准沟道的上游末端或出口相应量之比		≥0.0	F10.5	9	5
溶解有机C比率:模拟期溶解有机C累计量与基准沟道的上游末端或出口相应量之比		≥0.0	F10.5	9	6
吸附P比率:模拟期泥沙吸附P累计量与基准沟道的上游末端或出口相应量之比		≥0.0	F10.5	9	7
溶解P比率:模拟期溶解P累计量与基准沟道的上游末端或出口相应量之比		≥0.0	F10.5	9	8
若选择了源计算杀虫剂编码,下面行为其输出。对于来自为出口或蓄水池贡献的组分的每种杀虫剂,下面行各出现一次。					
空字段			10	10	1
记录标识:严格编码的记录标签		杀虫剂	A10	10	2
杀虫剂名称:字母数字型字符串,杀虫剂的普通名称			A 40	10	3~6
吸附杀虫剂比率:模拟期泥沙吸附杀虫剂累计量与基准沟道的上游末端或出口相应量之比		≥0.0	F10.5	10	7
溶解杀虫剂比率:模拟期溶解杀虫剂累计量与基准沟道的上游末端或出口相应量之比		≥0.0	F10.5	10	8
空行				11	

六、源计算文件布局阵列

数据字段 1	数据字段 2	数据字段 3	数据字段 4	数据字段 5	数据字段 6	数据字段 7	数据字段 8
AnnAGNPS	v1. xx　源计算文件					文件日期	文件时间
流域名称							
模拟期		开始日期	结束日期				

对于每条基准沟道(识别为侵蚀事件文件输入)和流域出口,下表重复一次。并不是阵列中的所有记录都存在,取决于输出编码。杀虫剂记录多次出现。

数据字段 1	数据字段 2	数据字段 3	数据字段 4	数据字段 5	数据字段 6	数据字段 7	数据字段 8
模拟累计				累计位置#			
出口或沟道身份	空白或上游末端	输出编码		输出单位			
水					水量		
	沟床沟岸	黏土累计	粉沙累计	沙累计	小团粒累计	大团粒累计	
	切沟	黏土累计	粉沙累计	沙累计	小团粒累计	大团粒累计	
	片蚀细沟	黏土累计	粉沙累计	沙累计	小团粒累计	大团粒累计	
	泥沙总量颗粒	黏土累计	粉沙累计	沙累计	小团粒累计	大团粒累计	
	泥沙总量来源	沟床沟岸累计	切沟累计	片蚀细沟累计	泥沙总量累计		
	养分	吸附 N 累计	溶解 N 累计	吸附有机 C 累计	溶解有机 C 累计	吸附 P 累计	溶解 P 累计
	杀虫剂	杀虫剂身份				吸附杀虫剂累计	溶解杀虫剂累计

对于有比率数据的每条基准沟道(识别为侵蚀事件文件输入)和流域出口,下表重复一次。并不是阵列中的所有记录都存在,取决于输出编码。杀虫剂记录和多次出现。

数据字段 1	数据字段 2	数据字段 3	数据字段 4	数据字段 5	数据字段 6	数据字段 7	数据字段 8
源比率				源组分#			
源身份	组分/土地利用类型	描述					

续表

数据字段1	数据字段2	数据字段3	数据字段4	数据字段5	数据字段6	数据字段7	数据字段8
	沟道身份	田间身份	面积、长度或1.0	输出编码		沟道末端编码	输出单位
	水	水累计	水比率				
	沟床沟岸	黏土比率	粉沙比率	沙比率	小团粒比率	大团粒比率	
	切沟	黏土比率	粉沙比率	沙比率	小团粒比率	大团粒比率	
	片蚀细沟	黏土比率	粉沙比率	沙比率	小团粒比率	大团粒比率	
	泥沙总量颗粒	黏土比率	粉沙比率	沙比率	小团粒比率	大团粒比率	
	泥沙总量来源	沟床沟岸比率	切沟比率	片蚀细沟比率	泥沙总量比率		
	养分	吸附 N 比率	溶解 N 比率	吸附有机 C 比率	溶解有机 C 比率	吸附 P 比率	溶解 P 比率
	杀虫剂	杀虫剂身份				吸附杀虫剂比率	溶解杀虫剂比率

第七章 AnnAGNPS 污染负荷模型程序更新

原作者:美国农业部农业研究局国家泥沙实验室
编 者:郑粉莉

1. Version 3.32.a.03

(09/19/03)

程序变化

◆ 表述和程序瑕疵的微小更正。

2. Version 3.32

(09/04/03)

程序变化

◆ 增加了养分和沟道方面所需的许多改进,同时更正了许多瑕疵,加强了输出生成,"管理计划数据"也进行了改进,以便更好地代表轮作。

3. Version 3.30

(05/08/03)

程序变化

◆ 增加了管理数据节所需的许多改进,更正了许多瑕疵,加强了输出生成。

4. Version 3.20

(10/17/02)

程序变化

◆ 增加了地下横向水流所需的许多改进,更正了许多瑕疵,加强了输出生成,通过 AnnAGNPS 元可以辨认气候数据。

5. Version 2.01c

(02/01/01)

程序变化

◆ 增加了确定浓度随时间变化、元断面数据节的消除以及元产沙量等方面所需的许多改进,更正了许多瑕疵,加强了输出生成。

6. Version 1.10

(06/08/99)

程序变化

◆ 更正了源计算方面的瑕疵。

◆ 更正了点源农药管理。

◆ 更正了沟道排水区欠缺。

◆ 增加了打印到屏幕功能,使用户了解程序执行过程。

◆ 为“运算参考”更正了出错提示。

◆ 修改了流域泥沙输移计算。

◆ 增加了 EI 查找表。

◆ 修正了 AnnAGNPS RUSLE 编码,包括微小的更正,使 C、K 和 P 因子依赖于元高程,允许 C、K 和 P 随气候而变化等。

◆ 在数据检查例行程序中增加了错误检查。

◆ 增加了根据高程确定降水空间的变异。

◆ 改变了太阳辐射的计算。

◆ 在 RUSLE 例行程序中改变了非唯一变量的名称。

输入变化

◆ 将“沟道植被编码”的默认值改成了 1。

◆ 增加了用户输入 EI 分布值选项。

7. Version 1.08

(02/10/99)

输入变化

◆ 为“2 a 24 h 降水量”增加变量 Read_Climate。

◆ 将“降水氮”的允许输入改为接受空白为输入。

◆ 将“沟道养分半衰期”参数的允许输入改成允许零值作为可接受值。

◆ 将“沟道养分半衰期”参数的默认输改成 730.0。

◆ 扩大了“沟道几何”参数允许输入值的范围。

程序变化

◆ 改变了 T_c 的计算和默认水力几何系数及指数的确定方法。

◆ 改变了土壤侵蚀例行程序,使得当无径流时不计算单元的土壤流失量。

8. Version 1.07

(11/10/98)

输入变化

◆ 当前未使用变量时,接受空白输入为“沟道渗透率”(“沟道数据”)。

◆ USLE C 因子(“土地利用参考数据”)只用于 AGNPS 模式,在 AnnAGNPS 模式中必须为空白。

◆ "田间土地利用"标识"复式"("田间数据")仅适用于 AGNPS 模式。

◆ 在每日气候数据中,如果"高差"(1)、"高程雨因子"(1)、"高差"(2)或"高程雨因子"(2)("日气候数据")其中一个为空白,所有这些因子都必须为空白。

◆ 在"土壤数据"中,将"查找沙比率"重命名为"查找细沙比率",并改变了土壤颗粒的定义。

程序变化

◆ 模型过程完成后在 AnnAGNPS 窗口显示输出文件名。

◆ 在将沟床或沟岸泥沙加到沟道前使用冲决码标记检查(以前,当冲决码未选时,由于数据精度的影响,沟床或沟岸泥沙可能会出现在沟道泥沙演算中)。

◆ 在读入输入或数据准备过程中,如果检测到任何错误,跳过参数初始化。若检测到错误,程序将不再执行,初始化是不必要的。(对于检测到的某些错误,消除系统运行时间)

◆ 当进行标识比较时,将沟道几何标识和源演算标识转换成大写。

◆ 当变量当前不存在时,沟道入渗率("沟道数据")和"残茬调整"("作物数据")接受空白输入。

◆ 对于 AnnAGNPS 模式,USLE C 因子("土地利用参考数据")必须为空白。

◆ 为杀虫剂应用改变了标准,在保存沟道累积杀虫剂数据用于源计算时,杀虫剂浓度 >0。当仅考虑沟道组分进行源计算输出时以前的标准失效。

◆ 固定水温变量为常数 20℃,当前水温仅在沟道洪水演算中用于养分和杀虫剂衰变。

9. Version 1.06

(9/28/98)

输入变化

◆ 在"土地利用参考数据"中将"年降雨深度"的单位由英寸或毫米改为英尺或米,使得与"作物数据"中的"降雨深度"单位保持一致。

◆ 详述了"流域出口规范"的使用,以便确定累计"源计算文件""基数位置"。

◆ 描述"灌溉实施"变量的交互作用(接受/不接受的组合)。

◆ 在杀虫剂应用选择(运算数据)中允许空白和"0"为可接受的输入项。

输出变化

◆ 修正了源计算文件,以便反映"基数位置"相对于流域出口的累加。

程序变化

◆ 为源计算杀虫剂累积更正了矩阵下标(排除了运行时间出错 M6101:MATH-浮点错误:无效)。

◆ 使用"流域事件"文件(Reach Event file)访问累计性"基数位置",获得源计算信息,写到源计算文件。该累积在流域的中点为源计算比提供了访问位置(与流域出口一起)。

◆ 修改了用于确定流域旅行时间的速度方程(改变了所有旅行时间)。

◆ 在模拟期间重定格式和标记验证输出。

◆ 在灌溉应用输出中为交互作用增加了额外检查。

◆ 在杀虫剂计算中将小渗透率置为零,消除下溢错误。

◆ 土壤水分计算中将小幅水力传导率值置为零,消除下溢错误。

◆ 为生长季节初始化平均非冻期(其结果使 RUSLE K 因子随生长季节而变化)。

◆ 为自动灌溉的确定初始化可利用的土壤水分(影响自动灌溉量)。

◆ 当杀虫剂量很小,其值置为零,消除杀虫剂平衡警告消息。

◆ 依据气候资料初始化单元湿度和地面太阳辐射(二者过去皆置为零)。

◆ 允许零为"杀虫剂施用数"("运算数据")的可接受记录(以前,空白默认为零,但零记录不可接受)。

◆ 为"饱和传导率"("土壤数据")纠正了单位转换(作用于所有土壤水分计算)。

◆ 纠正了用于地面太阳辐射计算的云层散射公式中的括号分组。

◆ 为单元的产沙量计算增加了流域尺度(作用于所有产沙计算)。

◆ 增加了径流曲线数 100 和被零除的检查,消除浮点错误。

10. Version 1.05

(6/15/98)

输入变化

◆ 在"土壤数据"中为 K 因子增加了英制单位和公制单位。

◆ 给"验证数据"增加了"蓄水验证码"。

程序变化

◆ 纠正了 AGNPS 模式中单元径流变量的单位(要求重新运算所有 AGNPS 模式数据组)。

◆ USLE/RUSLE K 因子从无量纲单位改成有量纲单位,数据读入时换算成公制单位。

◆ 增加了集水过程。

11. Version 1.04

(Dated 5/15/98)

输入变化

◆ 修改了"蓄水数据"变量,使得与将要出现的蓄水编码要求相一致。

◆ 所有满宁变量最小值统一为 0.005(在此之前,最小值因不同的输入而不同:"单元数据"、"运算数据"、"沟道数据"、"模拟周期数据")。

◆ 修改了幂函数和指数函数系数的变化区间("冲沟数据"、"蓄水数据"和"流域几何系数")

输出变化

◆ 扩充了单元事件文件(用作 AGNPS 98 的 CONCEPTS 部分的输入),使其包括了其他非沟道成分(沟谷、饲养场和点源)。

程序变化

◆"水"单元集流计算的绕行时间。

◆ 更正了杀虫剂矩阵的下标(老版本中杀虫剂输出可能有错误的杀虫剂名称)。

◆ 更正了与“模拟周期数据”一起输入的作物地和非作物地杀虫剂的初始化值(老版本无此特征)。

◆ 修正了杀虫剂数据转入“冲沟”过程时的单位转换,影响所有沟道杀虫剂。

◆ 当要求英制单位时,为上游洪峰(“事件文件”)增加了单位换算因子。

◆ 为“蓄水数据”做了输入修改。

◆ 相应地修改了满宁系数 n,使得与输入一致。

◆ 当“屏幕输出”处于激活状态时,执行非屏幕输出(在版本 1.03 中为 nnAGNPS 标题加了编码)。

◆ 为 CONCEPTS 文件进行了输出改变。

◆ 修改了浅层土壤(<200mm)的单元养分计算。

◆ 修改了杀虫剂的计算,以适应土壤表面有不透水层的情况。

◆ 修改了沟道泥沙的团聚体沉降速度值。

12. Version 1.03

(Dated 3/26/98)

输入变化

◆详细阐述了“模拟周期数据”中的“侵蚀模型编码”。

◆ 为了将来能够扩充 AnnAGNP 标题记录,增加了可选性输入域。

输出变化

◆ 在 AGNPS98 的 CONCEPTS 部分增加了单元事件文件,用做输入。

程序变化

◆ 当开始和结束日期在日历年度内时,进行完整年气候资料的正确性检查。

◆ 改正了沟道杀虫剂增加时的流域位置。

◆ 如果在气候记录中一个历年月的平均降水量为零,就确定该月为最后一个完整月读入(当平均月降水量为零时,历年月未确切定义)。

◆ 修改了单元径流曲线数(AMC III)的上限为田间持水量,而不是饱和度。

◆ 为 AGNPS 模式 RUSLE 侵蚀编码选择和 AnnAGNPS 模式 USLE 侵蚀编码选择增加了出错提示信息。

◆ 残余物日分解界限确定为较小值(10.E-10),以消除系统浮点下溢错误,在“源计算”文件中按照泥沙颗粒比率修正了值输出。

◆ 增加单元输出文件以便与 CONCEPTS 一起使用。

13. Version 1.02

(3/12/98)

输入变化:

◆ 在“土地利用参考数据”中将“年降水深度”的单位由英寸或毫米变改为英尺或米,与“作物数据”中的“降水深度”保持一致。

◆ 增加编码验证“源计算数据到验证数据”标题项。

◆ 修改了“作物数据”节中“年作物编码”编码值。

◆ 删去了叙述:若土地利用不是错误的,田间管理标识应为空白。

用户文件变化

◆ 更新了出错信息附录。

程序变化

◆ 在“田间数据”节为未输入 RUSLE P 因子(当 RUSLE 侵蚀编码为零)增加了检查和出错信息(符合输入规范)。

◆ 修正“验证数据”节的读入,使得只有输入了数据的记录才是所需要的(符合输入规范)。

◆ 为杀虫剂纠正了决策逻辑,当输入了“杀虫剂参考数据”和“杀虫剂施用数据”而没有执行包含“杀虫剂施用标识符”的运算。

◆ 为源计算改正了泥沙堆积(在输出中泥沙为零)。

◆ 在洪水演算中纠正了河岸流计算(对于河岸流造成错误的泥沙量)。

◆ 为无作物多年轮作改正了 RUSLE C 因子(影响单元泥沙和随后的泥沙演算)。

14. Version 1.01

程序变化

◆ 增加“田间管理标识”输入出错检查:在“田间数据”中输入过但在“文件管理数据”中没有“田间管理标识”。

◆ 对于无作物地在“田间数据”中“无田间管理标识”的情况纠正了内部数据组织。

◆ 纠正了单元土层初始有机“碳”的内部设置,避免运行 1000 次出错信息。

◆ 修改了源计算输出文件以适应“输出规范”中“出口累积数据和源计算输出率表”确认的格式。

◆ 使用事件和源计算文件名,文件名是作为“全程输出数据”的一部分而建立的(V 1.00只使用 AnnAGNPS. evn,AnnAGNPS. evn 或 xxx. evn,xxx. src 等,取决于输入文件名 xxx. inp,而 xxx. inp 包含在文件 AnnAGNPS. fil 中)。

◆ 将冲沟输出加到适当的沟道(在 V 1.00 中,若冲沟未选择,则不加到源计算输出)

15. Version 1.00

污染负荷软件的第一版,软件以两种模式运行:基于 RUSLE 的连续模拟和 USLE 单事件运行,所使用的数据从 AGNPS 5.0 转换而来。暂时不可用的功能包括冬季程序和坡面蓄水。xxx. dbg 文件不包含任何数据文档,xxx. dbg 文件由“验证数据”输入中的选项而产生,所有文档文件注明日期 02/19, 1998。16 位执行暂不可用。

附件 AnnAGNPS 污染物负荷模型自述文件

原作者:美国农业部农业研究局国家泥沙实验室
编　者:郑粉莉

AnnAGNPS 污染物负荷模型的文件目录结构分为可执行文件、文档文件和实例数据文件。

为了运行该模型,输入资料文件(AnnAGNPS 输入和日气候资料输入)必须位于当前目录或位于经过文件 AnnAGNPS. fil 确认的路径名称,无论在何种情况下,如果要使用输入文件名文件(AnnAGNPS. fil),它必须位于当前目录。

为了便于 AnnAGNPS 模型从数据子目录运行,AnnAGNPS 包含了一个批处理文件,该批处理文件提供了 AnnAGNPS 可执行文件的路径,该路径是基于所下载的目录结构,若要执行的数据或可执行文件放在了不同的文件夹,批处理文件应相应修改。

输出文件(出错信息、调试、CONCEPTS、事件与资料来源的说明等)的默认路径为当前目录,或 AnnAGNPS 输出文件(包含在可选择文件 AnnAGNPS. fil 中)确认的路径。如果在 AnnAGNPS 输出文件中的通用输出数据(Global Output Data)节中确认了目录路径和文件名,事件和资料来源说明文件可以写到其他目录中或使用不同的文件名。

其他文档文件以 MS-Word 格式保存,包括:

PL 模型过程描述:　User_Doc. doc
输入文件描述:　Inp_Spec. doc
输出文件描述:　Out_Spec. doc
版本更新信息:　PgmLog. doc

两套实例数据包含在数据子目录,AnnAGNPS. fil 文件指示要运行的数据文件,AnnAGNPS. fil 文件的建立是为了运行连续模拟实例。AnnAGNPS. fil 文件包括:

AAtest10. inp
AAclim10. inp

为了运行单事件模拟实例(使用 AGNPS5.0 到 AnnAGNPS 转换器的输出文件),需要用下面的文件替换 AnnAGNPS. fil 中的两个文件:

beavconv. inp